U0309976

珍珠鸡
高效养殖
与疾病防治技术

李顺才　主编

ZHENZHUJI
GAOXIAO YANGZHI
YU JIBING FANGZHI JISHU

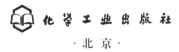

化学工业出版社

·北京·

图书在版编目（CIP）数据

珍珠鸡高效养殖与疾病防治技术/李顺才主编. —北京：
化学工业出版社，2017.10
ISBN 978-7-122-30590-9

Ⅰ.①珍… Ⅱ.①李… Ⅲ.①珍珠鸡-饲养管理②珍珠
鸡-鸡病-防治 Ⅳ.①S833②S858.31

中国版本图书馆 CIP 数据核字（2017）第 221032 号

责任编辑：邵桂林　　　　　　　　文字编辑：汲永臻
责任校对：王　静　　　　　　　　装帧设计：韩　飞

出版发行：化学工业出版社（北京市东城区青年湖南街 13 号　邮政编码 100011）
印　　装：大厂聚鑫印刷有限责任公司
850mm×1168mm　1/32　印张 9½　字数 278 千字
2018 年 1 月北京第 1 版第 1 次印刷

购书咨询：010-64518888（传真：010-64519686）　　售后服务：010-64518899
网　　址：http://www.cip.com.cn
凡购买本书，如有缺损质量问题，本社销售中心负责调换。

定　　价：38.00 元　　　　　　　　　　　版权所有　违者必究

编写人员名单

主　　编　李顺才

副主编　张　瑾　杜利强

编写人员（按姓氏笔画排列）

　　　　杜利强　李红强　李顺才　张　帆

　　　　张　坤　张　瑾

珍珠鸡高效养殖
与疾病防治技术

➡ **前　言**

· Foreword ·

　　珍珠鸡作为一种较高档的肉禽，自 20 世纪 50 年代起引起国内外的重视。从此，野生珍珠鸡的驯养被纳入现代科技日程。经过几十年的发展，珍珠鸡肉已成为一种大众化的优质新型禽肉，在世界禽肉消费中占有重要地位。我国 20 世纪 50 年代引进珍珠鸡，到 80 年代有人把这种珍珠鸡用来自繁自养，以提供珍禽肉。1985 年年底，北京市畜牧局从法国伊莎公司引进珍珠鸡试养成功，并推广至全国许多省市。此后，广东惠阳地区引进饲养珍珠鸡，各种性能已达到伊莎珍珠鸡的水平。目前，我国饲养珍珠鸡约 40 万只。从我国养殖实践看，珍珠鸡具有易饲养、生产性能好、经济效益高等优点，发展珍珠鸡养殖业是获得优质禽肉的理想途径，是值得推广的"短、平、快"的特禽养殖业。

　　目前，我国珍珠鸡养殖业中还存在良种率不高，品种老化，饲养管理技术水平不高，规模化、集约化水平低等问题，品种质量、生产水平等均难以适应规模化生产、标准化加工和全球化市场的需要，产品在国内外市场竞争中优势不明显。为了适应我国社会主义新农村建设和我国农村产业结构调整以及珍珠鸡养殖生产快速发展的新形势，普及珍珠鸡科学养殖知识，改变传统落后的养殖方式和方法，提高群众珍珠鸡养殖技术水平，加快我国珍珠鸡养殖业发展的步伐，我们在查阅大量国内外珍珠鸡养殖科学文献的基础上，结合多年科学研究与生产实践经验，组织编写了《珍珠鸡高效养殖与疾病防治技术》一书。本书主要内容包括概述、珍珠鸡的生物学特性、珍珠鸡的品种与引种、珍珠鸡场的建设与环境控制、珍珠鸡的营养与饲料、珍珠鸡的繁育技术、珍珠鸡的饲养管理、珍珠鸡疾病防治、珍珠鸡场的经营管理等。在编写本书时，结合我国珍珠鸡养殖生产条件和特点，遵循内容系统、语言通俗、注重实用的原则，汇集了国内外现代珍珠鸡养殖的新理论、新技术、新方法和新经验，深入浅出地介绍了珍珠鸡养殖相关理论与方法，力求做到使广大珍珠鸡养殖户读得懂、用得上，同时满足畜牧兽医工作者，特别是珍珠鸡养殖专业技术人员的工作所需。需要特别说明的是，本书所用药物及其使用剂量仅供读者参考，不可照搬。在生产实际中，所用药物学名、常用名和实际商品名称有差异，药物浓度也有所不同，建议读者在使用每一种药物之前，参阅厂家提供的产品说明以确认药物用量、用药方法、用药时间及禁忌等。

本书在编写过程中，参考了部分专家、学者的相关文献资料，在此表示感谢；但因篇幅所限未能一一列出，在此深表歉意。由于我们水平有限，书中难免有不足和疏漏之处，恳请广大读者和同行批评指正。

编者

珍珠鸡高效养殖
与疾病防治技术

→ **目 录**

· Contents ·

第四章 珍珠鸡场的建设与环境控制

第五章 珍珠鸡的营养与饲料

第六章 珍珠鸡的繁育技术

第七章 珍珠鸡的饲养管理

第八章　珍珠鸡疾病防治

第九章 珍珠鸡场的经营管理

参考文献

第一章

概 述

一、珍珠鸡的特点与经济价值

1. 珍珠鸡易饲养，生产性能好，效益高

珍珠鸡既可舍饲，又可放牧，所需饲养设备和房舍简单，从而使珍珠鸡养殖投资少、成本低。珍珠鸡生产性能较好，具有饲养周期短、产肉率高等优点。母珍珠种鸡开产周龄为28周，一个产蛋周期可产种蛋160枚左右，可提供健雏110只左右。每只种鸡一个饲养周期耗料40～44千克。商品珍珠鸡一般12～13周龄出栏，体重可达1.5～1.75千克，肉料比为1:(2.7～2.8)，成活率97%，其饲养成本一般介于肉鸡与三黄鸡之间，但售价却高于肉鸡1.5～2倍，总体效益较高。从近些年我国养殖实践看，发展珍珠鸡养殖业是获得优质禽肉的理想途径，值得推广。

2. 珍珠鸡屠宰率高、肉质好、营养丰富

珍珠鸡骨骼纤细，头颈细小，身体近似椭圆形，胸、腿部肌肉发达，可食部分占的比例大，屠宰率和出肉率都较高，平均屠宰率占活重的90%以上，半净膛占活重的83%以上。

珍珠鸡肉质细嫩，肌纤维细，营养丰富，同普通鸡肉相比，具有瘦肉率高（23.3%）、脂肪（6.5%）与胆固醇含量低、适口性好等优点，是一种具有野味的肉禽。且其肌肉中氨基酸、铁、维生素 E 含量高，不饱和脂肪酸/饱和脂肪酸比例很高。据测定，珍珠鸡的总氨基酸的含量达 26%，比普通肉鸡高 5%，其中赖氨酸、谷氨酸、缬氨

酸、蛋氨酸等16种人体所需氨基酸，每千克肉中含量分别为2.2毫克、4.36毫克、1.89毫克、0.72毫克。因此珍珠鸡肉具有良好的保健作用，特别是对于老年人和患有代谢紊乱、治疗需要限制脂类摄入量的患者，其营养价值更高。珍珠鸡与其他禽类相比，个体大小较适中，既不似火鸡大得要分割出售，也不像鹌鹑那样太小，适用于普通家庭一顿食用，更适合宴席上食客的需要。在烹调方面，珍珠鸡适合各种做法，汤菜蒸煮，鲜味诱人。因此，珍珠鸡作为一种较高档的肉禽，在粤港市场较受欢迎，是值得提倡的"短、平、快"的特禽养殖业。

3. 观赏价值高

珍珠鸡的外形美丽奇特，体形好看，在许多公园及旅游景点作为观赏鸟饲养。此外，其美丽的羽毛可做工艺品或服装饰品。

二、珍珠鸡养殖业的发展前景

珍珠鸡肉嫩味美，老少皆宜，既能适应高档餐馆，亦可满足普通家庭需要。非洲一些国家很早就饲养珍珠鸡，并把珍珠鸡作为传统高级佳肴。欧、美一些国家居民也喜食珍珠鸡，如法国年消费珍珠鸡8000万余只，约占家禽总消费量的1/5。珍珠鸡在我国已被列入特禽范畴，其规模化养殖虽然于20世纪末才进入我国，但在我国扩散繁衍的速度却很快。在广东等沿海地区的中高档饭店中也已形成稳定的消费市场。近年来，随着我国人们生活水平的不断提高，以及对食品的安全性、营养价值、保健作用等认识的加深，珍珠鸡作为一种珍贵的禽类食品逐渐走上餐桌。为满足不同消费者的需要，迎合市场需求，过去那种小规模、低水平的生产逐渐被大型集约化生产所取代，同时对珍珠鸡的生产水平也提出了越来越高的要求。随着国内外市场需求加大，包括珍珠鸡在内的我国特禽业具有较大的升温趋势。首先，我国人口城镇化发展速度加快，城乡人民生活水平不断提高，消费者对绿色和有机食品的需求量将不断增加，而珍珠鸡肉嫩味美、老少皆宜，既能适应高档餐馆，亦可满足普通家庭需要，是绿色和有机食品中的佼佼者。因此，该产业具有广阔的发展前景。其次，近年来，传统家禽业市场竞争将日益严峻，传统家禽养殖业的单位效益普遍下降，多数企业和部分专业户亏损。开发高效益养殖业项目中，优质、高效的特禽业将更加受到重视。珍珠鸡与其他特禽品种的共同特点是抗病力强、繁育周期短、肉质鲜嫩、营养丰富，既适于大规模集约化饲养，也适于家庭小规模饲养，投资少、产出多、低成本、高效益，风险相对较小。因此珍珠鸡养殖是一项极具潜力与竞争力的产业，有可能成为新的经济增长点。再加上国内外巨大消费市场的启动，将给我国的珍珠鸡养殖业带来一次难得的发展机遇。再次，我国多个民族和地区对野味有特别的喜好，珍珠鸡产品迎合了人们品奇尝鲜的需求。珍珠鸡主要消费市场正从沿海地区快速向华东、华北等大、中城市渗透，总销量正在迅速增长。预计今后其消费量将呈逐年上升的趋势。最后，包括珍珠鸡在内的特禽养殖在技术方面有了质的进展，许多院校还专门开设了特禽养殖课程，加上大批特禽养殖培训中心的应运而生，都为特禽养殖技术的普及起了积极的推动作用。相信，在不久的将来，随着人们消费水平的不断提高，珍珠鸡一定会成为家喻户晓、人人皆知的大众消费品，成为21世纪我国餐桌上的新宠，为我国珍珠鸡养殖业的发展提供了一个很好的机遇。

三、珍珠鸡养殖业发展趋势

1. 珍珠鸡养殖讲营养

饲料营养是养珍珠鸡的物质基础，良种珍珠鸡必须饲喂营养全面而平衡的饲料，才能使珍珠鸡机体健壮、生产性能好，优良的遗传基因才能充分发挥，从而产生良好的经济效益。随着珍珠鸡养殖业的发展和科技水平的提高，人们对珍珠鸡养殖的观念逐渐得以改变，珍珠鸡的专用配合饲料生产供应逐渐增多。根据珍珠鸡的消化生理特点配制日粮，科学饲喂，能提高珍珠鸡的生长速度和饲料转换效率，降低饲养成本，这已成为业内共识。

2. 充分利用现代养禽设施

随着标准化珍珠鸡鸡场建设和规范化饲养管理工作的不断发展，不少新筹建的现代珍珠鸡舍建筑都舍弃了砖、水泥、灰沙、钢材、木材等材料，而是采用轻质耐用、隔热性能好的塑料构件。这种构件省工、省时、省运费、占地面积少，减轻地面负重，又美观、整齐、大方，适于珍珠鸡养殖生产的需要，是今后发展的方向。在饲养管理设备方面，大都采用了比较规范化的禽用饮水器、料盘和自动饮水装置。

3. 重视良种珠鸡的培育

良种是珍珠鸡养殖业生产的基础。珍珠鸡品种主要有三类。一是分布在索马里、坦桑尼亚的"大珠鸡"，其主要特征是只在其背部有几根羽毛带有白色的点点；二是分布在非洲热带森林的"羽冠珠鸡"；三是"灰顶珠鸡"，包括带有蓝色肉髯和红色肉髯两种类型。"灰顶珠鸡"已培育出灰色珠鸡、白珠鸡、淡紫色珠鸡及它们之间的杂交鸡种等许多品种。其中灰色珠鸡是饲养量最大的品种，我国通常所说的珍珠鸡主要是指灰色珠鸡类型，如法国伊莎珠鸡。在珍珠鸡养殖快速发展的同时，不少养殖场（户）只顾发展数量，忽视质量，造成一些场（户）的特禽品种出现近亲繁殖现象，影响珍珠鸡品种质量。有些干脆在商品代的珍珠鸡中留种，这样珍珠鸡生产的后代种质严重退化。要加强对优良品种和技术攻关的研究，抓好高质高产良种选育，建立原种繁育场，实施高效型珍珠鸡生产。近年来随着珍珠鸡养殖业的蓬勃发展，有关单位先后引进新的珍珠鸡良种，并加大了育种工作的力度，现已逐渐向全国推广。这些珍珠鸡良种，一般都经过系统的专门化选育，具有生长发育快、繁殖性能良好、适应性强等特点，具有独特的遗传基因资源，已经成为我国特禽品种资源的重要组成部分，对我国发展珍珠鸡养殖业产生了积极作用。

4. 注意珍珠鸡疾病防治工作

随着养殖规模不断扩大，疾病已成为制约珍珠鸡养殖业发展的重要因素。其主要原因，一是种蛋来源分散，品种不一，消毒不严，孵化、运输过程导致疫病传播；二是疫苗供应短缺；三是千家万户的分散饲养条件差，防疫意识淡薄，没有采取必要的防疫、免疫措施，为疫病的控制带来了难度，极易引发大的疫情；四是规模化饲养对防疫措施的要求更高，一些养殖场没有按照正规的免疫程序进行管理，导致大群饲养交叉感染。这些都对珍珠鸡养殖业的持续稳定发展形成了隐患。今后，广大科研人员应该在疫苗研制、疫苗接种、定期预防性投药和环境消毒等工作上加大力度，以保证珍珠鸡养殖生产的顺利发展。

5. 发展珍珠鸡生态养殖

20世纪90年代以来，随着人们对珍珠鸡产品需求量的增加，传统农户小规模散养开始逐步向集约化、工厂化发展，饲养规模逐渐扩大。工厂化的规模养殖方式充分利用了养殖空间，能在较短时间内饲养并出栏大量的珍珠鸡，能够较好地满足市场对珍珠鸡产品的需求；同时还可以获得较高的经济效益，但珍珠鸡肉质的口感相对较差。因此，珍珠鸡生态养殖作为一种新的养殖模式应运而生，既充分利用了自然资源，又增强了珍珠鸡抵抗力及免疫调节能力，提高了肉品质和风味，较好地满足了消费者的需要。随着人们生活质量的提高，国际社会对环境污染和无公害食品等越来越重视，这种能够改善肉品质、减少环境污染的生态养殖方式将是珍珠鸡养殖业发展的必然趋势。

6. 生产安全优质珍珠鸡产品

随着经济和市场的全球化格局的形成，对无污染、无残留、无疫病、优质而有营养的珍珠鸡产品的需求日益增加已成为不可逆转的必然趋势。因此，应将珍珠鸡产品质量定位为有机食品，建立与国际接轨的肉类食品质量安全控制体系，进一步提高加工产品的卫生质量，推广HACCP卫生管理系统，做好质量认证和品牌标识，提高深加工产品比例，生产出量多质优的珍珠鸡产品，占领国内外消费市场。只有加快这方面的进程，才能确保我国珍珠鸡养殖业生产的健康可持续发展。

7. 大步向企业化经营方向发展

在历经多年的市场磨合后，珍珠鸡养殖业的经营模式也发生了重大变革，一些有实力的企业尝试用"总场＋分场""公司＋农户"等经营模式并取得了可喜的成绩。以公司为龙头，"公司＋农户""公司＋基地＋农户"的贸工农一体化服务经营机制，带动农民进入市场，公司一头系着国内市场，另一头连着千家万户的协作式专业化规模经营。将技术复杂、要求高、投资大、风险大的环节和项目，如特禽种场、饲料厂、屠宰场、加工厂、冷库等由公司承担，而从雏鸡至商品鸡育成过程则由农村集体和专业户珍珠鸡场经营，既解决了公司资金不足的困难，也为农村解决了实行联产承包和珍珠鸡生产结构调整后对发展商品生产缺乏人才、技术和信息的矛盾。

第二章

珍珠鸡的生物学特性

第一节　珍珠鸡的外貌特征

　　我国饲养量最多的是由盔顶珍珠鸡经过培育而成的灰色银斑珍珠鸡。珍珠鸡外观似雌孔雀，体长50～55厘米。珍珠鸡头部清秀，头顶无冠，只有尖端向后的红色肉锥；面部淡青带紫，喙强而尖，喙尖端淡黄色，后部红色，喙的根部有红色软骨性的小突起；眼部四周无毛，有一圈白色斑纹直延至颈上部；喉部具有软骨性的肉瓣，呈三角形，色淡青；颈细长，被一圈紫蓝色针状羽毛；全身羽毛黑中带灰，并有规则的圆形白点，形如珍珠；脚短；尾短。雏珠鸡期脚呈红色，成年后呈灰黑色。公母珠鸡羽毛相同，一般公珠鸡个体较母珠鸡稍大，腿高，肉冠耸起较高，肉髯也略大，接近性成熟的公珠鸡鸣叫声短促而激昂。珍珠鸡出壳时重约30克，全身棕褐色羽毛，背部有3条深色纵纹，腹部颜色较浅。

> **提示**
>
> 　　提示：体躯长而宽的珍珠鸡个体产肉性能好；背宽腹大的母珠鸡个体产蛋性能较高。

　　珍珠鸡的体表主要由羽毛、鳞片和皮肤构成。它们的特性和颜色是区别品种及个体的外貌特征。珍珠鸡的皮肤较薄，皮下组织疏松，与肌肉连接不紧密，很容易与肌体剥离。珍珠鸡被羽毛覆盖部位的皮肤较薄，裸露部位的皮肤较厚。珍珠鸡的皮肤由表皮、真皮和皮下层组成，没有汗腺和皮脂腺，表面比较干燥不能依靠水分蒸发而降低体温，但在尾部尾根两侧有一对椭圆形的尾脂腺，可分泌油脂。珍珠鸡的皮肤营养和代谢状况对羽毛生长发育关系极大，营养良好、代谢旺盛，羽毛生长发育就良好。珍珠鸡的皮肤与肌体健康状况有关，健康者皮肤略显湿润、柔软有弹性；反之则显干燥、粗糙，无弹性。珍珠鸡体表鳞片面积很少，主要覆盖在胫部。珍珠鸡的羽毛和其他禽类羽毛一样，均是特有的表皮构造。从外表来看，珍珠鸡体由一种羽毛覆盖，但实际上是由正羽、绒羽、毛羽、纤羽等组成，内层绒羽着生紧密，有很好的保温效果。

小经验

珍珠鸡羽绒光亮、湿润、舒展，是健康的体态表现；羽绒蓬乱、无光，是肌体衰弱或病态的表现。

第二节 珍珠鸡的生活习性

一、野性尚存，胆小易惊

珍珠鸡驯化历史较短，至今家养条件下仍保留野禽的特性，饲养中应对此习性给予足够重视。珍珠鸡性情温和、胆小、机警，对于周围环境的突变亦很敏感。一旦有异常情况，即可引起珍珠鸡烦躁不安、鸣叫、飞蹿或横冲乱撞，而造成颈、脚、翅部折断或损伤。珍珠鸡的这种应激行为一般在雏珠鸡早期就开始表现，幼小时的珍珠鸡会因惊吓挤向一处，造成压死现象；较大的珍珠鸡会因惊吓发生歇斯底里或造成内伤出血而死亡；种珠鸡则影响产蛋。水槽颜色的变化，可能引起鸡群较长时间不敢靠近饮水器。因此，珍珠鸡的管理应遵循有秩管理的原则，并保持环境安静，使其对生活环境习以为常并建立起一定的条件反射，这对维持其正常生活和生产至关重要。胆小易惊也是大群珍珠鸡受精率低的重要原因之一。

提示

珍珠鸡的饲养人员要稳定，严禁经常而频繁地调整珍珠鸡群，以免引起应激，造成损失。人接近珍珠鸡群时，要事先做出珍珠鸡熟悉的声音，以免使珍珠鸡骤然受惊而影响采食或产蛋。另外要防止猫、犬、老鼠等动物进入珠鸡舍。

二、适应性强

珍珠鸡喜干厌湿、耐高温、抗寒冷、抵抗疾病能力强，在－20～40 摄氏度时均能正常生活。成年鸡在气温高达 35 摄氏度时，仍能正常产蛋，高温对产蛋率影响不大，在我国气候炎热的南方地区，也能顺利度过盛夏。但气温低对种珠鸡繁殖率影响较大，低于 10 摄氏度，种蛋的受精率明显降低。特别是刚出壳的雏珠鸡若温度稍低，则易受凉、拉稀甚至死亡。根据近些年来的饲养情况看，饲养珠鸡不需要严密的禽舍。在不十分寒冷的地区，珍珠鸡可以饲养在简易的棚舍里，无论在山区还是平原，珍珠鸡都可以安全越冬，既适合工厂化大规模饲养，也适合家庭散养。

三、食性广

野生珍珠鸡长期生活在恶劣条件下，造就了珍珠鸡摄食广泛的特性，青草、草籽、嫩叶、浆果、昆虫等都是它的食物，它还特别爱吃青绿植物。人工饲养条件下，珍珠鸡具有饲料范围广、耐粗饲的特性。一般谷类、糠麸类、饼类、鱼骨粉类等都可用来配制珍珠鸡的饲料。如在日粮中适量加入青绿植物，既可节粮，降低成本，还可以保持野生珍珠鸡的风味品质。

四、有群居性

野生珍珠鸡通常 30～50 只一群生活在一起，一般不单独离散。人工驯养后，仍喜群体活动，遇惊后亦成群逃窜和躲藏，故珍珠鸡大群饲养很少发生争斗。此外，珍珠鸡具有较强的归巢性，傍晚归巢时，往往各回其屋，偶尔失散也能归群、归巢。

五、善飞翔、爱攀登、好活动

珍珠鸡两翼发达有力，善于飞翔，1 日龄就有一定的飞跃能力，3 月龄以后能飞翔 3 米远。为便于管理，防止逃逸，最好在雏珠鸡 1～2 日龄时进行断翅。珍珠鸡白天几乎在不停地活动，尤其是雏珠鸡有较大活性，常因到处乱钻而引起死亡。珍珠鸡休息时或夜间爱攀登高处栖息，夜间亦能看到其在活动。因此，平养时在育成舍或成年舍应设置栖架。

六、繁殖季节性强，有择偶性，就巢性强

珍珠鸡繁殖季节性强，珍珠鸡产蛋季节在每年的 4～9 月，饲养

管理条件较好时，可延长至 11 月。成年珠鸡对异性有选择性，尤其是母珠鸡，一般不愿接受配偶外的其他公珠鸡交配，这是造成珍珠鸡在自然交配时受精率低的原因之一。采用人工授精就可以从根本上解决受精率过低的问题。

就巢性（也称抱窝性）是禽类在进化过程中形成的一种繁衍后代的本能。其表现是母珠鸡伏卧在有多个种蛋的窝内，用体温使蛋的温度保持在 37.8 摄氏度左右，直至雏珠鸡出壳。就巢性是母珠鸡母性的表现，就巢时母珠鸡愿意伏在巢中孵蛋并育雏。野生珍珠鸡在繁殖季节每产满一窝蛋时，就开始就巢抱窝。如果让母珠鸡孵蛋，就一直要到雏珠鸡出壳后，就巢性才会逐渐消失。在人工饲养条件下，当春、夏气温高于 16 摄氏度，相对湿度低于 60%，垫草柔软，光线暗，产蛋不及时拣出，以及两只母珠鸡在一个窝里产蛋和体温变高时，就易出现就巢，而且就巢时间长（平均在 20 天以上），次数频繁。采用人工孵化，不让母珠鸡就巢或采取醒巢措施，则可以使母珠鸡持续产蛋。

小经验

就巢性受内分泌激素的控制，是一种可遗传的特性。脑垂体分泌的催乳素增加能导致就巢性；注射或埋置雌激素（或雄性激素）能终止就巢性，却不能阻止母珠鸡的就巢性，但给予易吸收态的黄体酮则有效。

七、喜沙浴、爱鸣叫

珍珠鸡散养于土地面上时，常会在地面上刨出一个个土坑，为自己提供沙浴条件。沙浴时，珍珠鸡将沙子均匀地撒于羽毛和皮肤之间。珍珠鸡经常发出有节奏而连贯的鸣声，这种鸣声在夜间强烈骤起有报警的作用。当这种鸣声一旦减少，或者声音强度一旦减弱，可能是疾病的预兆。

八、啄癖行为

珍珠鸡有很强的啄癖，尤其是在饲料中缺乏某些矿物质（如食盐）、强光照射、密度太大、通风不好时更易发生。

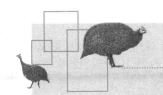

第三章

珍珠鸡的品种与引种

第一节　珍珠鸡的品种

　　珍珠鸡作为肉禽生产不过是近几十年的事件，如前苏联 18 世纪将其作为观赏鸟首次引进国内，直到 1945 年以后才作为肉用特禽生产，并先后培育出了几个优良品种，如银斑珍珠鸡、蓝色珍珠鸡、黄斑珍珠鸡、沙高尔斯克白胸珍珠鸡及西伯利亚白珍珠鸡等。近年来，由于珍珠鸡生产性能不断提高，饲养数量激增。法国先后培育了一些较有名的专门化品系，如 Galar 和 ISA，其中文名称为"可乐"和"依莎"，有人称它为灰色珍珠鸡。这些都是用盔顶珍珠鸡选育而成的配套品系，目前是世界各国饲养数量最多的品种。当前，在世界上许多国家都根据本国的育种目标及不同的商业目的，培育出了不同生产性能和羽色的珍珠鸡品种。例如，由"灰顶珠鸡"已培育出灰色珍珠鸡、白珍珠鸡、淡紫色珍珠鸡等类型及它们之间的杂交品种，其中灰色珍珠鸡是目前饲养量最大的类型。目前我国饲养的珍珠鸡，主要有以下几种。

一、银斑珍珠鸡

　　本品种的外貌特征是羽毛为深灰色，体躯布满珍珠般的银白色斑点，皮肤颜色灰白，略带灰黄色。成年母珠鸡活重 1.5～1.6 千克，公珠鸡活重 1.6～1.7 千克。70 日龄育成珠鸡活重 800～850 克，90 日龄平均活重可达 1 千克，150 日龄平均活重达 1.35 千克，每千克增重耗料为 3.2～3.4 千克。本品种的性成熟期为 32～34 周龄，年产蛋量为 100 枚左右，蛋重 45～46 克，自然交配情况下的种蛋受精率约为 76%，受精蛋孵化率 75%。

二、西伯利亚白珍珠鸡

西伯利亚白珍珠鸡由前苏联畜牧专家在西伯利亚鄂木斯克地区，由银斑珍珠鸡浅色羽毛的突变种（颜色变浅）的个体，经近交及严格选育而培育的优良种群。西伯利亚白珍珠鸡，羽色灰白，白色斑点不明显。该品种生产性能好，不仅适应西伯利亚的气候条件，向南部引种也获得成功。成年珠鸡体重 1.6～1.7 千克，70 日龄育成鸡活重达 0.85～0.95 千克，90 日龄平均活重达 1.2 千克左右，每千克增重耗料为 3.2～3.5 千克。年产蛋量 120 枚左右，蛋重 42～45 克，自然配种的种蛋受精率为 75%，受精蛋孵化率为 90%。

三、沙高尔斯克白胸珍珠鸡

沙高尔斯克白胸珍珠鸡是由前苏联全苏家禽研究所育成的肉用珠鸡品种。沙高尔斯克白胸珍珠鸡体躯羽毛为深灰色，遍布白色斑点，前胸部羽毛为白色，故名白胸珍珠鸡。这种珠鸡目前有 3 个品系，今后拟育成笼养新品系。该品种生产性能较高，性成熟期约为 33 周龄，成年鸡体重 2.2～2.5 千克，年产蛋量 115～120 克，蛋重 45～46 克。自然交配条件下种蛋受精率 76%，受精蛋孵化率 73%。人工授精种蛋受精率达 90%，孵化率 80%。商品鸡 12 周龄体重 1.0～1.2 千克，每千克增重耗料 2.9～3.3 千克。

四、法国"可乐"和"依莎"

法国"可乐"和"依莎"是由法国培育的较有名的专业化高产珍珠鸡品种，是目前世界各国饲养最普遍的品种。成年珠鸡活重 2.2～2.5 千克，12 周龄体重达 1.2～1.5 千克，28 周龄体重 1.9～2.1 千克，每千克增重耗料为 2.8～3.0 千克。产蛋期长达 35 周，产蛋量为 165～185 枚，可得 110～120 只雏珠鸡，雏珠鸡成活率 90%～92%。目前我国饲养的珍珠鸡大多数是该品种。

第二节　珍珠鸡的引种

一、引种前的准备

1. 了解学习有关珍珠鸡养殖知识及其市场变化规律

珍珠鸡养殖技术性比较强，无论饲养规模大小，都应掌握珍珠鸡饲养知识，具备一定饲养经验。引进种珠鸡前应选派人员到珍珠鸡场家短期学习，或请专业人员进行短期技术培训，饲养规模较大的场家还应聘请专业技术人员到场指导或工作。决定从事珍珠鸡饲养业的人必须通过市场调研，认真了解珍珠鸡养殖业的特点及其市场变化规律，做好可行性分析，根据珍珠鸡养殖生产的特点安排生产，依据市场变化规律确定引进时机及规模。

2．制订引种计划

珍珠鸡场（养殖户）应结合自身实际情况，按照种群更新计划和就近引种的原则，确定所需品种、数量及引种场，有目的地购进能够提高本场种珠鸡某种性能、满足自身要求以及与本场珍珠鸡群健康状况相似的优良个体。引种前制订一个详细的引种计划，包括引种地、引种数量、引种时间、运输方式、运输人员等。引入种珠鸡的品种、数量、年龄和性别比例，应该根据饲养目的和饲养规模有计划选购，切勿贪大求洋。

3．引种场家的选择

在种珠鸡的种源上，引种应根据引种计划，选择已取得《种畜禽生产经营许可证》且质量高、信誉好的大型种珠鸡场引种，以保证其数量和质量的稳定、可靠。要检查有关它们的记录，如谱系关系、品种特性、营养健康状况、年龄、免疫接种情况等，避免近亲繁殖。引种时请售出场家开具统一的《种畜禽合格证》。

4．珍珠鸡舍及笼具准备

引进种珠鸡前应根据引进种珠鸡的年龄、数量、品种、饲养方式等，准备好相应棚舍、笼具。引进前铺设好底网和运动场围网，或将笼子安放到位，并安装好料槽、水槽等。内部准备工作完成后要进行1次全面清扫和消毒，对珍珠鸡舍要进行消毒，珍珠鸡笼及饲养用具可用百毒杀或来苏儿喷雾或清洗消毒，养殖区域可用 10%～20% 石灰乳水喷洒消毒。

5．饲料及饮水准备

在购买种珠鸡前就应准备好饲料。饮水中应配入相应消毒和抗应激药物，冬季应准备温水。

6. 应了解的情况

（1）疫病情况　调查各地疫病流行情况和种珠鸡质量情况，从疫病为害不严重的珍珠鸡场引种，同时要了解该种珠鸡场的免疫程序及疫病防治措施。

（2）种珠鸡选育标准　最好能结合种珠鸡综合选择指数来进行引种，特别是从国外引进时更应重视该项工作。

> **提示**
>
> 　　发展珍珠鸡养殖业应根据市场需要。目前珍珠鸡消费市场还有一定的限制，人们食用珍珠鸡尚未普及，引种前应做好可行性分析，不可盲目扩大发展。引种后应从烹调方法、产品加工上开拓销售渠道。

二、种珠鸡的运输

种珠鸡不仅要考虑运输速度和运输工具的安全性，而且还要考虑运输工具的环境，最大限度减少因运输或环境变化应激因素造成的疾病和死亡。种珠鸡运输前要充分考虑到途中可能出现的问题，准备好对策。种珠鸡运输是引种过程中最麻烦的环节，必须保证运输沿途道路畅通、无灾害发生，沿途无疫情，车辆状况良好。

1. 运输工具

种珠鸡运输时间越短越好，应选择速度最快的运输工具。远距离以飞机最好，空运应选择前货仓比较大的飞机，并要求充分供氧。近距离以汽车为好，汽车运输应选择车况比较好的车和路况比较好的行车路线，以防抛锚堵车造成不必要的损失。最好不使用运输商品禽类的车辆装运种珠鸡。在运载种珠鸡前24小时开始，应使用高效的消毒剂对车辆和用具进行2次以上的严格消毒，最好能空置1天后装珍珠鸡，在装珍珠鸡前再用刺激性较小的消毒剂彻底消毒1次，并开好消毒证明。

2. 装运

近年来随着珍珠鸡饲养规模的扩大，珍珠鸡疫病也不断增加，所以种珠鸡装运前应请种珠鸡所在地的动物检疫站进行特定疫病检疫，并要求出具检疫证明，确定无疫病才能装运。采用飞机、火车及轮船运输必须出具种珠鸡检疫证明才能办理托运。若用汽车运输，证明书应随同种珠鸡一起携带，以备路上有关部门检查。种珠鸡装运前3天开始给饮水中补充电解多维增加抵抗力，减少应激。

运输前的一餐饲料只给七八成饱，不宜让珍珠鸡吃得太饱，但应让珍珠鸡饮足清水。装种珠鸡前笼底应用编织袋铺垫，底部四周再用编织袋围10厘米边，并用百毒杀或来苏儿消毒。种珠鸡笼装运高度不宜过高，笼与笼重叠时一定要将下层笼中的珍珠鸡头压入笼内，以防压死。笼子摆放时应相互挤紧，用铁丝相连，以免运输中笼子摆动擦伤种珠鸡。较长距离卡车运输时，车顶应设顶棚，夏季周围可以不围；北方地区冬季运输时应适当挡风，避免迎风直吹珍珠鸡，但也不应忽视通风。

长途运输的运输车应尽量走高速公路，避免堵车，每辆车应配备两名驾驶员交替开车，行驶过程应尽量避免急刹车。途中应注意选择没有停放其他运载动物车辆的地点就餐，绝不能与其他装运畜禽的车辆一起停放。运输途中要适时停歇，检查有无伤病珠鸡，大量运输时最好能准备一辆备用车，以免运珍珠鸡车辆出现故障，停留时间太长而造成不必要的损失。应经常注意观察珍珠鸡群，如出现呼吸急促、体温升高等异常情况，应及时采取有效措施。

夏季运输要防热、防暑，注意降温，要准备充足的饮水，尽量避免在酷暑装运种珠鸡。夏天运输种珠鸡时最好下午装车晚上行车。通常1天内可以到达的，中途不需饲喂，路途较长的应在中途适当饲喂，并设法保证供给充足清洁饮水。运输过程中，每隔2～3小时检查种珠鸡动态及笼具情况，如发现种珠鸡张口呼吸，羽毛潮湿，说明温度过高，应加强通风。若种珠鸡挤在一起，缩头、打颤，可能温度太低，应及时采取措施调节温度。运输车辆应备有汽车帆布，若遇到烈日或暴风雨时，应将帆布遮于车顶上面，防止烈日直射和暴风雨袭击种珠鸡，车厢两边的篷布应挂起，以便通风散热；冬季篷布应挂在车厢前上方以便挡风保暖。冬季运输要防寒、防风、防冻，注意保暖。

三、引进后种珠鸡的管理

1. 到场后的饲养

种珠鸡运达目的地后应以最快速度将其放入消毒好的珠鸡舍内，先供饮水后喂饲料。调进种珠鸡时，应向对方索取饲料配方和少量的混合饲料作为样品，以便回来后照样配料，这样可使珍珠鸡不至于因饲料的突然改变而不适应。种珠鸡运回来后，将珠鸡舍门窗关好再放进去饲喂，关养1~2天再放进运动场活动。新购种珠鸡经过捕捉、装笼、长途运输及饲养环境和温度的变化，体质下降，极易导致发病。所以，种珠鸡运回后要供给易消化、营养丰富全面的饲料。连续10天饮用电解多维等，以提高种珠鸡抵抗能力，同时应用预防性药物拌料喂服数天，以减少肠道疾病发生。待饲养一段时间珍珠鸡适应以后，饲料配方可逐渐改变。饲养人员应精心管理，保持珠鸡舍干净、卫生，夏季注意通风，冬季注意保暖，防贼风侵袭珍珠鸡，确保种珠鸡顺利渡过应激期。

2. 严格隔离

新引进的种珠鸡，应先饲养在隔离检疫舍，而不能直接转进珍珠鸡场生产区，以免带来新的疫病，或者由不同菌株引发相同疾病。引进种珠鸡到场后，一般需隔离1个月以上。隔离检疫舍应采取"全进全出"管理方式，两批引种间应彻底冲洗消毒，并保持干燥。隔离检疫舍距原有珍珠鸡群至少应300米，以利于减少潜在病原通过空气传播的危险。如果引进的种珠鸡无法完全隔离，应把它们饲养在经高压冲洗、消毒过的笼舍内，并尽可能远离原有珍珠鸡群。另外，隔离舍应具有加药器、防鸟网和防鼠措施。注意饲养员和用具也要单独配备，不可与本场混用。在隔离与适应阶段，注意观察所有种珠鸡的临床表现。一旦发病，必须马上给予药物治疗。如果怀疑是严重的新的疾病（在原有珍珠鸡群中未曾发现过），需作进一步诊断。

3. 免疫接种与驱虫

在隔离期间，要注意观察珍珠鸡的生长生活情况。种珠鸡群稳定后，应根据当地疫病统计情况，注射必要的免疫疫苗。在隔离期内，接种完各种疫苗后，进行 1 次全面驱虫，使其能充分发挥生长潜能。在隔离期结束后，对该批种珠鸡进行体表消毒，再转入生产区投入正常生产。

提示

　　种珠鸡运回后应进行隔离观察 1 个月以上，确认无疫病才可合群饲养。隔离期间若发生严重传染病，应迅速采取措施，请有关技术部门协助防治处理。

第四章

珍珠鸡场的建设与环境控制

珍珠鸡场建设是为珍珠鸡群生长、发育、繁殖创造适宜环境的工程，是珍珠鸡现代科学养殖的重要组成部分。良好的建筑设计应能满足珍珠鸡生长发育的具体要求，能保证场区具有较好的小气候条件，便于严格执行各项卫生防疫制度和措施，有效地组织珍珠鸡场的生产，建立良好的生产环境，使珍珠鸡免受周围环境污染因素对场区的危害，且不对周围环境产生污染。

第一节　珍珠鸡养殖场场址的选择

珍珠鸡舍是珍珠鸡生活、休息和产蛋的场所，场地的好坏和珍珠鸡舍的安排是否合理直接关系到珍珠鸡生产性能的发挥，同时，也影响饲养管理工作及经济效益。因此，珍珠鸡场选择场址时要根据珍珠鸡场的性质、自然条件和社会条件等因素综合权衡而定。通常情况下，珍珠鸡场场址选择必须考虑以下几个问题。

一、气候条件

主要指与建筑设计有关和造成珍珠鸡场小气候有关的气候气象资料，如气温、风力、风向及灾害性天气的情况。拟建地区常年气象变化，包括平均气温、绝对最高最低气温、土壤冻结深度、降水量与积雪深度、最大风力、常年主导风向、风频率、日照情况等。各地均有建筑施工舍外温度最高最低的设计规范标准，在珍珠鸡舍建筑的施工计算时可以参照使用。气温资料除对房舍施工设计必需外，对珍珠鸡场日常管理工作的防暑、防寒日程的安排，鸡舍朝向，防寒、遮阴设施等均有意义。风向风力对珍珠鸡舍的方位朝向布置，珍珠鸡舍排列的距离、次序等均有关系，主要考虑如何排污，对保持环境卫生及防疫工作有利。

二、地势及排水性

场址要求地势高、平坦，背风向阳、排水良好。珍珠鸡场场址以有缓坡、易排水的场地为宜，地面坡度以 3%～5% 为宜，最大不宜超过 25%，以免造成场内运输不便。平原地区应选建在地势平坦、开阔、地势较高、地下水位低（以低于建筑物地基深度 0.5 米以下为宜）的地方。在山区建场，要注意地质结构情况，避开易断层、滑坡、塌方的地段，不宜选在昼夜温差过大的山顶，或通风不良和潮湿的山谷深洼地。而应选择在半山腰适宜坡度处建场，即山腰坡度不宜太陡，也不能崎岖不平。切忌把珍珠鸡场建在山窝里，否则污浊空气常年不被扩散，从而影响珍珠鸡场小气候。在靠近河流、湖泊地区建场，为防水淹，所选场地应比当地历年水文资料中最高水位高出 1～2 米，以确保安全。

> **提示**
>
> 珍珠鸡场地形要求开阔整齐，方形或长方形较为理想，避免狭长和多边形，并有足够的面积。地势低洼的场地易积水、潮湿，夏季通风不良，空气闷热，易滋生蚊蝇和微生物，而冬季则阴冷，不宜建场。

三、水源水质

珍珠鸡场用水量很大，除饮用水外，冲刷珍珠鸡舍和清洗调制饲料、人员生活用水，以及消防、灌溉用水也很多。珍珠鸡场附近必须有清洁充足的水源。珍珠鸡饮用水须采取经过净化处理后达到国家 NY 5027—2008《无公害食品　畜禽饮用水水质》的水源。珍珠鸡场水源应符合下列要求。一是水量要充足，既要能满足珍珠鸡场内的人、珍珠鸡用水和其他生产、生活用水，还要能满足珍珠鸡的放牧等所需用水。利用自来水作为水源时，要考虑停水因素，配备储水装置。二是水质要求良好，不经处理即能符合饮用标准的水最为理想。此外，在选择时要调查当地是否因水质而出现过某些地方性疾病等。大型珍珠鸡场最好用水位 50 米以下的井水或消毒的自来水。三是水源要便于保护，附近无畜禽加工厂、化工厂、农药厂等污染，离居民点不能太近，以保证水源经常处于清洁状态，不受周围环境的污染。四是要求取用方便，设备投资少，处理技术简便易行。

四、土壤质地

土壤的物理、化学和生物学特性，都会影响珍珠鸡的健康和生产力。珍珠鸡场要求土壤通气性好、易渗水、热容量大，这样可抑制微生物、寄生虫和蚊蝇的滋生，并可使场区昼夜温差较小，一般以沙质土和壤土为好。土壤虽有一定的自净能力，但许多病原微生物可存活多年，而土壤又难以彻底进行消毒。所以，土壤一旦被污染，则可能多年具有危害性，选择场地时应避免在旧养禽场址或其他畜牧场地上重建或改建。

小经验

为避免与农争地，少占耕地，选址时不宜过分强调土壤种类和物理特性，应注重土壤化学和生物学特性、注意地方病和疫情的调查。

五、交通便利

珍珠鸡场饲料、产品、粪污、废弃物等运输量很大，所以必须交通便利，并保证饲料的就近供应、产品的就近销售及粪污和废弃物的就地处理，以降低生产成本和防止污染周围环境。珍珠鸡场位置应选择在交通方便的地方，以保证饲料、产品及场内物资运输的畅通，但不能离主要公路太近，与主要交通干线有一定的距离，以利于防疫，防止疫病的传播和外界环境的影响。同时，通往珍珠鸡场的道路要求路基坚固、路面平坦，最好是水泥路。

六、电源充足稳定

珍珠鸡场孵化、育雏等都要有照明、供温设备，尤其是大型珍珠鸡场，无论是照明、孵化、供温、清粪、饮水、通风换气等，无不需要用电，因此珍珠鸡场电源一定要充足。一旦供电不足，则雏珠鸡供温不足，孵化受到影响，给生产造成损失。如果供电无保证，应自备发电机。

七、周围环境

选址前应通过珍珠鸡场建设环境影响评估。禁止在生活饮水、风景名胜区、自然保护区的核心区和缓冲区、城市和城镇居民区、文教科研区、医疗等人口集中区以及县级以上政府划定的禁养区建场。禁止在工业污染严重的地区建场。为满足珍珠鸡场的防疫需要和防止对周围环境的污染，须选择距村庄、居民生活区、屠宰场、牲畜市场、交通主干道较远，位于住宅区和饮用水源下风方向的地方。珍珠鸡场距离城镇、学校、村庄等应不小于 3000 米，且一般选在村镇和居民区的下风向。距铁路、高速公路、交通主干线不小于 1000 米，距一般道路不小于 500 米。距离有毒害的化工厂、畜产品加工厂、屠宰场、医院、兽医院、同类饲养场等不小于 2000 米。

> **提示**
>
> 必须对当地的历史疫情做周密详细的调查研究，特别警惕与附近的兽医站、畜牧场、农贸市场、屠宰场与拟建场地的距离、方位，以及有无自然隔离条件等。

珍珠鸡场周围的自然环境应较为清静。珍珠鸡的胆子较小，警惕性较高，突然的巨响，嘈杂的汽车、拖拉机声及人声都会引起珍珠鸡群的惊扰和不安，以致影响珍珠鸡的生长、产蛋、配种及孵化。

八、其他条件

沿海地区要考虑台风的影响，易遭受台风袭击的地方不宜建造珍珠鸡舍。夏季通风不良，气温过高；或冬季风大，易遭受寒流侵袭的地方也不宜建造珍珠鸡舍。其他如排污、废物处理、污水粪便的去向等问题，也要在建造珍珠鸡场前通盘考虑，做好周密计划。

> **提示**
>
> 珍珠鸡场的排水是一个重要问题，应对当地的排水系统有所了解，如排水方式、纳污能力、污水能否处理等，要从长远考虑。

第二节　珍珠鸡场的规划与布局

规划珍珠鸡场各类珠鸡舍间的布局要做到因地制宜，科学合理，节约资金，提高土地利用率，便于生产管理和预防疫病传播。布局时要考虑各类珠鸡舍和粪便处理顺序，合理利用风向和地势，达到分区、隔离、不交叉的目的。此外，还要考虑人员生活区对珍珠鸡场的影响。

一、珍珠鸡场区间划分与布局

具有一定规模的珍珠鸡场，一般可分为场前区（包括行政和技术办公室、饲料加工及料库、车库、杂品库、更衣消毒和洗澡间、配电房、水塔、职工宿舍、食堂等）、生产区（各种珠鸡舍）及隔离区（包括用于病、死珍珠鸡隔离、剖检、化验、处理等的房舍和设施，粪便污水处理及储存设施等）。场内各种房舍和设施的分区规划，主要从有利于防疫和节约土地、有利于组织安全生产、便于珍珠鸡场管理和提高工作效率出发，根据地势和风向（可向当地气象部门了解）处理好各类建筑的安全问题。珍珠鸡场分区规划应注意的原则：人、珍珠鸡、污，以人为先，污为后的顺序排列；风与水，则以风为主的排列顺序。场前区中的职工生活区应在全场上风和地势较高的地段，生产区设在这些区的下风和较低处，但应高于隔离区，并在其上风向。需要注意的是，无论对珍珠鸡场内三大区域的安排还是对生产区内各种珠鸡舍的配置，场地地势与当地主风向恰好一致时较易处理，但这种情况并不多见，往往出现地势高处正是下风向的情况，此时，可以利用与主风向垂直的对角线上的两个"安全角"来安置防疫要求较高的建筑。例如，主风向为西北而地势南高北低时，场地的东南角和西北角均是安全角，也可以以风向为主，对因地势造成水流方向的不适宜，可用沟渠改变流水方向，避免污染珠鸡舍。

1. 场前区

场前区是担负珍珠鸡场经营管理和对外联系的场区，应设在与外界联系方便的位置。珍珠鸡场大门前应设车辆消毒池，单侧或双侧设消毒更衣室。一些珍珠鸡场设有自己的饲料加工厂或珍珠鸡产品加工企业，如果这些企业规模较大，应在保证与本场联系方便的情况下，独立组成生产区。在一般情况下可设在场前区内，但需自成单元，不应设在珍珠鸡场的生产区内。珍珠鸡场的供销运输与社会的联系十分频繁，极易造成疾病的传播，故场外运输应严格与场内运输分开。负责场外运输的车辆（包括马匹）严禁进入生产区，其车棚、车库也应设在场前区。外来人员只能在场前区活动，不得随意进入生产区。

2. 生产区

生产区是珍珠鸡场总体布局的中心主体，是珍珠鸡生活和生产的场所。因此，对生产区的规划、布局应给予全面、细致的研究。随着现代化、工厂化养珍珠鸡产业的发展，只养某一种商品性能的珍珠鸡场成为一种趋势。专业性珍珠鸡场的珠鸡群单一，珠鸡舍功能只有一种，管理比较简单、技术要求比较一致，生产过程也易于实现机械化。在这种情况下，珍珠鸡场生产区的布局的问题就比较简单。如果采用"小而全"自行配套的综合性珍珠鸡场，其设计方案是各种日龄或各种商品性能的珍珠鸡各自形成一个分场，分场之间有一定的防疫距离，还可用树林形成隔离带，各个分场实行全进全出制，否则会带来防疫上的困难。综合性珍珠鸡场中的种珠鸡群与商品珠鸡群应分区饲养，种珠鸡区应放在防疫上的最优位置，各区中的育雏、育成舍又优于成年珠鸡舍的位置，而且育雏、育成珠鸡舍与成年珠鸡舍的间距要大于本群珠鸡舍的间距，并设沟、渠、墙或绿化带等隔离障，以确保育雏育成珠鸡群的防疫安全。这样能使幼雏舍得到新鲜的空气，减少发病机会，同时也能避免由成年珠鸡舍排出的污浊空气造成疫病传播。

> **提示**
>
> 　　无论是专业性还是综合性珍珠鸡场，为保证防疫安全，珠鸡舍的布局根据主风方向与地势，按下列顺序配置，孵化室、雏珠鸡舍、育成珠鸡舍、后备珠鸡舍、成年珠鸡舍，即孵化室在上风向，成年珠鸡舍在下风向。

孵化室与场外联系较多，宜建在靠近场前区的入口处，大型珍珠鸡场最好单设孵化场，宜设在珍珠鸡场专用道路的入口处，不宜安排在场区尽头深处。小型珍珠鸡场也应在孵化室周围设围墙或隔离绿化带。

育雏区（或分场）与成年珠鸡养殖区应有一定的距离，在有条件时，最好另设分场，专养幼雏，以防交叉感染。综合珍珠鸡场两栋或两栋以上雏珠鸡舍功能相同、设备相同时，可放在同一区域中培育，做到整进整出。

饲料的储存与供应是每个珍珠鸡场的重要生产环节，与之有关的构筑物是生产区的重要组成部分（此处所指是位于每幢珠鸡舍旁的饲料储存构筑物）。其位置的确定必须同时兼顾饲料由场外运入再由其中分发并送到珠鸡舍这两个环节，这就要求饲料既能方便地从场外运入而外面的车辆又不需要直接进入生产区内，同时还要求该构筑物与珠鸡舍保持最短而又最方便的联系。另外，与饲料有关的构筑物，原则上应位于地势较高处，以保证卫生防疫安全。

> **提示**
>
> 生产区是珍珠鸡场总体布局中的主体，设计时应根据珍珠鸡场的性质有所偏重。如果是种珍珠鸡场，应以种珍珠鸡舍为重点，商品肉珠鸡场应以肉珠鸡舍为重点。各种珠鸡舍之间最好设绿化带隔离。

3. 隔离区

隔离区是珍珠鸡场病珠鸡、粪便等污物集中之处，是卫生防疫和环境保护工作的重点，该区应设在全场的下风向和地势最低处，且与其他两区的卫生间距宜不小于 50 米。储粪场的设置既应考虑珠鸡粪便于由珠鸡舍运出，又应便于运到田间施用。病珠鸡隔离舍应尽可能与外界隔绝，且其四周应有天然的或人工的隔离屏障（如界沟、围墙、栅栏或浓密的乔灌木混合林等），设单独的通路与出入口。病珠鸡隔离舍及处理病死珠鸡的尸坑或焚尸炉等设施，应距珠鸡舍 300～500 米，且后者的隔离更应严密。

> **提示**
>
> 隔离舍应尽可能与外界隔离。该区四周应有自然的或人工的隔离屏障，设单独的道路与出入口。

二、珠鸡舍朝向

珠鸡舍朝向直接影响珠鸡舍的采光、保温和通风。我国地处北半球，鸡舍方位朝南，冬季日光斜射入珍珠鸡舍利于冬季保温，夏季日光直射，太阳光射入珠鸡舍并不多，因此，选择南向方位符合科学道理。冬季主导风向会对迎风墙体造成压力，形成冷风渗透，造成舍内温度降低，当珠鸡舍长轴与冬季主导风向垂直时，冷风渗透面大，舍内温度低，但当珠鸡舍长轴和主导风向呈 45°角时，压力减小，冷风渗透最小。从珠鸡舍通风效果和场区排污效果要求，珠鸡舍朝向应取与常年主导风向成 30°～60°角。

三、珠鸡舍间距

珠鸡舍间距是珍珠鸡场总平面布置的一项重要内容，它关系到珍珠鸡场占地面积，与防疫、排污、防火的关系也很大，需认真考虑。从防疫角度，珠鸡舍排出的污气尘埃等微小物粒，不能进入相邻珠鸡舍。研究表明，当珠鸡舍长轴与夏季主导风向垂直时，珠鸡舍间的距离要达到房檐高度的 5 倍，若珠鸡舍长轴与主导风向呈 30°～60°角，舍间距离可缩小到高度的 3 倍，才能满足不向相邻珠鸡舍排污气、尘埃的要求。因此，舍间距取房檐高度的 3～5 倍，即可满足防疫、排污要求，同时满足日照、防火等要求。

四、场内道路

珍珠鸡场各区之间及区内道路的设计，要考虑场内各建筑间以及珍珠鸡场与场外的联系、管理和生产需要、卫生防疫要求等。场前区与场外之间以及场前区与生产区之间都必须设大门。场前区与生产区之间的大门主要用于消防或其他特殊需要进出用，平时关闭，人员的进出必须通过消毒"淋浴"更衣室。道路对生产活动的正常进行，对卫生防疫及提高工作效率起着重要的作用。生产区场内道路应分净道和污道，净道与污道互不交叉，出入口分开。净道是生产区内用于运输饲料、珍珠鸡蛋、雏珠鸡等产品的通道。污道为运输粪便、死珠鸡、淘汰珠鸡以及废弃设备的专用道。为了保证净道不受污染，在布置道路时可按梳状布置，净道末端只通珠鸡舍，不可与污道连通。净道和污道以池塘、草坪、沟渠或者果木林带相隔。场外通场内的道路末端要终止在蛋库、料库以及排污区，决不能直接与生产区道路相通。由于珍珠鸡场道路多为末端封闭，需要在道路尽头设置回车场地。路面要坚实、排水良好，不能太光滑，向侧面倾斜的坡度在10%左右。较大规模的珍珠鸡场，主干道路面宽度达到5.5～6.5米，支路2～3.5米。

> **提示**
>
> 生产区不宜设直通场外的通道，生产管理区和隔离区应分别设置通向场外的通道，以利于防疫。

五、场地绿化

珍珠鸡场植树、种草，搞好绿化，对改善场区小气候有重要意义。绿化可以美化环境，更重要的是它可以吸尘灭菌、降低噪声、净化空气、防疫隔离、防暑防寒。场区绿化可按冬季主风的上风向设防风林，在珍珠鸡场周围设隔离林，珍珠鸡舍之间、道路两旁进行遮阴绿化，场区裸露地面上可种花草，使绿化率达到40%左右。场区绿化植树时，需考虑其树干高低和树冠大小，防止夏季阻碍通风和冬季遮挡阳光。

> **小经验**
>
> 珍珠鸡场的绿化要按照经济适应的原则，以灌木或低矮树木为主，不宜栽植高大树木。珍珠鸡场内以种植花木、蔬菜、绿化和饲用兼顾的牧草为主，珠鸡舍的周围可以种植一些灌木和矮小型树木，以形成生物隔离带。

总之，珍珠鸡场布局应当根据当地的地势、地形、风向等实际情况，在遵守兽医卫生和防火要求的基础上，按建筑物之间的功能联系尽量做到建筑物最紧凑的配置，以保证最短的运输、供电、供水线路，并为实现生产过程机械化，减少基建投资、管理费用和生产成本创造条件。

第三节　珠鸡舍的建设

一、珠鸡舍的设计要求

珠鸡舍是其繁殖生产、生长和栖息的场所，珠鸡舍适用与否对珍珠鸡的健康和生产性能都有很大影响。建造珠鸡舍时，既要考虑式样美观，又要讲究经济实用。新建珠鸡舍应满足以下几点要求。

1. 具有保温防暑性能

珍珠鸡新陈代谢功能旺盛，体温也较一般家畜高，因此，珠鸡舍温度要适宜，不可骤变，故新建珠鸡舍要求冬季便于保温，夏季便于降温。珠鸡舍应有适当高度，但过高增加造价，冬季不易保暖，而且还会给清扫、消毒带来不便。太矮空气流通差，夏季闷热。通常大型珠鸡舍的檐高不应低于2.5米。北方相对寒冷，要建造冬季易防风、防雪、保暖的笼舍；南方温度较高，则以通风降温为主，也要注意台风的袭击。特别是1日龄至1月龄的雏珠鸡，由于体温调节能力差和适应低温的能力不健全，如在育雏期间受冷、受热或过度拥挤，常易引起大批死亡。

2. 通风换气良好

通风是衡量珠鸡舍环境的第一要素，珠鸡舍通风的目的有换气、匀气、升温、降温、散热等。珠鸡舍无论规模大小都必须保持空气新鲜，通风良好。只有通风性能良好的珍珠鸡舍才能保证珠鸡群健康和正常生产，发挥产蛋、增重和种珠鸡的繁殖性能。有窗珠鸡舍可采用自然通风换气方式，利用窗户作为通风口，如果珠鸡舍跨度大，可在屋顶安装通风管，管下部安上通风控制闸门，必要时开闸通风。密闭式珠鸡舍需用风机进行强制通风。建造珠鸡舍时既要注意到舍内通风，又要避免贼风的侵袭。

3. 保证光照充足

阳光能够杀菌，并能促使珠鸡舍干燥，有助于预防疾病。阳光照射可促进珍珠鸡新陈代谢，增进食欲，使红细胞和血红蛋白含量有所增加，还能促进珍珠鸡体内的钙、磷代谢。因此，珠鸡舍内的光线不能太暗。较明亮的环境有利于珍珠鸡的生长发育和正常繁殖。种珠鸡如长期饲养于过分阴暗的房舍，会影响珍珠鸡对钙的吸收，不利于骨骼的生长，易导致种珠鸡发生软骨症；严重影响生产性能，甚至丧失生产能力。利用自然采光的珠鸡舍应尽量坐北朝南，以利采光；同时要保证窗户达到一定的采光面积，窗户不能太小，窗户面积与珠鸡舍地面面积的比例以 1：(5～10) 为好。必要时还应安装照明设施，以人工补充光照。

4. 便于冲洗排水和消毒防疫

为了有利于防疫消毒和冲洗珠鸡舍的污水排出，珠鸡舍内地面要比舍外地面高出 20～30 厘米，舍内周围设排水沟。舍内以水泥地面为佳，要求光滑、平整无缝隙，四周墙壁离地面至少有 1 米的水泥墙裙，以便冲洗消毒。此外，通向珠鸡舍的道路分为运料的净道和运粪的污道。珍珠鸡舍入口处应设有消毒池，窗户有防兽防鼠网。

5. 适合工厂化生产的工艺

珍珠鸡饲养工艺和珍珠鸡活动所需的空间范围是确定珠鸡舍建筑空间的基本依据之一。随着营养饲料科学、动物科学技术和兽医技术以及机械化、自动化技术的发展，工厂化珍珠鸡养殖生产已初步具备工业生产的特点，珍珠鸡群采取"全进全出"制，各生产环节具有严密的计划性、流水性和节奏性，并可使各项作业实现机械化和自动化。珠鸡舍建筑设计要适合工厂化生产的工艺技术，不断满足机械化、自动化发展的需要。在建筑设计中珠鸡舍的高度和面积大小，走道、门窗的高度都与饲养工艺直接有关。另外，为了方便饲养，也应同时考虑人体尺度和人体活动所需的空间范围，两者应有机地结合在一起。

6. 注意节约用地

珍珠鸡场性质不同、规模的大小、地形的差别以及珠鸡舍建筑形式的差异，其用地面积相差很大。另外，珍珠鸡场所采用的工艺流程不同及珍珠鸡场建筑设计不同，其用地差别也是很大的。珍珠鸡场建筑规划一定要注意节约土地。

7. 具有良好的经济效果

在珠鸡舍的设计和建造中，要因地制宜，就地取材，尽量做到节约劳动力、节约建筑材料和资金。设计和建造珠鸡舍须尊重经济规律，要周密地计划和核算，讲究经济效果。建造珠鸡舍也应本着因地制宜、因陋就简、就地取材的原则，尽可能降低珠鸡舍的建造成本。

在总体计划的前提下，若资金不足，则不一定一步到位，可分段实施，逐渐扩大，逐步到位，即以鸡养鸡，使珍珠鸡养殖规模逐渐扩大。

> **提示**
>
> 珠鸡舍的环境控制在不同地区，因气候不同，要求也不同，故应因地制宜合理设计。过分追求最适宜的环境，会造成浪费；反之，将珍珠鸡舍建造得过于简陋，起不到隔热和保温作用，影响珍珠鸡的生长发育，造成生产损失，同样也是不经济的。

二、珠鸡舍的基本类型

我国地域宽广，南北、东西跨度较大，气候的差异悬殊。南方气温偏高，一年四季气温差异不很悬殊，但湿度较大，因而在建筑珠鸡舍时应考虑以通风为主、保温为辅的原则。而北方四季气温变化显著，尤其冬季温度很低，因而在建筑珠鸡舍时应以保温为主，当然通风也不容忽视。从珠鸡舍的通风、保暖性能方面可将珠鸡舍分为开放式、封闭式、半开放式和卷帘式四种类型。

1. 开放式珠鸡舍

这是一种简陋的珠鸡舍，有屋顶，四面无墙。屋顶用石棉瓦、塑料瓦、油毡等搭成，屋顶由屋架和四周的柱子架起，冬季用尼龙薄膜围高包裹；或三侧有墙，南面无墙，北墙上开窗。此种珠鸡舍完全依靠自然空气流动达到舍内的通风换气，自然采光，其优点是设备投资少，照明耗电少，节省能源，节约费用。缺点是珍珠鸡群完全受自然季节气候的温、湿、光、风等因素影响，不利于珍珠鸡场全年均衡生产，只宜作散养珍珠鸡，且只适用于温暖地区。同时这种珠鸡舍的防蚊蝇和气雾消毒、免疫等较困难，在蚊蝇较多季节，要考虑在四周安装上纱网。

2. 封闭式珠鸡舍

珠鸡舍四面有墙，上有严密的屋顶，舍内与外界相对分离，形成局部的小气候环境，在珠鸡舍长轴纵墙设置门窗，舍内放置笼架，与封闭式鸡舍类似。有些珠鸡舍顶部还安装排气塔窗。珠鸡舍门口设一小房间，其作用除供饲养人员休息和放置一些常用的饲料、饲具外，还用于防止严寒季节冷空气直接进入珠鸡舍，对冷空气起到预热的作用。合格的封闭式珠鸡舍可做到对环境的控制，可人为根据需要，进行温度、湿度、通风、光照的调控，但造价较高，投资较大，珍珠鸡对饲料营养、饲养技术及管理要求严格，饲养成本较高。

3. 半开放式珠鸡舍

此种类型的珠鸡舍是在开放式珠鸡舍的基本形式上加砌围墙建成。最常见的形式是四面有墙，南墙留大窗户、北墙留小窗户的有窗珠鸡舍，南面或设或不设运动场。窗户的大小与地脚窗设置数目，可根据气候条件设计。最好每栋珠鸡舍都建有消毒池、饲料储备间及饲养管理人员工作休息室。地面应有一定坡度，避免积水。这类珠鸡舍全部或大部分靠自然通风、自然光照，舍内温度基本上随季节而变化。冬季晚上用稻草帘遮上敞开面，以保持珠鸡舍内温度，白天把帘卷起来采光采暖。由于自然通风和光照有限，生产管理中，这类珠鸡舍常增设通风和光照设备，以补充自然通风和光照的不足。此种珠鸡舍比较适合我国南方和北方气温适中的广大地区。

4. 卷帘式珠鸡舍

此种珠鸡舍兼有密闭式和开放式、半开放式珠鸡舍的优点。我国南北方无论寒冷季节或是高温季节都可使用。此种珠鸡舍的顶棚、四周除离地面 15 厘米以下建有 50 厘米高的薄墙外，其余全部敞开。在珠鸡舍侧墙的内层和外层安装隔热帘，有机械传动。夏季全部敞开，冬季卷帘可全闭合。

三、珠鸡舍各部结构的基本要求

珠鸡舍的结构主要包括地基、地面、墙体、屋顶、门、窗、顶棚、运动场等。珍珠鸡舍的小气候在很大程度上取决于珠鸡舍的结构。

1. 地基

地基要求坚实、组成一致、干燥。一般小型珠鸡舍可直接建在天然地基上，砂砾土层和岩性土层的压缩性小，是理想的天然地基。地基应坚固耐久，有适当的抗机械能力和防潮、防震能力。一般情况下，地基比墙壁宽 10～15 厘米，深度为 50 厘米左右，北方地区可深些。

2. 墙体

墙体是建筑物的主体部分，要求坚固、耐久、耐水、抗震、防火、表面光滑，便于清扫、消毒，具有良好的保温性能。我国珠鸡舍一般采用 24 厘米厚的砖墙体，外面用水泥抹缝，内壁用水泥或白灰挂面，在墙的下半部挂 1 米多高的水泥裙。

3. 屋顶与顶棚

屋顶起遮挡风雨和保温隔热的作用。屋顶形式有单坡式、双坡式、平顶式、钟楼式等（图 4-1），目前国内常见的主要是双坡式和平顶式珠鸡舍。一般跨度比较小的珠鸡舍多为双坡式，跨度比较大的珠鸡舍（如 12 米跨度）多为平顶式。屋顶的屋架可用钢材、木材、预制水泥板或钢筋水泥土制作。屋顶材料要求耐用、保温、防水、防火，常用瓦、石棉瓦等做成。珠鸡舍设顶棚，可明显提高其保温隔热性能。双坡式屋顶下面最好加设顶棚。顶棚材料也要求具有防潮、耐用、防火、保温隔热等特性，高强度塑料可作为吊顶的首选材料，其次为多层板、竹板、木板等材料。

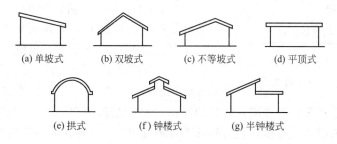

(a) 单坡式　　(b) 双坡式　　(c) 不等坡式　　(d) 平顶式

(e) 拱式　　(f) 钟楼式　　(g) 半钟楼式

图 4-1　珠鸡舍建筑中常用的主要屋顶样式

4. 地面

珠鸡舍的地面应高于舍外，并有较高的保温性能。目前常用的是水泥地面，其优点是便于管理和操作；但传导散热快，不利于珠鸡舍保温。有条件的可在土层上铺混凝土油毡，其上再铺空心砖，然后以水泥浆抹面建成复合式地面。

5.门、窗

门是人、珍珠鸡、运料车的出入口。一般门设在珍珠鸡舍的南面。门的大小以舍内设备和舍内工作的车辆便于进出为度。一般单门扇高2米、宽1米，两扇门高2米、宽1.6米左右。门的设置应避开冬季主导风向，门朝外开，门外设坡道，以便于车出入。门外旁边设入舍消毒池。

小经验

在寒冷地区，通常设门斗以加强保温性能，防止冷空气侵入，并缓和舍内热能外流。门斗深度应不小于2.0米，宽度应比门大1.0～1.2米。

图4-2 珠鸡舍的入射角和透光角

窗户主要用于采光和通风换气。窗户面积大，采光多、换气好，但冬季散热和夏季向舍内传热也多，不利于冬季保温和夏季防暑。开放式珍珠鸡舍的窗户应设在前后墙上，窗户与地面面积之比，商品珠鸡舍为1∶（10～15），种珠鸡舍为1∶（5～10）。前窗应高大，离地面可低些，一般窗下框离地面1.0～1.2米，窗上框高2.0～2.2米，以便于采光；后北窗比南窗略小一点、高一点，约为前窗面积的1/3～2/3，以利于夏季通风。

根据上述参数即可确定窗户的面积，此外还要合理确定窗户上沿的位置。入射角是指窗户上沿到珠鸡舍跨度中央一点的连线与地向水平线之间的夹角。透光角是指窗上、下沿分别至珠鸡舍跨度中央一点的连线之间的夹角。自然采光珠鸡舍入射角不能小于25°，透光角不能小于5°（图4-2）。当自然光照不能满足珠鸡舍内的照度要求时，为了方便夜间饲养管理，以及在无窗式珠鸡舍中，则需增设人工照明设备，人工照明的强度和时间，可以根据珠鸡群要求进行控制。密闭式珠鸡舍不设窗户，只设应急窗和通风进出气孔。

> **提示**
>
> 　　珠鸡舍采光的设计合理与否，关系到珠鸡舍的小气候状况和珍珠鸡的生产力。在寒冷地区，在保证采光系数的前提下，珠鸡舍南北墙均应设置窗户，尽量多设南窗，少设北窗。同时为利于冬季保暖防寒，常使南窗面积大、北窗面积小，并确定合理的南北窗面比。在窗户总面积一定时，酌情多设窗户，并沿纵墙均匀设置，使舍内光照均匀分布。

6. 珠鸡舍内过道

过道的宽狭必须考虑到人行和操作方便。跨度小的平养珠鸡舍，过道设计在北侧，宽 1～1.2 米；跨度大于 9 米的珠鸡舍，过道设在中间，宽 1.5～1.8 米。

7. 珠鸡舍跨度、长度与高度

珠鸡舍跨度不宜过宽，有窗自然通风鸡舍跨度以 6～9 米为宜，机械通风珠鸡舍的跨度可选用 12 米。珠鸡舍长度没有严格的限制，但从便于工作考虑，以 50～80 米为宜。笼养珠鸡舍长度除珠鸡笼长度外，还要考虑生产操作所需空间。珠鸡舍高度根据饲养方式、清粪方式、珠鸡舍大小和气候条件有所不同。跨度不大、平养、气候不太炎热的地区，珠鸡舍不必太高，一般以地面到屋檐的高度为 2.5 米左右为宜。

8. 操作间

操作间是饲养人员进行操作和存放工具的地方。珠鸡舍长度不超过 40 米的，操作间可设在珠鸡舍的一端；若珠鸡舍长度超过 40 米，则操作间应设在珍珠鸡舍中间。

9. 运动场

饲养育成珠鸡与珍珠鸡开放式平养的鸡舍，应设有运动场。运动场一般与珠鸡舍等长，宽约为珠鸡舍跨度的 2 倍。运动场设在南面，地面平整并稍有坡度，以利排水；还应有遮阳设备，运动场周围应有围篱或围墙。

四、主要珍珠鸡舍的设计

1. 育雏舍

育雏舍是指从出壳养至 8 周龄的雏珠鸡专用鸡舍。雏珠鸡由于绒毛稀少，体质娇弱，体温调节能力差，故雏珠鸡舍应以能保温、干燥、通风但无贼风为原则，并设置加温设备。无论采用何种方式供温，育雏舍室温一般控制在 20～25℃。因此寒冷地区北窗要用双层玻璃窗，室内要安装加温设备。育雏舍采光要充分，前窗面积与地面面积的比例为 1∶8 左右，前窗离地面高 60～70 厘米。后窗面积为南窗的一半，后窗离地面 1 米左右。为了便于调节室内空气，克服通风和保温的矛盾，应设通气窗。舍内地面要求坚实干燥，这样既可防鼠害，又利于排水。地面一般铺水泥，还要向一边倾斜，以利清扫消毒。窗上要装铁丝网，以防鼠害。

（1）地面平养育雏舍　地面育雏时，育雏舍地面用沙土或干净的黏土铺平，并夯实，或铺砖，最好是水泥地面。采用舍内地面应比舍外地面高 20～30 厘米，以保持舍内干燥。育雏后期的地面可以为水泥地，并向一边倾斜。育雏舍应在室内设水槽和料槽（或料盘）（图 4-3）。平养育雏，珍珠鸡以 200 只为 1 群较为适宜。在育雏舍内可用铁丝网隔成小的隔间，每个隔间 4 角用 2 厘米网或更细的网隔成半圆形，以防止雏珠鸡受惊吓堆积墙角闷死。若采用地下烟道供热或暖气供热，面积可大一些。

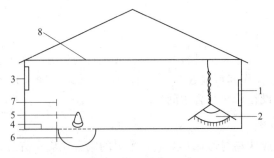

图 4-3　地面平养育雏舍内部结构示意

1—南窗；2—保温伞；3—北窗；4—过道；5—饮水器；

6—排水沟；7—栅栏；8—天花板

（2）网上平养育雏舍　网上育雏时，网床距地面 60～70 厘米。网面的构成材料种类较多，有钢制的（钢板网、钢编网）、木制的和竹制的。现在常用的是竹制的，将多个竹片串起来，制成竹片间距为 1.5 厘米竹排，将多个竹排组合形成育雏网面。育雏前期再在上面铺上塑料网，可以避免折断雏珠鸡脚趾，雏珠鸡感到舒适。网床上分成若干小栏，每栏面积为 4 平方米左右，随着雏珠鸡日龄增长逐步扩大小栏面积。所有窗户、排水沟和通向外部的下水道都应设置铁丝网或网板，以利于废水渗漏和防止鼠害（图 4-4）。网上育雏的优点是粪便直接落入网下，雏珠鸡不与粪便接触，减少了病原感染的机会，尤其是大大减少了球虫病爆发的危险。同时，提高了饲养密度，减少了珠鸡舍建筑面积，可减少投资，提高经济效益。

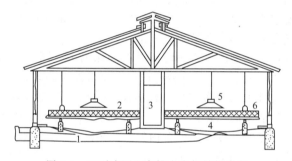

图 4-4　双列式网上育雏舍内部结构示意
1—排水沟；2—铁丝网；3—门；4—集粪池；
5—保温灯；6—饮水器

（3）笼养育雏舍　笼养育雏就是把雏珠鸡养在多层笼内，这样可以增加饲养密度，减少建筑面积和占用土地面积，便于机械化饲养，管理定额高，适合于规模化饲养，育雏笼由笼架、笼体、料槽、水槽和托粪盘构成。舍内育雏笼的排列形式可分为单列式、双列式、多列式三类。单列式排列一般是将育雏笼排成一列，靠北墙可设或不设走廊，以利于采光、通风、保温、防潮，空气新鲜；此种排列方式构造简单，育雏舍跨度小，造价较低，但建筑面积利用率低。双列式排列是将两列育雏笼分开排列，两列中间为通道；其优点是保温好、管理方便、空间利用率高，缺点是北侧育雏笼采光差、结构复杂、成本较高。多列式排列是在育雏舍内排列 3 列或 4 列育雏笼，两排育雏笼之间留有通道；此种排列方式运输线短，散热面积小，冬季保温好，工效高，适合机械化生产，缺点处是构造复杂、投资大、采光差、舍内阴暗潮湿。

2. 育成舍

育成舍的基本要求类似育雏舍。但育成阶段的珍珠鸡生命力强，对外界环境的适应能力较强，其保温要求没有育雏舍那样严格，应重点考虑防潮、通风的需要。育成舍的面积应根据育成珠鸡的饲养方式、饲养规模而定。

采用地面平养的方式，育成舍一般跨度为9～12米，长度视生产规模和每栋的饲养量而定，只要管理方便、场地许可就行。育成期间，随着珍珠鸡的生长，代谢量增大，对育成舍的通风换气和空气新鲜程度的要求逐渐提高。育成舍要设置进气孔和排气孔，通过调节进气孔、排气孔的大小来调节空气流量。

采用放牧法饲养的珍珠鸡可建设放养珠鸡舍（图4-5）或简易型珠鸡舍（图4-6、图4-7）。放养型珠鸡舍要求保温防暑及通风换气良好，便于冲洗排水和消毒防疫，舍前设运动场。育成阶段的珍珠鸡，活泼好动，其活动面积逐渐增大，放养时在珠鸡舍前设露天运动场。运动场要有一定的坡度，靠近舍内的一侧稍高一些，以便下雨排水和运动场的冲洗。运动场不要坑坑注注、高低不平，以免蓄积污水。料槽设在运动场靠近舍内的屋檐下，以防下雨时雨水打湿饲料。如有可能应在运动场周围栽树或搭凉棚，以利于夏季防暑降温。

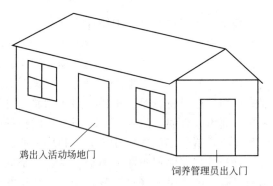

图 4-5　普通放养型珠鸡舍

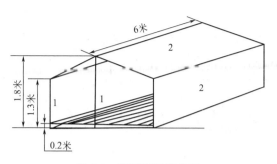

图 4-6　简易型塑编布棚

1—主要支架；2—塑编布

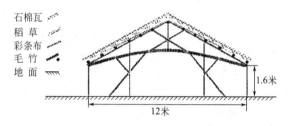

图 4-7　大棚珠鸡舍截面结构图

3.种珠鸡舍

种珠鸡的繁殖能力在 20 摄氏度左右为最好，为提高种蛋质量和种珠鸡产蛋率，种珠鸡舍要做到冬暖夏凉。种珠鸡的新陈代谢旺盛，因此，种珠鸡舍要求通风条件良好。种珠鸡舍要求地面宽阔，跨度一般在 6～8 米，长度根据饲养规模而定。阳面窗户面积大，阴面窗户面积小。舍内地面采用水泥地面，并设置排水沟，以便于清理粪便和排水。光照与珍珠鸡的性成熟和产蛋量密切相关，种鸡舍内一般光照强度以每平方米 2～3 瓦灯泡为宜。种珠鸡自然交配时，舍前应设置运动场，面积是舍内面积的 1～2 倍，舍内设产蛋箱。笼养时采用人工授精技术，无需运动场和产蛋箱。不同的饲养方式，舍内结构和设施不同。自然交配的种珠鸡舍有地面平养、网上平养和地面—网上结合平养。如地面平养，可将种珠鸡舍分隔成若干小间，每一小间饲养一个繁殖群。为便于喂料和捡蛋，可在鸡舍内北侧设置 1 米宽的走道。

4．孵化室

种蛋孵化室要求通风、保温、冬暖夏凉，室内地面铺有水泥，比舍外高15～20厘米，且设有遮阴篷，以供雨天就巢母珍珠鸡活动与饲喂之用。人工孵化室的面积大小应根据孵化用机具大小、数量而定。

第四节 珍珠鸡的养殖设备

一、饮水设备

珍珠鸡的饮水设备形式较多（图4-8），与家鸡所用差不多。只要卫生、便于清洗即可，如瓷盆、瓦钵、竹筒、塑料盒等均可做饮水

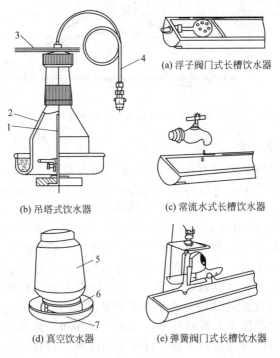

(a) 浮子阀门式长槽饮水器

(b) 吊塔式饮水器

(c) 常流水式长槽饮水器

(d) 真空饮水器

(e) 弹簧阀门式长槽饮水器

图4-8 各种饮水设备

1—防晃装置；2—饮水盘；3—吊攀；4—进水管；
5—杯体；6—底盘；7—出水孔

器用。塔式真空饮水器分雏珠鸡、育成珠鸡和成年珍珠鸡用几种不同型号，主要用于地面平养。塔式真空饮水器由上部成馒头形（或尖顶）的圆桶和底部比圆桶稍大的圆盘构成。圆桶顶部和侧壁不漏气，基部离底盘高 2.5 厘米处开有 1～2 个小圆孔。圆桶盛满水后，当盘内水位低于小圆孔时，空气由小圆孔进入桶内，水就会自动流到盘底。当盘内水位高于小圆孔时，空气进不去，水就流不出来。这种饮水器构造简单，使用方便，清洗消毒容易，既不会弄湿地面，也不会踩踏水盘。珍珠鸡笼养饮水设备有长槽饮水器、乳头式饮水器、杯式饮水器和吊塔式饮水器。规模较大的珍珠鸡场可采用后 3 种饮水器。每只珍珠鸡在不同生长期应占有的饮水器宽度见表 4-1。

表 4-1　每只珍珠鸡占有的 "U" 形饮水器宽度

周龄	1	2～4	5～8	9 周龄以后
饮水器宽度/厘米	1.25	1.5	2～2.5	5

二、饲喂设备

1. 料盘

雏珠鸡开食盘主要供开食及育雏早期使用。市场上销售的有方形、圆形等不同形状。食盘上要盖料隔，以防珠鸡把料刨出盘外。料盘的大小视雏珠鸡数量而定。雏珠鸡出生后第 1 周采食量很少，一般用简单的饲料盘或装珍珠鸡蛋的托喂盘，直接放在育雏伞的周围垫料上，料盘的高度 4～5 厘米。

2. 料桶

料桶可用于地面垫料平养 2 周龄以后的小珠鸡或大珠鸡，其结构为 1 个圆桶和 1 个料盘，珍珠鸡吃饲料时，饲料子从圆桶内流出。它的特点是一次可添加大量饲料，储存于桶内，供珍珠鸡不停地采食。目前市场上销售的料桶有 4～16 千克的多种规格。

3. 料槽

料槽是盛装饲料的主要饲养工具之一，是适用于笼养或平养雏珠鸡、育成珠鸡、成年珠鸡的饲喂设备。料槽如制作不合理，不仅会影响珍珠鸡取食，也浪费饲料，增加饲养成本。珍珠鸡料槽可用铁皮板、木板和塑料等材料制成，其大小随珍珠鸡的大小与饲养方式而异。无论何种料槽均要求光滑平整，结构合理，既便于珍珠鸡采食又不浪费饲料，并便于消毒。雏珠鸡1周龄后普遍采用料槽喂料。料槽放置高度随着珍珠鸡生长发育而随时调整，放置高度以料槽出料口与珍珠鸡背高度平行为准。如采用平养方式，在料槽上方应加上一根滚木或竹网栅，以防止珍珠鸡站在槽里排泄，污染饲料。料槽的数量要根据珍珠鸡的数量来设置。珍珠鸡育雏期间一般用长料槽，1周龄内料槽规格为90厘米×4厘米×3厘米（长×宽×深），2～4周龄为90厘米×9厘米×5厘米，5～8周龄为120厘米×15厘米×15厘米。料槽与水槽距离不得超过2米。每只珍珠鸡在不同生长期应占有的料槽长度见表4-2。

表4-2　每只珍珠鸡占有料槽的长度

周龄	1～2	3～5	6～8	9～12
料槽长度/厘米	2	5	10	12

三、孵化设备

现代化的专业孵化厂和兼有孵化任务的珍珠鸡场，一般都使用电气孵化器进行生产。孵化器是根据珍珠鸡蛋胚胎发育所需的孵化条件，利用电气设备来操作，实现了孵化过程的机械化和自动化，从而大大减轻了劳动强度，提高了雏珠鸡的质量和孵化效果。孵化器的式样和型号很多，大小不一，但其构造原理基本相同，由机体、自动控温装置、自动控湿装置、自动翻蛋装置和通风换气装置等几部分组成。通常一台孵化器可以完成整个孵化过——从入孵直至出雏，根据需要还可以整批入孵或分批入孵。为了给珠鸡蛋的胚胎发育创造更良好的条件，提高孵化效果和管理水平，近代的孵化器设备更趋完善，都由孵化机和出雏机两种机具配套组成。

四、珍珠鸡笼

笼养立体育雏有3层立体育雏笼、5层立体育雏笼和4层电热育雏笼。4层电热育雏笼分为加热育雏笼、保温育雏笼、雏珠鸡活动笼三部分。各部分既可独立使用，也可组合。如在温度高或用全室加温方法的地方，可使用专门育雏活动笼。在温度较低的地方，可增加加热和保温育雏笼。采用 4 层电热育雏笼，可育雏 1200～1600 只笼。种珠鸡笼尺寸应比普通鸡的种鸡笼略大，一般采用 2 层或 3 层全阶梯笼，每笼养 2 只种珠鸡。

五．给温设备

在育雏过程中，需要较高而稳定的室温供应，因此需要配备加温设备。通常采用的加温方法有北方的火坑加温、南方广泛使用的烟道加温、红外线灯泡加温和电热育雏伞加温等几种方式。

1．电热育雏伞

电热育雏伞用铁皮或纤维板制成伞状，伞内四壁安装电热丝作热源（图 4-9、图 4-10）。育雏伞有市售的，也可自制。一个铁皮罩，中央装上供热的电热丝和 2 个自动控制温度的胀缩饼装置，悬吊在距育雏地面 50～80 厘米高的位置上，伞的四周可用 20 厘米高的围栏围起来。育雏伞的优点是管理方便，育雏室内换气良好，尤其适宜于电源稳定的地区。常用电热育雏伞可容纳雏珠鸡数量见表 4-3。

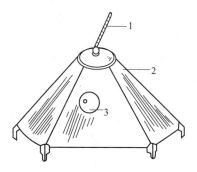

图 4-9　折叠式育雏伞
1—电源线；2—保温伞；3—调节器

表 4-3　常用电热育雏伞可容纳雏珠鸡数量

电热育雏伞热源面积/平方厘米	伞高/厘米	2 周内可容纳雏珠鸡数量/只
100～100	55	300
130～130	60	400
150～150	70	500
180～180	80	600
240～240	100	1000

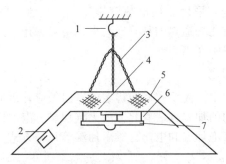

图 4-10　铝合金育雏伞

1—吊钩；2—控温装置；3—悬挂链；4—辐射板；

5—外壳；6—加热器；7—照明灯

2. 红外线灯泡

红外线灯泡加温是利用红外线灯泡发热量较高的特点，把其悬挂在育雏室内，提供育雏所需的热量。利用红外线灯泡加温具有保温稳定、室内干净、垫草干燥、管理方便、节省人工等优点。但耗电量大，灯泡易损坏，其成本较火炕加温、烟道加温、煤炉加温要高，且不能在未通电和经常停电的地区应用。利用红外线灯泡加温时，常用250 瓦的红外线灯泡。育雏第 1 周灯泡离地面 35～45 厘米。随雏珠鸡年龄的增大，自第 2 周起，逐渐提高灯泡高度。一般每周将灯抬高7～8 厘米，直到离地面 60 厘米高为止。使用时可以等距离排列，也可以两盏连成一组。使用红外线灯泡时，料槽和水槽不要放在灯下，以防灯泡爆裂。

3. 煤炉

多用于地面育雏或笼养育雏的室内加温，一般育雏舍 15～25 平方米放 1 只煤炉。

4. 热风炉

热风炉是以空气为介质，以煤炭或油为燃料的一种新型供热设备，其结构紧凑合理，热效率高，运行成本低，操作方便。全自动型具有自动控制环境温度、进煤数量、空气进入、热风输出、自动保火、报警、高效除尘等性能特点。

5. 火坑

火坑加温是家庭养禽常用的加温方法。火坑一般用干燥的土坯砌成，其结构与北方农村人睡的土炕一样，把炕直接建在育雏室内。炉灶的火口设在育雏室北端的墙外，一个炕设一个烧火口。火坑的大小一般是 6～8 平方米（约 4.5 米×1.6 米）。根据育雏室大小，可以每间建一火坑，也可以一间屋建两炕（直道在中间），烟囱建在另一端的墙上，烟囱要高出屋顶，使出烟畅通。在靠近火坑烧火口的一端可设置保温棚。棚下温度较高可供初生雏休息，待雏珠鸡稍大后，其可根据需要，自由进出，选择温度适宜的区域。保温棚下挂一两盏 15 瓦的电灯照明，并在离炕面 5 厘米处挂一支温度计，以便随时观察温度变化情况。

6. 烟道育雏

烟道式育雏具有容量大、成本低的优点，适宜于产煤地区或无电源地区使用。烟道式育雏的热源来自烧煤，烟道烧热后可使育雏室温度升高，为雏珠鸡提供温度。其育雏原理与火坑加温相似。烟道可分为地下烟道、地上烟道和火墙式烟道等多种。地下烟道在地下，其优点是地面无障碍物，清扫方便，而且地面干燥温暖，雏珠鸡感温舒适。不足之处是传热较慢、耗煤较多。地面烟道升温快，但育雏面积缩小，管理上不太方便。

7. 热水或热汽

大型珍珠鸡场育雏数量较多，可在育雏舍内安装散热片和管道，利用锅炉产生的热汽或热水使育雏舍内温度升高。此法育雏舍清洁卫生，育雏温度稳定，但投入较大。

六、栖架

栖架是专供珍珠鸡栖息的木架。珍珠鸡上架栖息，可为珍珠鸡提供适宜的生活环境。同时能减轻潮湿侵袭，减少胃肠炎的发生，防止夜间聚集，有利骨骼肌肉的发育，避免龙骨弯曲的发生。栖架可按每15 只需 1 米长栖木计算，采用 3.5～4 厘米宽的木条，沿舍内靠墙边钉成。栖架前缘离地面的高度，按珍珠鸡日龄大小而定。育成珠鸡栖架前缘长度，以 20 厘米为一节，前缘离地面高度为 30 厘米，以

15°～20°角度往墙后升高。种珠鸡栖架，前缘长度 40 厘米为一节，前缘离地高度为 40 厘米，也以 15°～20°角度往墙后升高。栖架要求表面光滑，以免挂伤珠鸡脚。

七、沙浴池

沙浴池是供珠鸡沙浴，以清除身上污物的场所。经常沙浴的珠鸡，皮肤健康，不感染皮肤病和其他疾病。因此，有条件的地方，应充分考虑到珠鸡喜沙浴这一特性，设置沙浴池。试验证明，经常自由"沙浴"的珠鸡，其产蛋率和蛋重与同一饲养管理条件下不"沙浴"的珠鸡相比，要高出 3%～5%。种珠鸡用的沙浴池，可建于活动场内，用砖砌高 40 厘米的沙池。一般每 100 只珠鸡应有沙池面积 2～3 平方米。每 7～10 天用筛子清除沙子里的杂物和粪便，消毒后循环使用，同时不断添加部分新沙。也可在沙中均匀地拌入些草木灰和硫黄粉，这样，可以在沙浴的同时杀灭体表寄生虫。

八、饲料加工设备

饲料粉碎机主要是用来粉碎大的珠鸡饲料。饲料混合机主要是用来混合搅拌粉碎的珠鸡饲料。饲料颗粒机主要是将以上提到的使用饲料粉碎和饲料混合机生产的饲料原料在制粒室里压制成珠鸡饲料颗粒，以便更好地喂食珠鸡。

九、环境控制设施

珠鸡舍内的环境控制设施包括通风、温度、湿度、空气净化和照明设施等。其中主要是通风装置，它通过通风换气量来解决鸡舍内的温度、湿度和空气的新鲜程度等。

十、防疫消毒设备

常用的消毒设备如下。

① 用于对水、空气、衣物等消毒灭菌的紫外线消毒灯。

② 将电能转变为机械能，对水进行加压形成高压水流，用于冲洗珠鸡舍的高压清洗机。

③ 用人工操作喷洒药液的人力喷雾器。

④ 以煤油为燃料，手动供气加压雾化煤油喷射点火，利用煤油

燃烧产生的高温火焰对珠鸡舍及设备进行扫烧，杀灭各种细菌病毒的火焰消毒器等。

在珍珠鸡场大门及各区入口处，各珠鸡舍的入口处，应设相应的消毒更衣室、消毒池等。

1. 消毒更衣室

消毒更衣室是珍珠鸡场内供工作人员更衣消毒的建筑设施（图 4-11），一般设置在珍珠鸡场生产区的入口处。其功能是对进入生产区的人员进行消毒，以防将外来病原带入，利于珍珠鸡场的卫生防疫。进入生产区的工作人员首先从入口进入消毒室消毒。消毒室地面上设置有消毒池，池中铺设浸满消毒液的垫子，消毒室的墙壁和屋顶上安装数只紫外线消毒灯。人员进入消毒室经过紫外线消毒灯和消毒液的消毒后，尽可能将携带的病原杀灭。然后在更衣室内更换掉进场衣服并经过淋浴室洗浴后，再在更衣室换上专门的场区工作服，并再次经过消毒室消毒后，基本上就可以防止工作人员将病原带入生产区。

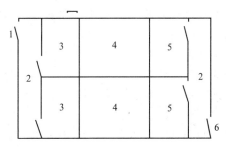

图 4-11　消毒更衣室平面图

1—入口；2—消毒室；3—男女更衣室；4—男女淋浴室；

5—男女更衣室；6—出口（进入生产区）

2. 消毒池

消毒池是在珍珠鸡场中设置的供人员和车辆消毒的设施。分为车辆消毒池和人员消毒池两种。车辆消毒池设置在珍珠鸡场的大门口，池深 0.3～0.5 米，宽度根据进出车辆的宽度确定，长度要使车辆轮子在池内药液中滚过一周，一般为 3～5 米，池边应留有溢流孔使消毒车身的消毒液流出，进出口处宜用 1：（5～8）的坡度与地面相连，池底有 0.5% 的坡度朝向排水孔，消毒池可同地面一样用混凝土浇筑，但其表面应用 1∶2 的水泥砂浆抹面，池子上方设置顶棚，并配备喷雾消毒设备为车身消毒。在车辆消毒池的两侧或一侧，还应设置脚踏消毒池供进场人员消毒。通常用 2%～3% 浓度的氢氧化钠或 5% 浓度甲酚皂溶液（来苏儿）作为车辆消毒液。消毒液应每 3～4 天更换 1 次。两种消毒液应经常交替使用，以避免有害微生物产生耐药性。人员消毒池一般设置在消毒更衣室中，池深 0.15～0.2 米，长 1.5～3.0 米。在育雏舍、育成舍、种珠鸡舍、兽医室和化验室的门口也应设置消毒池，池深 0.15～0.2 米，长度和宽度可适当小些。消毒池内放一定深度的消毒液，在人员消毒池内还应放置消毒液浸泡过的消毒垫。

十一、死珠鸡处理设备

规模化珍珠鸡场饲养密度高，规模大，疾病流行迅速，危害大，做好死珍珠鸡处理是防止疾病流行的重要措施。死珠鸡处理的原则是，对因烈性传染病而死的病珠鸡尸体，必须进行焚烧火化处理；对用常规消毒方法容易杀灭病原体的病珠鸡和其他伤、病死亡的尸体，可用深埋法和高温分解法处理。

焚化炉是用于处理因烈性传染病而死亡的珍珠鸡的炉具。在焚化炉中用燃油燃烧器对死珍珠鸡进行焚烧，通过焚烧可以将病死珠鸡烧为灰烬，彻底消灭病毒、病菌。用焚化炉处理死珍珠鸡方便迅速，干净卫生。

毁尸坑是由砖和混凝土等修建的可密闭的尸体处理设施，一般深 10 米，直径 3 米左右，它利用尸体厌氧分解产生的高温杀灭病原菌，适合中、小型规模化珍珠鸡场使用。毁尸坑须设置在珍珠鸡场的下风区，离生产区、河流、水井 1000 米以外较干燥的地方。对少量珍珠鸡尸体也可选择偏僻干燥的地方挖坑深埋，坑深 2 米以上。坑挖好后，底部先撒一层生石灰，投入珍珠鸡尸体，再撒一层生石灰，用土埋实。本法不适宜处理传染病珍珠鸡尸体。

十二、其他

如断喙器、称重用具（用于称珍珠鸡的秤或天平或台秤，误差小于 20 克）、游标卡尺、照蛋器（图 4-12）、产蛋箱等。

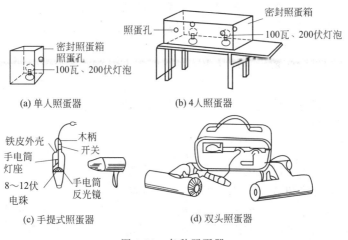

(a) 单人照蛋器　　　　(b) 4人照蛋器

(c) 手提式照蛋器　　　　(d) 双头照蛋器

图 4-12　各种照蛋器

第五节　珍珠鸡场环境控制及粪污处理

珍珠鸡养殖技术建立在珍珠鸡生物学规律基础之上，只有满足珍珠鸡生物学需要的适宜环境条件才能有利于珍珠鸡健康，才能保证珍珠鸡更好地生长和生产。随着人对珍珠鸡的生物学特性有了更深刻的认识，对珍珠鸡所需要的环境条件更加了解，为给珍珠鸡提供适宜的环境条件打下了良好的基础。

一、场区的环境管理

珍珠鸡场产生大量的粪尿、污水、病死珍珠鸡等废弃物，加之许多珍珠鸡场的珠鸡舍密集和规划布局不合理，会导致珍珠鸡场污染严重、卫生质量差、病原微生物和媒介类昆虫大量滋生繁殖，极易发生疾病，特别是传染病。加强珍珠鸡场的环境管理，采取措施保持珍珠鸡场环境清洁卫生、空气洁净新鲜、减少污染和病原微生物滋生繁殖，有利于保证珍珠鸡群安全，最大限度地提高其生产潜力。

1. 合理规划设计

科学地进行规划布局是保证珍珠鸡场安全的基础。珍珠鸡场必须分区规划、科学布局珍珠鸡舍和道路、配备必需的保护设施。珍珠鸡场周围建立隔离墙、防疫沟，内部功能区各区域间应有绿化带和围墙严格分离，且四周要有防疫沟，仅留两条通道，一条是饲养员和饲料等正常进入的净道，物品一般只进不出；另一条是处理珍珠鸡粪和淘汰珍珠鸡群的污道，一般只出不进，两道不能交叉。为了保持场区和珠鸡舍环境良好，珠鸡舍之间应保持适宜的距离。珍珠鸡场入口和珠鸡舍入口设立消毒池、配套粪污及污水处理设施等，并制定严格的卫生防疫管理制度。

2. 绿化

绿化不仅可以美化环境、调节改善小气候、减弱噪声、净化空气，而且具有防疫和防火作用。应根据本地气候、土壤和环境功能等条件，选择适合当地生长的树木、花草进行绿化。绿化的主要地段是生活管理区，应具有观赏和美化效果；场内卫生防疫隔离用地及粪便污水处理设施周围应布置绿化隔离带。在场界周边，特别是场界的西侧和北侧种植宽度 10 米以上乔木和灌木混合林带，以起到防风阻沙的作用，乔木可选择杨树、柳树、松树等，灌木可选择刺槐、榆叶梅等。场区隔离林带可用杨树、槐树、柳树等，两侧种以灌木（总宽度为 3～5 米），主要用以分隔场区和防火。场内外道路两旁的绿化一般常用树冠整齐的乔木和亚乔木以及某些树冠呈锥形、枝条开阔、整齐的树种。为保证自然采光，在建筑物的采光地段，不宜种植枝叶过密、过于高大的树种。运动场的南侧和西侧可选杨树、槐树、枫树等枝叶开阔、生长势强、冬季落叶后枝条稀疏的树种设 1～2 行的遮阴林。

3. 水源保护

珍珠鸡场水源要远离污染源，位置要选择远离生产区的管理区内，远离其他污染源，水源周围 50 米内不得设置储粪场、渗漏厕所，水井设在地势高燥处，防止雨水、污水倒流引起污染。应定期检测水质，根据情况对饮用水进行净化（沉淀、过滤）和消毒处理，改善水质的物理性状和杀灭水中的病原体。

4. 环境消毒

消毒可以预防和阻止疫病发生、传播和蔓延。珍珠鸡场要有严格的消毒制度，要定期开展场内外环境、珍珠鸡体、饮用水等不同形式的消毒。使用的消毒药应安全、高效、低毒、低残留、对人畜无害，常见的有氢氧化钠、过氧乙酸、石灰乳、漂白粉、石炭酸、高锰酸钾等。由于消毒药的性状和作用不同，消毒对象和使用方法不一致，药物残留时间也不尽相同，使用时要根据药物特性和应用对象认真加以选择。

5. 废弃物处理

废弃物处理包括粪尿处理、污水处理、尸体和垫料处理。

(1) 珠鸡粪的处理

① 作为饲料：珍珠鸡的饲料以谷类为主体，与家畜相比，其消化道，特别是肠道短，消化吸收力差，其消化率大致为80%，因此，珠鸡粪中残存着许多未被消化吸收利用的营养成分，将它的饲料价值广泛地应用于生产中。用作饲料的珍珠鸡粪可采用干燥、青贮加工后使用。珠鸡粪干燥方法如下。

a. 地面干燥。将珍珠鸡粪单独或掺入一定比例的麦麸（20%左右），摊在向阳、干净的地方自然干燥，防止雨淋。干燥后可保存待用，注意水分要低于12%。

b. 塑料大棚干燥。将珍珠鸡粪平铺于塑料大棚地面上，厚约2厘米，直至干燥。

c. 青贮法。将珍珠鸡粪和其他饲料青贮。新鲜珍珠鸡粪青贮后可以制作牛、羊、猪的饲料。

d. 分离法。利用过滤筛和适当的冲洗速度，将珠鸡粪中的固体部分和液体部分分开。用这种方法生产的饲料喂牛，其消化效率较青贮法高。

提示

　　用作饲料的干燥珍珠鸡粪应来自不投药物珍珠鸡的未经稀释粪便，其粗蛋白含量在25%以上，粗纤维在15%以下，灰分在30%以下，含水量在5%以上，任何物质的含量不能超过有害量，不含有铁丝、玻璃碎片、铁钉等异物，要保证干燥珍珠鸡粪清洁卫生，不含大量细菌，无臭味，不能含杀虫剂和残留药物，以及其他有害或不合法的残留成分，干燥后的含水量，必须在12%以下。添加时要循序渐进，一般前5天添加比例不超过5%，以后每隔3～5天增加5%左右，直至10%～20%。家畜或家禽在屠宰前15天内不可饲喂干燥珍珠鸡粪饲料，以免肉中残留鸡粪味。

② 用作肥料：鉴于珠鸡的生理特点，其摄入的饲料并没有完全消化吸收，因此珠鸡粪中的养分是很高的，可作有机肥料。但珠鸡粪中有许多病原体，作肥料时，应及时妥善进行消毒处理。处理珠鸡粪可通过腐热堆肥或高温烘干，待高温杀灭病原菌后再作肥料。

（2）污水处理　珍珠鸡场必须专设排水设施，以便及时排除雨、雪水及生产污水。污水处理可通过沉淀、过滤和固液分离法将其中的有机物等固体物分离出来，进而浇灌果树或养鱼；或者用酸碱中和，再用胶体等有机物来凝结沉淀；或者直接向污水中加入漂白粉生成次氯酸而进行消毒。

（3）其他　尸体和垫料一般携带较多病原菌，可通过 100 摄氏度高温处理或直接焚烧。

6. 灭鼠灭虫

鼠是人、畜多种传染病的传播媒介。鼠还盗食饲料和珠鸡蛋，咬死珍珠鸡，咬坏物品，污染饲料和饮水，危害极大。鼠类多从墙基、天棚、屋顶处窜入舍内，在设计施工时应注意：墙基最好用水泥制成，碎石和砖砌的墙基应用灰浆抹缝。墙面应平直光滑，防鼠沿粗糙墙面攀爬。各种管道周围要用水泥填平。通气孔、地脚窗、排水沟（粪尿沟）出口均应安装孔径小于 1 厘米的铁丝网，以防止鼠窜入。灭鼠可根据具体情况选择安全有效的灭鼠器械或药物。灭鼠后鼠尸应及时清理，以防被畜误食而发生二次中毒。珍珠鸡场易孳生蚊、蝇等有害昆虫，骚扰人、禽和传播疾病，给人、禽健康带来危害。珍珠鸡场必须搞好环境卫生，保持环境清洁、干燥，填平无用的污水池、沟和洼地，保持排水系统通畅，及时清除舍内粪便。必要时，根据具体情况可采用机械方法以及光、声、电等物理方法捕杀、诱杀或驱除蚊蝇，或采用化学法杀灭。

二、珠鸡舍的环境管理

珠鸡舍是珍珠鸡生活和生产的场所。珠鸡舍环境直接影响珍珠鸡的健康和生产性能的发挥，生产中许多疾病的发生都与珠鸡舍环境不良有密切关系，了解珠鸡舍环境对珍珠鸡的作用和影响，控制好珠鸡舍环境，才能保证珍珠鸡的健康，提高生产性能。对珍珠鸡群健康影响较大的环境因素主要有温度、湿度、有害气体、微粒、微生物及噪声等。

1. 温度

（1）温度对珍珠鸡的影响　珍珠鸡产蛋的适宜温度为 10～24 摄氏度，相对湿度为 55％～60％。温度是主要环境因素之一。虽然珍珠鸡对气候温度的适应性很强，但温度过高、过低与突然的升降对珍珠鸡的生长、产蛋、受精率、孵化与饲料转化率等都有明显的影响。珍珠鸡舍的温度适宜，使珍珠鸡少受寒、热的影响，无疑是重要的。天气炎热时，珍珠鸡采食量下降，饲料易酸败变质和发生霉变，有利于病原体和媒介虫类的生存环境。舍内温度过高的情况下，珍珠鸡体内热量散失困难，体内蓄热，可导致珍珠鸡体温升高，发生热应激。舍温高于 38 摄氏度时就会导致热射病，严重时可引起珍珠鸡死亡。若幼雏长时间处于高温环境，则珍珠鸡群体质减弱、生长缓慢，易患呼吸道疾病和啄癖。舍内温度过低时，如果饲料供应充足，珍珠鸡有活动机会，对育成后期和成年珠鸡危害较小，但对雏鸡影响较大。

提示

低温能严重影响雏珠鸡的健康甚至死亡，低温时雏珠鸡表现为互相拥挤叠堆，绒毛直立，身体蜷缩，尽量靠近热源，不愿采食，饮水减少，发出尖叫声。温度过低时，雏珠鸡易患感冒、拉稀等，尚未吸收完的卵黄也因低温而不能正常继续吸收，腹部大，体弱，甚至死亡。

（2）温度控制　珠鸡舍内温度控制措施如下。

① 加强珠鸡舍保温隔热性能的设计，这是改善珠鸡舍环境的基础。建筑保温隔热性能良好的鸡舍是最经济、最有效的手段。

② 寒冷季节可以适当地提高饲养密度，炎热季节降低饲养密度。

③ 适量的通风是调节舍内温度的有效措施。夏季进行强制通风，增加通风量，驱除舍内的积热，避免温度过高。冬季减少通风量，避免温度大幅下降。

④ 供温设备应能满足一年四季的需要，特别是满足冬季的供温需要。新安装的供温设备一定要试温，观察能不能达到育雏温度、达到育雏温度的时间、温度是否稳定、受季节气候影响的大小等。

2. 湿度

（1）湿度对珍珠鸡的影响　如果珠鸡舍内相对湿度低于 35%，幼珠鸡羽毛生长不良，成年珠鸡羽毛零乱，皮肤干燥，空气中尘埃飞扬，容易诱发呼吸道疾病。在极端情况下，也可能导致珍珠鸡脱水。如果相对湿度高于 68%，珍珠鸡羽毛粘连、污染，关节炎病例增多。环境湿度常与温度、气流等因素一起对珍珠鸡产生一定影响。高温高湿影响珍珠鸡的热调节，加剧高温的不良反应，破坏热平衡。高温时，舍内空气湿度大，珍珠鸡体蒸发面皮肤和呼吸道水汽压与空气水汽压变小，不利于蒸发散热，加重机体热调节负担，热应激更严重，使珍珠鸡的抵抗力降低。高温高湿有利于病原的存活和繁殖，传染病的发生率提高。低温高湿时珍珠鸡机体的散热容易，潮湿的空气使珍珠鸡的羽毛潮湿，保温性能下降，珍珠鸡体感到更加寒冷，加剧了冷应激，珍珠鸡易患感冒性疾病、风湿症、关节炎、肌肉炎、神经痛等以及消化道疾病（下痢）等。

（2）湿度控制　珠鸡舍内湿度的改善措施：湿度低时可采取向地面洒水或用喷雾器喷水，在供暖炉上放置水壶或水锅等措施。育雏时喷水一定要喷温水，避免因喷水引起温度大幅下降或凉水喷在雏珠鸡身上引起受凉感冒。湿度高时，特别是夏季，可以加大通气量，驱除舍内多余水汽，换进较为干燥的新鲜空气，以降低湿度，同时也可以驱除舍内的积热，降低舍内温度，缓解热应激。冬季高湿时，提高舍内温度，同时注意适当地通风换气，避免通风换气引起舍内温度下降。

3. 光照

光照影响种珠鸡的产蛋、孵化和雏珠鸡的生长发育。青年珠鸡光照时间过长，性成熟早，开产早；产蛋珠鸡光照时间不足会使产蛋减少。生产中，要保证珠鸡舍内光照强度和光照时数符合要求，光线要均匀，光照时间和强度要稳定，不能忽照忽停，忽明忽暗。

4. 通风

通风时气流对珠鸡健康的影响主要体现在寒冷和炎热的极端环境中。珠鸡舍寒冷，温度低，增加气流速度能增加珠鸡机体散热，冷应激更严重。冷风直吹珍珠鸡体，会使其伤风着凉，特别是贼风危害更大。珠鸡舍温度高,舍内气流不均匀,存在死角,部分珍珠鸡会遭受更严重的热应激。珍珠鸡舍内气流的改善措施:通风口要均匀设置,不产生死角;冬季防止冷风直吹珍珠鸡,尤其是避免"贼风"。

5. 有害气体

珠鸡舍内珍珠鸡群密集,呼吸、排泄物和生产过程的有机物分解,有害气体成分要比舍外空气成分复杂。珠鸡舍中的有害气体主要有氨气、硫化氢、二氧化碳、一氧化碳和甲烷。在规模养珠鸡生产中,珠鸡舍通风不良时,易使舍中有害气体浓度升高,这些有害气体污染珠鸡舍环境,引起珠鸡群发病或生产性能下降,降低养珍珠鸡的生产效益。氨主要来源是厌氧菌分解粪便和饲料中含氮有机物所产生。珠鸡舍内氨的浓度偏高会刺激珍珠鸡的某些感觉器官,削弱其抵抗力,导致发生呼吸道疾病、降低饲料利用效率。珠鸡舍中的二氧化碳主要由珍珠鸡呼出,一部分由好气菌分解粪便等有机物而产生。珠鸡舍二氧化碳允许浓度为0.15%。当珍珠鸡舍通风不良时,二氧化碳浓度会偏高,虽达不到为害珍珠鸡的程度,但空气质量差、含氧量下降,会影响珍珠鸡的代谢。硫化氢为比空气重、无色、有腐败的臭蛋气味的气体。珠鸡舍中的硫化氢主要来自厌氧菌分解饲料与粪便中含硫有机物。硫化氢毒性大,不仅会影响珍珠鸡,而且会危及珍珠鸡饲养管理者的健康,所以规定珠鸡舍硫化氢含量不超过6.6毫克/千克,但只要经常通风,一般不会出现浓度偏高的情况。消除有害气体危害,应加强防潮管理,保持舍内干燥,地面平养时应在珠鸡舍地面铺上垫料,并保持垫料清洁卫生;保证适量的通风,特别是注意冬季的通风换气,处理好保温和空气新鲜的关系。及时清理污物和杂物,排出舍内的污水,加强环境的消毒等。亦可选用过磷酸钙、丝兰属植物提取物等进行化学消除。应加强场址选择和合理布局,避免工业废气污染;合理设计珍珠鸡场和珍珠鸡舍的排水系统,粪尿、污水处理设施。

6. 微粒

微粒是以固体或液体微小颗粒的形式存在于空气中的分散胶体。珠鸡舍中的微粒来源于珍珠鸡的活动、咳嗽、鸣叫,以及羽毛、皮肤的碎屑;饲养管理过程,如清扫地面、分发饲料、饲喂及通风除臭等机械设备运行。珠鸡舍中微生物含量与微粒含量呈高度相关，许多细菌不是形成灰尘微粒的核，而是以灰尘为载体。空气中微生物主要为大肠杆菌、小球菌及一些霉菌等，在某些情况下，也有新城疫病毒等。微粒控制首先应改善珠鸡舍和珍珠鸡场周围地面状况，实行全面的绿化。珍珠鸡场应远离饲料加工厂，分发饲料和饲喂、更换和翻动垫草动作要轻。确保珍珠鸡舍地面干净，禁止干扫，保持适宜的湿度有利于尘埃沉降。必要时安装过滤器。

> **提示**
>
> 　　微粒落在皮肤上，可与皮脂腺、皮屑、微生物混合在一起，引起皮肤发痒、发炎。落在眼结膜上引起尘埃性结膜炎。微粒还可以吸附空气中的水汽、氨、硫化氢、细菌和病毒等有毒有害物质，造成黏膜损伤，引起血液中毒及其他疾病的发生。

7. 噪声控制

珍珠鸡生性胆小、警觉性高。在受到意外的声音刺激或其他动物的侵扰时，珍珠鸡群会出现惊慌骚乱，甚至出现"炸群"现象，表现为啄斗、飞腾、惊恐等，甚至导致死亡。所以安全、安静的环境才能确保珍珠鸡场的正常生产。因此，在选择场址、建设珍珠鸡舍时，要求远离工厂、公路、铁路、机场等。其次，加强饲养管理，消除来自内部的干扰、刺激因素。另外，珍珠鸡对方向、饲养员、珠鸡舍的用具及饲养规律都具有极强的记忆力，没有规律的饲养管理或者经常改变饲养环境，不利于珍珠鸡形成良好的条件反射，影响珍珠鸡的生长。生产中尽量使用噪声小的设备。场区周围种植林带，以有效地隔声。

第五章

珍珠鸡的营养与饲料

珍珠鸡的营养需要

珍珠鸡的营养需要包括用以维持其健康和正常生命活动的代谢需要，以及用于供给产蛋、长肉等生产产品的营养需要。珍珠鸡为维持生命和生产所需的主要营养物质有能量、蛋白质、碳水化合物、脂肪、矿物质、维生素和水等。

一、能量

能量是物质的一种形式。能量不能创造，也不能产生，只能从一种形式的能量转换成另一种形式的能量。能量在各种营养成分中是最重要的，各种营养成分的需要量都以能量为基础。珍珠鸡的各种生命活动都需要能量，如维持生命供养系统如心、肺和肌肉的活动，组织的更新、生长，形成体组织，维持体温恒定等，能量多余时则以脂肪的形成储存于肾周围及皮下组织等处，使珍珠鸡变肥。能量是珍珠鸡饲料营成分中用量最多的营养成分，也是缺口最大的资源。

1. 能量的来源

珍珠鸡的能量来源于碳水化合物、脂肪和蛋白质三大营养成分。这三大营养成分在测热器中测得的能量平均值为碳水化合物 4.15 兆卡/千克、脂肪 9.40 兆卡/千克、蛋白质 5.65 兆卡/千克。碳水化合物和脂肪在体内氧化所产生的热量与测热器中测得的热量相同，但蛋白质在体内不能充分氧化，每千克蛋白质在体内氧化比测热器中测得的热量少 1.3 兆卡。碳水化合物为主要能源，原因是其在常用植物性饲料中含量最高，来源丰富；脂肪含量较少；蛋白质作为能源物质代价昂贵，且在机体内不能完全氧化，氨基酸脱氨产生的氨过多对机体也会有害。

2. 能量在珍珠鸡体内的转化（图 5-1）

（1）总能 珍珠鸡所采食的饲料完全氧化时所产生的热能，就是这种饲料的总能（GE）。总能是在测热器中测得的。但总能在评定饲料营养价值方面的作用不大，如劣质饲料燕麦秸秆总能是 4.5 千卡/克，优质玉米是 4.4 千卡/克，它们的总能大体相同，但受饲料中粗纤维和灰分含量的影响，珍珠鸡对它们的利用率却不同。

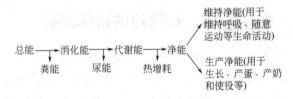

图 5-1　能量在畜禽体内代谢过程简图

（2）消化能 饲料在珍珠鸡体内经过消化，大部分营养物质被机体吸收，未被消化吸收的饲料中含有能量，还有肠道中有微生物、分泌的一些消化酶及脱落的细胞都含有能量，这些物质由粪便排出体外，这些粪中的能量称为粪能。粪能是珍珠鸡进食营养成分中损失最多的部分。饲料总能减去粪能就是消化能（DE）。

（3）代谢能 消化能被吸收后，有部分蛋白质在珍珠鸡体内不能被充分氧化利用，形成尿酸随尿排出，尿中含有的能量被称为尿能。尿能的损失一般是比较稳定的，但受蛋白品质影响，蛋白质品质较差或氨基酸不平衡，都能增加尿能。总能减去粪能和尿能为代谢能（ME），消化能减去尿能也是代谢能（ME）。在一般情况下，由于珍珠鸡的粪尿排出时混在一起因而生产中只能去测定饲料的代谢能而不能直接测定其消化能，故珍珠鸡饲料中的能量都以代谢能来表示，其表示方法是兆焦/千克或千焦/千克。能量不足会影响珍珠鸡正常的生长发育和生产，能量过多可以引起珍珠鸡体过肥，也会影响珍珠鸡生长发育与繁殖。

（4）净能 珍珠鸡在采食饲料后，由于营养物质代谢而有产热增加的现象叫体增热。体增热并不是恒定的，受饲料中营养成分利用状况的影响，如蛋白质品质不好、饲料中氨基酸不平衡、磷镁等矿物质不足、饲喂次数少等都能增加体增热。代谢能减去体增热就是净能。净能是珍珠鸡用于维持和进行各种生产的能量。维持部分的能量用于基础代谢，保持恒定的体温；生产部分的能量可储存在组织或产品中。

3. 珍珠鸡的能量需要

珍珠鸡对能量的需要与珍珠鸡的各个生长发育阶段及环境条件有较大的关系。育成珠鸡需要较高的能量，以加速育肥；种珠鸡的育成期和产蛋期日粮能量水平不宜过高，否则会导致过肥，降低种珠鸡的繁殖性能。冬天气温低，可适当提高能量水平；放牧珠鸡耗能多，日粮能量水平宜高些；夏季气候炎热，采食量减少，应提高日粮中氨基酸、维生素等含量，以保证这些营养物质的适宜进食量。

珍珠鸡能自动地调节采食量以满足其对能量的需要。但珍珠鸡消化道的容量是有一定限度的，其自动调节能力也是有限度的。当日粮能量水平过低时，虽然它能增加采食量，但仍不能满足其对能量的需要，会导致珍珠鸡的健康状况下降，能量利用率降低，体脂分解过多而导致酮血症，体蛋白分解过多而致毒血症。若日粮中能量过高，谷物饲料比例过大，则会出现大量易消化的碳水化合物由小肠进入大肠，从而增加大肠的负担，出现异常发酵，其结果轻则引起消化紊乱，重则发生消化道疾病。另外，如果日粮中能量水平偏高，珍珠鸡会出现脂肪沉积过多而肥胖，对产蛋母珍珠鸡来说，体脂过高对雌性激素有较大的吸收作用，从而损害繁殖性能。因此，配合日粮时，应首先考虑适宜的能量，然后再确定蛋白质及其他营养物质的水平，使能量的水平与其他营养物质的比例合理，才利于保持珍珠鸡正常的生理活动和提高珍珠鸡的生产能力。

> **提示**
>
> 　　配制珍珠鸡饲料时一定要注意能量饲料和蛋白饲料的比例，否则珍珠鸡不仅不能很好地利用饲料中的营养，反而不能很好地健康生长发育。

二、蛋白质

珍珠鸡的羽毛、皮肤、肌肉、神经器官等都是以蛋白质为主要原料组成的。其体内的酶、激素、抗体等生物活性物质也是以蛋白质为基本成分组成，机体借助这些物质调节体内的新陈代谢。因此，蛋白质是维持正常代谢、生长、繁殖、生产各种产品等不可缺少的重要营养物质。从严格意义上讲，珍珠鸡所需要的蛋白质是可消化蛋白质，本质上是氨基酸与小肽，但通常所讲的蛋白质是指粗蛋白质而言，而并非珍珠鸡本身必需摄入粗蛋白质，是因为目前通用的饲料蛋白质测定手段，只能测出粗蛋白质。粗蛋白质是含氮化合物的总称，由蛋白质和氨化物组成。蛋白质是生命的物质基础，没有蛋白质就没有生命。

蛋白质的营养水平，取决于它所含氨基酸的种类和数量，这些氨基酸分为必需氨基酸和非必需氨基酸。必需氨基酸是维持正常生理机能、产肉、产蛋所必需的，在珍珠鸡体内不能合成，或合成的数量和速度不能满足正常的生长、生产的需要，只能由饲料提供，非必需氨基酸在珍珠鸡体内能合成。珍珠鸡的必需氨基酸有赖氨酸、蛋氨酸、胱氨酸、异亮氨酸、精氨酸、苏氨酸、苯丙氨酸、亮氨酸、组氨酸、缬氨酸、甘氨酸、酪氨酸等。

日粮中各种必需氨基酸在数量和比例上应满足珍珠鸡的特定需要，即供给与需要达到平衡，才能满足珍珠鸡生长和生产的需要并提高对饲料的利用率。不同饲料所含氨基酸有很大的差异，在配制日粮时，应选择多种饲料进行合理搭配，使不同饲料的氨基酸起到互补作用，以提高蛋白质的利用率。否则，任何一种必需氨基酸的缺乏都会影响珍珠鸡体内蛋白质的合成，影响生长和生产。而过剩的蛋白质或氨基酸脱氨后合成尿酸排出体外，既浪费饲料，又对珍珠鸡是一种耗能的应激。因此，使用氨基酸不平衡的饲料很不经济。

一般动物性蛋白质所含的氨基酸比较齐全，特别是蛋氨酸和赖氨酸的含量比普通植物性蛋白质高得多，如优质鱼粉、蚕蛹等。一些动物加工副产品，如血粉、羽毛粉等虽蛋白质含量较高，但其氨基酸很不平衡，而且由于大量硬蛋白的存在消化率极低。在植物性蛋白质饲料中，往往缺乏必需氨基酸，各种氨基酸的比例不平衡，最缺乏的是蛋氨酸，其次为赖氨酸和色氨酸。当日粮中这三种限制性氨基酸量不足时，会限制其他氨基酸的作用。此外，植物性蛋白还存在一些降低氨基酸利用率的化学物质，珍珠鸡对这些饲料中所含蛋白质的消化率相对较低。但是，植物性蛋白质价格较动物性蛋白质便宜，因此，生产中常大量使用植物性蛋白饲料，再补充少量动物性蛋白质饲料来满足珍珠鸡对必需氨基酸的需要及必需氨基酸的平衡。所以，在确定日粮中蛋白蛋水平时，首先要明确日粮能量水平，然后按照珍珠鸡的年龄、生长或生产阶段和其周围环境温度等，根据其对不同氨基酸的需求量合理配制日粮。

> **提示**
>
> 　　实际饲养珍珠鸡时，单靠一种蛋白质饲料，是很难全面合理地提供所有的必需氨基酸，而几种不同的饲料适当的比例配合在一起，各种饲料中的氨基酸便可以互相取长补从而起到氨基酸含量的平衡。要使珍珠鸡每天能摄入足够数量的蛋白质和氨基酸，必须选择多种饲料原料，按科学的配方进行搭配。

三、碳水化合物

　　碳水化合物是珍珠鸡饲料的重要组成部分，负担着向机体提供大部分能量的任务。碳水化合物包括糖、淀粉和粗纤维。它们一般占日粮比例50％以上。在植物性饲料中，碳水化合物有时占干物质的75％以上。珍珠鸡从可消化的多糖（淀粉）、二糖（蔗糖与麦芽糖）、单糖（葡萄糖、果糖、甘露糖和半乳糖）中获得所需能量，是体内热能的主要来源，其作为珍珠鸡能量的来源价格最便宜。珍珠鸡体温高、生长快、繁殖力高、物质代谢非常旺盛，因而需要能量也较多。在生产中，必须喂给含淀粉较多的饲料。碳水化合物也可形成肝糖原与肌糖原储备起来，以备必要时利用。碳水化合物还是构成体脂肪的重要原料，当碳水化合物供应满足珍珠鸡的需要后，多余部分可转化为体脂肪，产蛋珠鸡开产前必须具备一定数量体脂肪沉积。当饲料中碳水化合物供应满足不了珍珠鸡需要时，为保证正常生命活动，珍珠鸡开始动用体内储备的糖原与体脂肪，仍不能满足后，则代谢蛋白质供应能源，在这种情况发生后，珍珠鸡机体消瘦，体重减轻，生产能力下降。因此，生产实践中要保证碳水化合物充分供应。粗纤维属于碳水化合物，是植物性饲料细胞壁的主要组成部分。对珍珠鸡来讲，粗纤维适口性差，且珍珠鸡本身肠道缺少分解粗纤维的酶，粗纤维是一种难以消化的物质，所以一般营养标准中都规定最高限量。雏珠鸡日粮中粗纤维一般以 3.5%～4% 为宜。育成珍珠日粮可增加至 6.5% 左右，比例过高会影响对珍珠鸡的消化吸收。但是，粗纤维在珍珠鸡消化系统中可起到可填充胃肠道、促进胃肠蠕动等作用，并有一定防止啄癖的作用。

> **提示**
>
> 在一些麸皮价格高于玉米的地区，配制日粮时应考虑适当的粗纤维所占比例。

四、脂肪

脂肪是珍珠鸡体组织细胞的主要成分，提供的能量是碳水化合物的 2.5 倍，是最浓缩的能量来源，是脂溶性维生素 A、维生素 D、维生素 K、维生素 E 的溶剂，能促进脂溶性维生素的吸收，提供珍珠鸡所必需的脂肪酸，是蛋和肉的重要组成原料，是必不可少的营养物质。珍珠鸡日粮中淀粉含量较高，且含有一定数量的粗脂肪，淀粉可转化为脂肪。大部分脂肪酸在珍珠鸡体内均能合成，在日粮配合中，一般不另行补充脂肪。但亚油酸、亚麻酸和花生四烯酸三种脂肪酸在珍珠鸡体内不能合成或合成速度慢，必须从饲料中摄取，称为必需脂肪酸。必需脂肪酸缺乏时，雏珠鸡生长不良，严重时会引起死亡；成珠鸡则产蛋少，且种蛋孵化率低。在珍珠鸡日粮中添加 1%～2% 的油脂可满足其高能量的需要，同时也能提高能量的利用率和抗应激能力。但饲料或日粮中脂肪含量过高，则极易酸败变质，影响适口性和产品质量，生产上应尽量避免。在配制珍珠鸡饲料时，由于纯粹的脂肪（动、植物油脂）来源少，价格较贵，且不宜存放，一般不采用。

> **小经验**
>
> 以玉米为主要谷物的日粮通常含有足够的必需脂肪酸，而以高粱、麦类为主要谷物的日粮则可能出现必需脂肪酸缺乏现象。

五、矿物质

矿物质是构成珍珠鸡机体骨骼、组织和蛋的重要成分，在机体内主要起调节作用，包括调节各种体液的渗透压，保持酸碱平衡。矿物质在珍珠鸡体内虽然含量很少（仅占体重 3% 左右），但种类很多，按照饲料中的浓度和珍珠鸡的需要可将矿物质分为常量元素（占体重的 0.01% 以上）和微量元素（占体重的 0.01% 以下）。常量元素包括钙、磷、钠、镁、钾、氯、硫等，微量元素包括铁、铜、钴、锰、锌、碘、硒等。珍珠鸡不能合成矿物质，必须由日粮提供。但任何成分如饲喂量过多，都会引起营养成分间的不平衡，甚至发生中毒，必须合理搭配。

1. 钙和磷

钙和磷占体内矿物质总量的 65%～70%，主要以磷酸盐、碳酸盐形式存在于组织、器官、血液中，尤其是骨骼和蛋壳中。其是构成骨骼和蛋壳的主要成分，参与维持神经、肌肉的正常活动，保持酸碱平衡等。珍珠鸡的饲料中钙、磷的含量要充足，且比例要适宜，一般应保持 1.3∶1，产蛋期为（3～4）∶1，同时也应供给足够的维生素 D，这样钙、磷才能很好地被机体吸收和利用。如果日粮中钙、磷缺乏或比例失调，维生素 D 不足影响钙磷吸收，日粮中蛋白质或脂肪含量过高，运动不足、光照不足影响钙磷的吸收，珍珠鸡可能出现钙磷缺乏症。钙、磷缺乏时雏珠鸡软骨，发育不良，啄羽，异嗜，抽搐，角弓反张，产软壳蛋、薄壳蛋，孵化率下降。

> **提示**
>
> 在饲料中过多地补钙有害无益。因为高钙日粮适口性差，珍珠鸡不愿采食，过高的钙反而使钙的吸收率下降。

2. 钠和氯

钠、氯主要存在于体液和软骨组织中，对珍珠鸡的生理功能起着重要的作用。钠不仅能维持珍珠鸡体内的酸碱平衡，保持细胞和血液间渗透压的平衡，调节水盐代谢，维持神经肌肉的正常兴奋性，还有促进动物的生长发育等作用。氯除维持渗透压的作用外，还有促进食欲、帮助消化等作用。珍珠鸡的幼雏期日粮对钠的最低需要量为 0.12%，生长珠鸡和产蛋珠鸡对钠的最小需要量为 0.1%。日粮中缺少钠后，珍珠鸡食欲与消化系统受影响，生长受阻，骨骼变软，产蛋珠鸡产蛋率下降，体重减轻，有时诱发啄癖。当珍珠鸡摄入过量食盐时，饮水量增加，水肿，站立困难，甚至中毒死亡。咸鱼粉或肉粉等含盐较高，配制日粮时应适当降低食盐使用量。

> **提示**
>
> 一般植物性饲料中的钠和氯都不能满足珍珠鸡的需要，因此，在日粮中必须补充适量的食盐，一般为日粮的0.25%～0.31%。

3. 微量元素

微量元素对珍珠鸡的健康和生长起着重要的作用。铁和铜主要来源于硫酸亚铁、硫酸铜等，是形成血红蛋白、血色素和体内代谢所必需的。铁与血红蛋白和肌红蛋白的形成有关；铜与骨骼的正常发育及珍珠鸡的羽绒品质有关。如果日粮中铁、铜缺乏，珍珠鸡就会出现贫血现象。钴是维生素 B_{12} 的组成成分之一，而维生素 B_{12} 是血红蛋白和红细胞生成过程中所必需的物质。因此，钴对骨骼的造血机能有着重要的作用，如果钴缺乏，就会发生恶性贫血。锰主要来源于氧化锰、硫酸盐，其主要功能与珍珠鸡骨骼和腱的生长及繁殖有关。锰缺乏时珍珠鸡发生骨短粗症，脱腱，蛋壳品质及孵化率下降。锌与珍珠鸡的生长发育有关。幼珠鸡缺乏锌，丧失食欲，生长停滞，关节肿大，羽毛发育不良；母珠鸡产软壳蛋，孵化率下降。锌主要来源于氧化锌、碳酸锌。碘、硒是珍珠鸡体内谷胱甘肽过氧化酶的主要组成成分，具有保护细胞膜不受氧化物损伤的作用。如果缺硒，易发生脑软化病、白肌病以及肝坏死，硒主要来源于亚硒酸钠、硒酸钠。碘来源于碘化钾，是甲状腺的组成部分，缺乏时，引起珍珠鸡甲状腺肿大。主要微量元素的功能及缺乏症症状见表 5-1。

表 5-1　主要微量元素的功能及缺乏症症状

元素名称	主要作用	缺乏原因	缺乏症症状	防治措施
铁	组成血红素，主要与红细胞运氧、释氧、生物氧化供能等重要生命活动有关	饲料中供给不足，需要量大，维生素 B_6 缺乏影响铁的吸收，胃肠疾病吸收障碍	皮肤黏膜苍白，红细胞减少，食欲不振，精神不振，消化不良，羽毛生长不良	饲料中保证各类维生素和适量动物性饲料的供给，添加硫酸亚铁、三氯化铁
钴	维生素 B_{12} 的组成成分	饲料配比不当，缺乏豆饼、鱼粉和其他动物性饲料	贫血，骨粗短症，关节肿大，运动失调和生长停滞	饲料中注意添加豆饼和鱼粉、肉粉等动物性饲料。治疗和预防可用维生素 B_{12}、碳酸钴、硫酸钴等
锌	为骨和羽毛生长所需，促进蛋白质合成，影响生殖和免疫能力	饲料配比不当，缺乏肉粉、骨粉等含锌成分	丧失食欲，生长停滞，跗关节肿大，骨短粗，皮肤鳞片状角化，羽毛发育不良；母珍珠鸡产软壳蛋，孵化率下降	日粮中适当添加肉粉、骨粉等含锌组分。治疗可用锌制剂如磷酸锌、硫酸锌、氯化锌等
铜	有助于铁的利用，影响钙、磷在软骨基质上沉积，影响繁殖、影响神经系统的正常功能，甚至影响生长发育	饲料中缺铜	贫血，骨质疏松，羽毛褪色，中枢神经机能障碍，运动姿势异常，产蛋率下降	珍珠鸡料中铜的含量为 0.2 毫克/千克可预防缺铜。治疗时可用硫酸铜、氯化铜、氧化铜、孔雀石等
碘	以甲状腺素的形式发挥其生理作用，对细胞的生物氧化、生长、繁殖以及神经系统的活动均有促进作用	我国北方地区缺碘	生长受阻，甲状腺肿大，繁殖力下降	饲料中添加海盐或含碘食盐。添加适量碘化钾、碘化亚铜等
硒	为谷胱甘肽过氧化物酶成分，能防止细胞膜被代谢中生成的过氧化物破坏	低硒地区（东北、华北、西北、四川）易发病，寒冷多雨可促进本病发生，饲料中维生素 E 缺乏，也可使硒不足	小脑软化病，腿麻痹卧地不起。肌肉色淡，变性似渣样白肌病，渗出性素质，胸腹部皮下出现淡蓝色水肿样变，稀便，衰竭，生长停滞	日粮中可添加亚硒酸钠

续表

元素名称	主要作用	缺乏原因	缺乏症症状	防治措施
锰	参与骨骼形成，影响蛋白质和脂肪代谢	日粮中玉米、大麦量大，导致锰不足；日粮中钙、磷、铁影响锰的吸收；球虫等胃肠道疾病影响锰的吸收	幼珠鸡骨骼发育不良、畸形、骨短粗症、腿外翻、跗关节脱腱不能行走；蛋壳品质及孵化率下降，珍珠鸡胚呈段肢性营养不良	饲料中不可缺少糠麸类，日粮中适当添加硫酸锰

六、维生素

维生素是维持珍珠鸡正常生理活动和生长、产蛋、繁殖所必需的营养物质。绝大多数维生素在体内不能合成，必须由饲粮提供。珍珠鸡对维生素的需要量甚微，但其作用极大，起着调节和控制新陈代谢的作用，保证细胞结构和机能正常。维生素分为两大类。一类是脂溶性维生素，包括维生素 A、维生素 D、维生素 E、维生素 K。这类维生素与脂肪同时存在，如果条件不利于脂肪的吸收时，维生素的吸收也受到影响。脂溶性维生素可在体内储存，较长时间缺乏时才会出现临床症状。另一类是水溶性维生素，包括维生素 B_1、维生素 B_2、维生素 B_6、维生素 B_{12}、泛酸、叶酸、胆碱、烟酸、生物素等，还有维生素 C。水溶性维生素除维生素 B_{12} 外，供应量超过需要量的部分很快从尿中排出，因此，必须由饲料不断补充，防止缺乏症的发生。饲料中某种维生素缺乏会引起珍珠鸡维生素缺乏，生产中维生素添加剂的用法与用量应参照说明书使用。珍珠鸡维生素缺乏症表现见表 5-2。

表 5-2　维生素的主要功能和缺乏症症状

维生素	主要来源	主要功能	缺乏症症状
维生素 A	青绿多汁饲料	促进骨髓生长，保护呼吸、消化、泌尿生殖系统和皮肤的健康，维持正常视觉，保障眼睛视网膜中的杆状细胞和锥状细胞对光的敏感性	步态不稳，易患夜盲症、干眼病，甚至失明，鼻、眼出现干酪样物质，母珍珠鸡产蛋量减少，孵化率下降，易患各种疾病
维生素 D	鱼肝油、维生素 D 制剂	促进肠道钙、磷的吸收，促进骨骼钙化和骨骼发育	雏珠鸡出现腿畸形、佝偻病，生长缓慢；种珠鸡蛋壳变薄、孵化率低

续表

维生素	主要来源	主要功能	缺乏症症状
维生素E	小麦、苜蓿粉和维生素E制剂	在珠鸡体内起催化、氧化作用,维护生物膜的完整性,有保护生殖机能、提高机体免疫力和抗应激能力的作用,并与神经、肌肉组织代谢有关	繁殖功能紊乱、胚胎退化、脑软化、种蛋受精率及孵化率下降。雏珠鸡肌肉营养不良(白肌病),免疫功能及抗应激能力下降
维生素K	青绿多汁饲料、鱼粉和维生素K制剂	催化肝脏中凝血酶原以及凝血质的合成。通过凝血质的作用,使凝血酶原变为凝血酶,以达到维持正常的凝血时间	皮下或肌肉发生出血,小伤口不易止血,创面的愈合时间延长。种蛋孵化率和健雏率都低
维生素B₁(硫胺素)	禾谷类加工副产品、谷类、青绿饲料和优质干草、维生素B₁制剂	参与碳水化合物的代谢,抑制胆碱酯酶活性,减少乙酰胆碱水解,具有促进胃肠蠕动和腺体分泌的功能	厌食,消化不良,体重减轻,外周神经受损发多性神经炎、角弓反张、强直和频繁痉挛,补充维生素B₁后迅速恢复
维生素B₂(核黄素)	干酵母、动物性蛋白质、核黄素制剂	参与碳水化合物、蛋白质和脂肪的代谢,具有促进生物氧化的作用	幼珠鸡生长缓慢,腿部瘫痪,珍珠鸡曲爪卷曲成拳状,跗关节着地,并跗关节行走,皮肤干燥而粗糙,生长缓慢、腹泻、垂翅、产蛋率下降、种蛋孵化率降低
烟酸(尼克酸)	麦麸、青草、发酵产品和烟酸制剂	在能量利用及脂肪、碳水化合物和蛋白质代谢方面都有重要作用,具有保证皮肤黏膜正常机能的作用,消化和神经系统功能正常	雏珠鸡食欲减退,生长迟缓,羽毛不丰满、蓬乱,口腔和食管上部易发生炎症,皮肤和脚偶尔有鳞状皮炎,骨粗短,关节肿大。成年珠鸡发生"黑舌病",羽毛脱落,产蛋量、孵化率下降。生长不良
维生素B₆(吡哆醇)	干酵母、豆类、禾谷类籽实和维生素B₆制剂	参与蛋白质代谢,与红细胞生成和内分泌有关	生长缓慢和体重下降,羽毛生长不良,贫血,繁殖力下降,抽搐
泛酸	动物性饲料、磨粉副产品、干草饲料、油饼和泛酸钙制剂	参与各种酶促反应,是体内能量代谢不可缺少的成分	雏珠鸡生长受阻,羽毛松乱、生长不良,进而表现为皮炎,眼睑出现颗粒状小结痂并粘连,皮肤和黏膜变厚和角质化。种珠鸡繁殖力下降,孵化过程中胚胎死亡率升高

维生素	主要来源	主要功能	缺乏症症状
叶酸	动物性饲料、苜蓿粉、豆饼	参与蛋白质和核酸代谢，能促进红细胞和血红蛋白的形成	生长不良，羽毛褪色，出现血红细胞性贫血与白细胞减少，产蛋率、孵化率下降，胚胎死亡率高
生物素	青绿多汁饲料、谷物、豆饼、干酵母	是珍珠鸡体内许多羧化酶的辅酶，广泛参与体内脂肪、碳水化合物和蛋白质代谢	生长缓慢，喙、眼睑、泄殖腔周围及趾蹼部裂口、发生皮炎，胫骨粗短是缺乏生物素的典型症状。孵化率降低，胚胎骨骼畸形，呈鹦鹉嘴症
胆碱	肝粉、鱼粉、酵母、豆饼及谷物籽实与胆碱制剂	参与脂肪代谢、神经传导，肾上腺合成，促进代谢，防治脂肪肝	胫骨粗短，关节变形出现滑腱症；生长迟缓，种珠鸡产蛋率下降，死亡率升高
维生素B₁₂	肉骨粉、鱼粉、肝脏、肉粉等动物性饲料	参与核酸和蛋白质的生物合成，维持造血机能的正常运转，加速红细胞的生成、发育与成熟	生长停滞，羽毛粗乱，贫血，肌胃糜烂，饲料转化率低，骨粗短，种蛋孵化率降低，弱雏增多
维生素C(抗坏血酸)	青绿饲料	参与胶原的生物合成，影响骨齿和软组织的正常结构；具有解毒和抗氧化作用，能提高机体的免疫力和抗应激能力	黏膜自发性出血，生长停滞，代谢紊乱，抗感染和抗应激能力降低，蛋壳变薄

七、水

水是自然界分布非常广泛的物质，也是构成珍珠鸡各种组织器官的重要组成成分，约占其体重的 50%～70%。水是各种营养物质的溶剂，在珍珠鸡体内，各种营养物质的消化吸收、机体代谢、血液循环和体温调节都离不开水。珍珠鸡体内水分来源，一方面来自饮水；另一方面来自于饲料和自身代谢产生的水。珍珠鸡的饮水与气温和日粮中食盐含量有直接关系，气温越高，饲料中含盐量高，饮水量越大。珍珠鸡对水的需要量大约是饲料量的 1.5～2.0 倍。珍珠鸡缺水比缺饲料危害更大，饮水不足，会导致食欲减退，饲料利用率降低，珍珠鸡生长缓慢，产蛋珍珠鸡产蛋量减少，严重时会引起死亡。在生产中，应保证充足、新鲜清洁的饮水供应（珍珠鸡每天饮水量见

表 5-3）。珍珠鸡饮水量是反映饲料营养、管理制度以及疾病方面是否有问题的灵敏指标。在发生疾病或应激情况下，饮水量的下降往往发生在饲料采食量下降之前的 1～2 天。

表 5-3 不同周龄珍珠鸡每日每只需水量

周龄	1	2	3	4	5	6	7	8
日需水量/毫升	15	25	40	50	60	70	80	90

第二节 珍珠鸡常用饲料

一、能量饲料

在珠鸡日粮中，粗蛋白含量低于 20％、粗纤维低于 18％的主要作为提供能量的原料称为能量饲料。用于养珍珠鸡的能量饲料有玉米、稻谷、大米、栗、小麦、高粱、大麦等。它们的主要成分是碳水化合物。这类饲料的无氮浸出物占干物质的 71.6％～80.3％，其中主要是淀粉，占 82％～90％，故其消化率很高。粗纤维含量低，一般在 6％以下；粗蛋白质含量一般在 10％左右，蛋白质品质不高，氨基酸组成不平衡；色氨酸、赖氨酸含量低，生物学价值低，一般为 50％～70％；此类籽实含脂肪少，一般占 2％～5％；无机盐中缺钙，低于 0.1％，而磷的含量高于钙，达 0.31％～0.45％，有相当一部分属于不易吸收的植酸盐；含有丰富的 B 族维生素和维生素 E，但缺乏维生素 A、维生素 D。能量饲料适口性好，主要用于补充珍珠鸡能量需要。

小经验

能量饲料是珍珠鸡能量的主要来源，但营养物质往往不平衡，单一使用效果不佳。同时能量饲料大多数属粮食及其副产品，成本较高。

1. 谷实类饲料

谷实类饲料主要有玉米、高粱、小麦、稻谷等。其营养特点是能量含量高、有效能值高、粗纤维含量低、适口性好、易消化，一般占全价日粮的60％～70％，为珍珠鸡能量的主要提供者。但谷实类饲料粗蛋白质含量低（8％～11％），且品质也较差，赖氨酸、色氨酸和蛋氨酸缺乏；矿物质中钙少磷多，钙、磷比例不当，且磷多以植酸磷形式存在，珍珠鸡利用率低。另外，还缺少维生素 D。除放牧时让珍珠鸡觅食外，谷物类饲料都应根据实际情况进行粉碎、切碎、浸泡及蒸煮等加工调制。麸饼类及较大的谷粒和实籽（如稻谷、玉米、小麦、大麦等，有坚硬的外壳和表皮），不易被珍珠鸡消化吸收，必须经过粉碎或磨细才能喂（尤其是雏珠鸡）。一般粉碎成小碎粒即可，但粉碎不宜过细，太细的饲料珍珠鸡不易采食和吞咽。较坚硬的谷粒如玉米、小麦等，经浸泡后可增大体积，增加柔软度，使珍珠鸡喜食，也易于消化。雏珠鸡开食用的碎米，可先浸泡1小时后再喂给，以利于开食和消化，但浸泡时间过久（尤其高温季节）会引起饲料发酵变质，降低适口性。谷粒和籽实以及块根、瓜类等饲料，如玉米、大麦、小麦、红薯、萝卜（包括胡萝卜）、南瓜等，蒸煮后可增加适口性和提高消化率。但在蒸煮过程也会破坏一些营养成分。使籽实类饲料发芽是解决维生素来源不足的一种方法，一般冬季应用较多。用发芽的饲料喂珍珠鸡，可提高珍珠鸡的产蛋率和孵化率。

（1）玉米　玉米号称"饲料之王"，在谷实类饲料中含可利用能量最高，一般玉米代谢能为14兆焦/千克，最高为15兆焦/千克，是配合饲料中的主要能量饲料，玉米中含有的亚油酸（必需脂肪酸）多为2％，一般日粮中若玉米配比超过50％，则仅玉米即可满足珍珠鸡对必需脂肪酸的需要。珍珠鸡喜食玉米。玉米粗纤维含量少，适口性好，消化率高，是珍珠鸡的优质能量饲料。但玉米蛋白质组成不理想，氨基酸组成中赖氨酸、蛋氨酸和色氨酸明显不足。如采用无鱼粉日粮，则必须添加赖氨酸。玉米的颜色有黄、白之分，黄玉米含有少量胡萝卜素，有助于蛋黄和皮肤的着色。我国的饲料原料标准把玉米分为三级，其质量标准如下。

一级：粗蛋白质大于等于9，粗纤维小于1.5，粗灰分小于2.3。

二级：粗蛋白质大于等于8，粗纤维小于2，粗灰分小于2.3。

三级：粗蛋白质大于等于7，粗纤维小于2.5，粗灰分小于3。

玉米难干燥，如不及时晾晒或烘干，极易发霉变质，使珍珠鸡造成霉菌毒素中毒。储存玉米，含水量应保持在 13％以下。采购的玉米要求：感官上应籽粒饱满、整齐、均匀，色泽鲜亮，无发霉、变质、结块、异味及异臭，玉米胚芽部分无发黑霉变，含水量在 14％以下。只要玉米颜色略有灰暗，就是发霉。发霉的玉米嗅闻都有霉变的气味。

提示

玉米易发霉变质，要干燥保存，变质后的玉米发苦，口味较差，易造成珍珠鸡霉菌毒素中毒。

（2）高粱 高粱营养成分与玉米近似，但单宁含量较多，有涩味，适口性差，过量使用能引起便秘，蛋白质消化率明显降低。因此，在珍珠鸡日粮中应限量使用，一般不宜超过 10％，低单宁高粱的使用量可适当提高。在夏季，为防止珍珠鸡轻度腹泻，可适当在日粮中加入 5％～10％的高粱。我国的饲用高粱质量标准如下。

一级：粗蛋白质大于等于 9，粗纤维小于 2，粗灰分小于 2。

二级：粗蛋白质大于等于 7，粗纤维小于 2，粗灰分小于 2。

三级：粗蛋白质大于等于 6，粗纤维小于 3，粗灰分小于 3。

（3）小麦 按我国人民习惯，小麦很少作为饲料，但有些地区，小麦价格低于玉米价格，可以考虑用作饲料。小麦与玉米相比，含代谢能稍低，粗纤维少，适口性好，粗蛋白质含量较高（13.5％左右），必需氨基酸含量也较高，但苏氨酸、赖氨酸缺乏，钙、磷比例也不当。用小麦作为主要谷物原料时，需要添加较高水平的生物素。小麦中含有 5％～8％的戊糖，可能会引起肠道内容物黏稠度增大，如果用量超过 30％，要特别注意，对于雏珠鸡的用量要更加注意。小麦在制作面粉时的副产物次粉，其营养成分与小麦接近，经过适当加工后具有一定黏度，在制作颗粒料时是一种很好的原料，大量应用时也应添加酶制剂。

提示

小麦含有抗营养因子戊聚糖、植酸磷等，珍珠鸡不能消化吸收，大量利用时应添加戊聚糖酶、植酸酶，提高消化率，减少对环境的污染；另外，小麦易感染赤霉菌，使用时要注意观察是否有霉变。

（4）大麦　大麦有皮大麦与裸大麦之分，用作饲料的为皮大麦。大麦能量水平低于玉米与小麦，由于皮大麦外包颖壳，粗纤维含量比玉米高1倍以上，但粗蛋白质含量较高。皮大麦表面尖硬，适口性较差，不易消化，最好脱壳或发芽后饲喂。在大麦比小麦价格便宜的地方可以部分或全部替代小麦。大麦在珍珠鸡饲料中的用量一般为10％～20％，雏珠鸡应限量。

提示

　　皮大麦含粗纤维多，适口性差，应脱壳后喂珍珠鸡，但脱壳后的大麦易在储藏中受虫害，故不可久储。大麦易感染麦角、霉菌等微生物，导致珍珠鸡中毒，应避免使用发霉的大麦。另外，大麦含有葡聚糖，应添加葡聚糖酶。

（5）稻谷　玉米价格高也是使用稻谷的原因。稻谷由稻米、米糠和砻糠三部分组成，由于稻谷含粗纤维较高（高于8.5％），代谢能低，一般讲稻谷不适宜作为饲料。蛋白质含量低，仅7.8％，比玉米还低，氨基酸的含量与玉米相近，也没有突出优越性。稻谷表面粗糙，适口性差，消化率低。如条件允许尽量不用稻谷作为珍珠鸡的饲料原料。但稻谷脱壳后的稻米代谢能值与玉米相仿，蛋白质含量为8.8％，色氨酸略高于玉米，亮氨酸低，如果价格适宜可考虑作为饲料原料。

2. 糠麸类饲料

糠麸类饲料是谷类籽实加工制米或制粉后的副产品，主要有小麦麸和大米糠。该类饲料营养特点是无氮浸出物较低；粗蛋白含量比谷实类高出5％，富含B族维生素，特别是硫胺素、烟酸、胆碱、吡哆醇和维生素E含量高，并含有适量的粗纤维。但糠麸类饲料含代谢能仅为谷实类饲料的一半，价格又与谷实类饲料差不多，并且钙含量低，磷不能被珍珠鸡充分利用，吸水性强，易发霉变质。

（1）次粉　次粉是小麦加工成面粉时的副产品，为胚芽、部分碎麸和粗粉的混合物。其代谢能12.51兆焦/千克左右，粗蛋白质13.6％左右。影响次粉质量的因素为杂质含量及含水量，发霉、结块的次粉不能使用。

（2）小麦麸 小麦麸是生产面粉的副产物，含有丰富的 B 族维生素，但没有维生素 B$_{12}$。由于粗纤维含量高，小麦麸代谢能很低，只有 6.82 兆焦/千克左右，粗蛋白质 15.7％左右。小麦麸结构蓬松，有轻泻性，在珍珠鸡日粮中的比例不宜太多。

> **提示**
>
> 　使用麦麸时要注意含水量，正常含水量应在 12％以下，但质量不好时水分可能高达 16％。

（3）大米糠 每 100 千克稻谷可分出稻米 72 千克、砻糠（稻壳）22 千克和大米糠 6 千克。砻糠因粗纤维含量高，营养价值低，不属于糠麸类饲料。大米糠却是好饲料，代谢能 11.21 兆焦/千克左右，粗蛋白质 12％左右，粗纤维 9％左右，粗脂肪含量高达 15％，在所有谷实类饲料和糠麸类饲料中含量最高。大米糠氨基酸组成中蛋氨酸含量高，是玉米的 0.75 倍，与大豆饼（粕）配伍较适宜。在储存不当时，脂肪易氧化而发热霉变。使用氧化（酸败）和发霉的大米糠，可使珍珠鸡中毒、腹泻，重者死亡。因此，必须用新鲜米糠配料。

3. 块根、块茎和瓜类

常见的淀粉质的块根块茎饲料主要有甘薯（红苕）、马铃薯（土豆）、胡萝卜、南瓜等。这类饲料含水分高（自然状态下可达 70％～90％）。干物质中淀粉含量高，粗纤维少；蛋白质含量低，且蛋白质的品质也差；矿物质含量不平衡，钾多，钙、磷含量极少；B 族维生素含量较高。该类饲料适口性好，珍珠鸡喜欢吃。但单独使用这类饲料，则珍珠鸡对干物质和能量的采食量难以保证，而且蛋白质、矿物质和维生素等均不能满足珍珠鸡的需要。因此，必须与其他饲料配合使用。

> **提示**
>
> 　在饲喂块根、块茎和瓜类饲料时要注意切碎。

二、蛋白质饲料

凡粗纤维含量低于 18％、粗蛋白含量不低于 20％的饲料称为蛋白质饲料。这类饲料营养丰富，特别是蛋白质含量高，易于消化，能值高，含钙磷多，B 族维生素亦丰富。蛋白质饲料是养珍珠鸡生产中的主要饲料之一，主要来源有植物性蛋白饲料、动物性蛋白饲料和单细胞蛋白饲料三大类。

1. 植物性蛋白饲料

植物蛋白饲料主要包括豆科籽实、饼粕类和其他制造业的副产品。珍珠鸡常用的是饼粕类饲料，它是豆科籽实和油料籽实提取油后的副产品，其中压榨提油后块状副产品称作饼，浸提出油后的碎片状副产品称作粕。常见的有大豆饼（粕）、棉籽饼（粕）、花生饼（粕）等。这类饲料粗蛋白质含量高，蛋白质中的必需氨基酸含量也较平衡，故蛋白质的利用率高于禾谷类饲料蛋白质的利用率；无氮浸出物含量低；粗脂肪含量因种类、加工工艺不同变化较大，一般情况下，饼类含油量高于粕类；粗纤维含量一般不高，但棉籽饼、葵籽饼、花生饼等粗纤维含量高；矿物质含量与谷类籽实相似，也是钙少磷多；B 族维生素含量丰富，胡萝卜素含量较少；该类饲料如用量过大，适口性较差。这类饲料往往含有一些抗营养因子，如不脱毒就大量利用，易发生中毒。

提示

植物性蛋白质饲料采购时主要观察水分要低、应具有一定的新鲜度，具有该品种应有的色、嗅、味和组织形态特征，无发霉、变质、结块、异味及异臭。

（1）大豆饼（粕） 大豆用压榨法脱油后的副产品叫大豆饼（有大饼及瓦块饼）；大豆用浸提法脱油后的副产品叫大豆粕。大豆饼（粕）粗蛋白含量高，一般在 40%～50% 之间，必需氨基酸含量高，组成合理。赖氨酸含量在饼（粕）类中最高，在 2.4%～2.8% 之间，赖氨酸与精氨酸比约为 100：130，比例较为恰当。若配合大量玉米和少量的鱼粉，很适合珍珠鸡氨基酸营养需求。大豆饼（粕）色氨酸、苏氨酸含量也很高，与谷实类饲料配合可起到互补作用。但蛋氨酸含量不足，在玉米-大豆饼（粕）型日粮中，一般要额外添加蛋氨酸才能满足珍珠鸡营养需求。大豆饼中含残留油较多，所以比大豆粕的代谢能值高，粗蛋白质含量低。大豆饼（粕）的缺点是含有胰蛋白酶抑制因子、血凝素、皂角素等物质，会影响蛋白质的利用，可以通过加热处理来破坏这些有害物质。大豆饼（粕）适当加热后，添加蛋氨酸，即为养珍珠鸡最好的蛋白质来源，适用任何阶段的珍珠鸡，幼雏效果更好，优于其他饼（粕）原料。加热不足的大豆饼（粕）能引起珍珠鸡胰脏肿大，发育受阻；添加蛋氨酸也无法改善，对雏珠鸡影响尤甚，这种影响随着动物的年龄增长而下降。我国大豆饼的质量标准如下：

　　一级：粗蛋白质≥41，粗纤维＜5，粗灰分＜6，粗脂肪＜8。

　　二级：粗蛋白质≥39，粗纤维＜6，粗灰分＜7，粗脂肪＜8。

　　三级：粗蛋白质≥37，粗纤维＜7，粗灰分＜8，粗脂肪＜8。

　　我国大豆粕的质量标准如下。

　　一级：粗蛋白质≥44，粗纤维＜5，粗灰分＜6。

　　二级：粗蛋白质≥42，粗纤维＜6，粗灰分＜7。

　　三级：粗蛋白质≥40，粗纤维＜7，粗灰分＜8。

小经验

　　大豆饼（粕）的缺点是含有胰蛋白酶抑制因子、血凝素、皂角素等物质，会影响蛋白质的利用，可以通过加热（100摄氏度蒸汽30分钟）处理来破坏这些有害物质。对大豆饼（粕）加热程度适宜的评定，也可用饼（粕）的颜色来判定，正常加热时为黄褐色，加热不足或未加热，颜色较浅或灰白色，加热过度呈暗褐色。

　　（2）花生饼（粕）　花生饼（粕）是花生制油所得的副产品。由于花生的品种、制油方法和脱壳程度等的不同，其成分和营养价值也不一样。花生大多脱壳后榨油，通常分为全部脱壳或部分脱壳花生饼。美国规定粗纤维含量低于7%的称为脱壳花生饼。国内一般都是脱壳后制油，其法有机械压榨和预压浸提法。未去壳的花生饼中残脂为7%～8%，花生粕残脂为0.5%～2.0%，粗蛋白质含量为44%～48%，代谢能为11.25～11.67兆焦/千克。带壳花生饼粗纤维含量在20%左右，粗蛋白质和有效能的含量均较低。花生饼（粕）略有甜味，适口性好，可代替豆饼（粕）饲喂。

提示

花生饼（粕）脂肪含量较高，很容易发霉，特别是在温暖潮湿条件下，黄曲霉繁殖很快，并产生黄曲霉毒素，这种毒素经蒸煮也不能去掉。因此，花生饼（粕）必须在干燥、通风、避光条件下妥善储存，发霉的花生饼不能饲用。

（3）菜籽饼（粕）　油菜是我国主要油料作物之一，其产量占世界第二位。菜籽饼（粕）是油菜籽提取油脂后的副产品。菜籽饼（粕）的蛋白质含量为 $35\% \sim 40\%$、粗纤维素含量较高（ $12\% \sim 13\%$ ），因此有效能值较低。菜籽饼（粕）氨基酸组成相对平衡，含硫氨基酸较多，且精氨酸含量低，精氨酸与赖氨酸的比例适宜，是一种良好的氨基酸平衡饲料。菜籽饼与棉籽饼配合使用，可改善赖氨酸和精氨酸的比例。在珍珠鸡日粮中，菜籽饼（粕）应根据其含毒情况，限量使用。一般幼雏应避免使用；品质优良的菜籽饼（粕），商品鸡后期可用到 10% 左右，为防止珠鸡肉风味变劣，用量宜低于 10% ；种珠鸡可用至 6% ，超过 12% 即引起蛋重下降、孵化率下降。采食多时，珍珠鸡蛋有鱼腥味，应谨慎使用。

提示

菜籽饼适口性较差，且含有芥子硫苷等毒素，使用之前经过脱毒处理饲喂效果较好。目前有两种方法进行处理：一是限量使用，幼珍珠鸡不能用；二是进行脱毒处理。

（4）棉籽饼（粕）　棉籽饼（粕）是棉籽经脱壳取油后的副产品。棉籽饼（粕）粗蛋白含量较高，达 34% 以上，棉籽饼（粕）粗蛋白质可达 $41\% \sim 44\%$ ；氨基酸中赖氨酸较低，仅相当于大豆饼粕的 $50\% \sim 60\%$ 。棉籽饼（粕）的粗纤维含量较高，达 $13\% \sim 20\%$ ，有效能值低于大豆饼（粕）。粗脂肪含量较高，是维生素 E 和亚油酸的良好来源，但不利于保存。棉籽饼（粕）粗纤维含量约 12% ，代谢能水平较高。一般棉籽饼（粕）中含有棉酚、环丙烯脂肪酸、单宁和植酸等抗营养因子。饲喂产蛋珠鸡时，其中棉酚与蛋黄铁离子结合，储存 1 个月左右会变成褐黄蛋，有时出现斑点，形成"桃红蛋"。一般作为饲料用的棉籽饼（粕）中的游离棉酚含量应控制在 0.12％以下。棉籽饼去毒除加热或蒸煮方法外，生产中常根据饼中游离棉酚含量，加入硫酸亚铁粉末，使棉酚含量与铁元素的重量比为 1∶1，搅拌混合均匀后，使棉酚含量与 5 倍的 0.5％石灰水浸泡 24 小时，脱毒率可达 60％～80％。通过育种培育无棉酚品种，也是一种有效的方法。未经脱毒处理的饼（粕）用量应控制在 5％以下。在种珠鸡日粮中一般不使用棉籽饼（粕）。

> **提示**
>
> 　　棉籽饼（粕）中含有毒的游离棉酚，对珍珠鸡的代谢和体组织有破坏作用，过多使用会引起中毒。

2. 动物性蛋白饲料

　　动物性蛋白饲料主要是水产品、肉类、乳和蛋品加工的副产品，还有屠宰场和皮革厂的废弃物及缫丝厂的蚕蛹等，主要包括鱼粉、肉粉、肉骨粉、血粉及蚕蛹。动物性蛋白饲料蛋白质含量高（多在 50％以上），必需氨基酸含量较多，蛋白质生物学价值较高；不含粗纤维，消化利用率高；矿物质元素丰富，比例平衡，利用率高；维生素丰富，特别是维生素 B_{12} 含量高；一些动物性饲料含有生长未知因子，有利于家禽生长。

> **提示**
>
> 　　动物性蛋白饲料含有一定数量的油脂，容易酸败，影响产品质量，且容易被病原菌污染，安全性变动大，选购时应特别注意，严格按国家饲料卫生标准检验。

　　（1）鱼粉　鱼粉是应用最为广泛的动物性蛋白质饲料，是由整鱼或渔业加工废弃物制成，包括进口鱼粉和国产鱼粉。鱼粉生产有干法、土法、湿法三种方法。进口鱼粉多用湿法生产，一般由鲱鱼、鲸鱼、沙丁鱼等制成，蛋白质含量高，一般在 60％～70％，含脂率 8％以下。进口鱼粉以秘鲁和智利的质量最好。目前我国鱼粉多是用干法生产的，其粗蛋白质含量为 40％～50％，粗脂肪 8％～17％，水分

10%，食盐 4%，砂 4%以下，这种鱼粉经过高温消毒，符合卫生标准，品质较好。鱼粉是优质的蛋白质饲料，赖氨酸和蛋氨酸含量也高。另外，鱼粉中富含脂溶性维生素，水溶性维生素中的核黄素、生物素、维生素 B_{12} 的含量丰富，钙、磷含量也丰富且比例适宜。此外还含有未知生长因子。品质优良的鱼粉呈黄色，干燥而不结块，脂肪含量不超过 8%，水分不高于 15%，含盐量低于 4%。鱼粉安全性差，选购时应注意重金属离子和微生物的含量，掺假情况和盐分含量。

> **提示**
> 珍珠鸡使用含有鱼粉制成的全价配合颗粒饲料后，肉味会受影响，出现一种腥味，降低了屠体的品质。一般建议用量 3%～5%。

（2）肉粉、肉骨粉　肉骨粉和肉粉是由不能用作食品的畜禽尸体及各种废弃物经高温、高压灭菌处理后脱脂干燥制成。含骨量大于 10%的称为肉骨粉，其营养价值随骨的比例提高而降低。肉粉、肉骨粉的营养价值低于鱼粉，且营养成分变化大，一般蛋白质 20%～50%，钙、磷较高。其赖氨酸含量高，而蛋氨酸和色氨酸较鱼粉少。因此，饲喂珍珠鸡时，如能与鱼粉搭配或补充所缺氨基酸，可提高利用效率。新鲜肉骨粉应呈黄色，有香味，水分小于 10%。但肉骨粉的安全性变化更大，更容易受到重金属离子和微生物的污染。发黑而有味的肉骨粉不应使用，以免引起珍珠鸡瘫痪、瞎眼、生长停滞甚至死亡。一般建议不用。

> **提示**
> 肉骨粉在使用时一定要严格按照有关卫生标准执行，其不耐久藏，应避免使用脂肪已氧化酸败的变质肉骨粉。

（3）血粉　血粉是以畜、禽血液为原料，经脱水加工而成的粉状动物性蛋白质补充饲料，是一种来源广、产量大的蛋白质饲料。血粉的蛋白质含量很高（80%～90%），赖氨酸含量丰富（7%～8%），比鱼粉高近 1 倍，此外色氨酸、组氨酸和苏氨酸含量也高，但蛋氨酸含量偏低，异亮氨酸缺乏。所以在设计饲料配方时应用异亮氨酸含量高的蚕蛹粉和缬氨酸较低的谷类籽实饲料加以配伍。血粉味苦，适口性差，日粮中用量不宜过高，一般占 1%～3%。

提示

血粉氨基酸组成也不理想，氨基酸利用率不高。充分利用血粉的营养特性，配制出优质蛋白质浓缩饲料的技术关键在于科学调配。

（4）羽毛粉 羽毛粉是将家禽羽毛净化消毒，再经蒸煮、酶水解、粉碎或膨化成粉状，可作动物性蛋白质补充饲料。羽毛蛋白质中85%～90%为角蛋白，属于硬蛋白质类，具有很大的稳定性，不经加工处理很难被动物利用。通常水解羽毛粉蛋白可破坏二硫键，使不溶性角蛋白变成可溶性蛋白，有利于动物消化利用。蛋白质中赖氨酸、蛋氨酸、色氨酸含量很低，甘氨酸、丝氨酸、异亮氨酸、胱氨酸含量高。矿物质、粗脂肪和维生素含量都低。由于胱氨酸在代谢中可代替50%蛋氨酸，所以配方中添加适量水解羽毛粉可补充蛋氨酸不足，同时水解羽毛粉还具有平衡其他氨基酸的功能，应充分合理利用这一资源。羽毛粉适口性差，消化率低，而且氨基酸组成不平衡，故其饲用价值不高，应控制用量，一般在日粮中添加量不超过 3%。

3. 单细胞蛋白饲料

单细胞蛋白质饲料是由某些单细胞有机体所获得的蛋白质，主要包括酵母、细菌、真菌、微型藻类和某些原生动物。单细胞蛋白饲料蛋白质含量较高，品质较好；维生素含量较丰富，特别是酵母，是 B 族维生素最好的来源之一；矿物质含量不平衡，钙少磷多；核酸含量较高，细菌类含 20%，酵母类含 6%～12%，藻类含 3.8%。由于酵母带苦味，藻类和细菌具有特殊的异样气味，故此类蛋白饲料适口性差。日粮中添加单细胞蛋白饲料，可以改善饲料蛋白品质、补充 B 族维生素和提高饲料的利用效率。目前，在饲料中应用较多的单细胞蛋白质饲料是饲料酵母。饲料酵母含粗蛋白质 40%～50%，赖氨酸含量偏低，B 族维生素丰富。除药用和饲用酵母外，均应加温处理，以杀死酵母中所含的大量活酵母，否则珍珠鸡采食活酵母后会发生胃肠鼓胀，甚至造成珍珠鸡死亡。加温处理一般应用 70～80 摄氏度的热水浸烫 15 分钟。使用酵母时，要与碱性的骨粉分开饲喂，但酵母带苦味，适口性差，在日粮中所占比例一般不超过 5％。

三、青绿饲料

青绿饲料是指富含水分和叶绿素的植物性饲料，主要包括牧草类、叶菜类、水生类、根茎类等。青绿饲料鲜嫩可口，营养丰富，水分含量高，栽培或野生的陆生青饲料含水分 70％～85％，水生青饲料含水分 90％～95％，因此，青绿饲料中干物质含量少，营养浓度低。青绿饲料蛋白质的品质好，尤其是赖氨酸含量较多，可以弥补谷类籽实赖氨酸不足的缺陷。青绿饲料是养珍珠鸡生产上维生素营养的良好来源，特别是胡萝卜素、B 族维生素含量丰富，但缺乏维生素 D。另外，青绿饲料含粗纤维少，幼嫩多汁，适口性好、消化率高，是珍珠鸡特别喜爱的一种饲料，尤其适用幼珠鸡的采食。新鲜状态下青绿饲料所含有的各种酶、有机酸能促进养分消化，调节胃肠道 pH 值，消化利用率高，而其所含有的生长未知因子，能够促进珍珠鸡的生长和繁殖。青绿饲料在使用前，应进行适当处理，如清洗、切碎或打浆，这样有利于采食和消化。在调制和饲喂过程中，应特别注意避免有毒物质，如氢氰酸、亚硝酸盐的影响，农药中毒以及寄生虫感染等。另外，某些饲料如牛皮菜、甜菜叶等的草酸含量过多会导致缺钙症状，在使用过程中，应考虑植物不同生长期对养分含量及消化率的影响，适时刈割。由于青绿饲料具有季节性，为了做到常年供应，满足家禽的需要，可根据具体情况，有选择的人工栽培一些牧草或蔬菜。

> **提示**
>
> 青绿饲料干物质含量少，有效能低，在放牧饲养条件下，对雏珠鸡、种珠鸡要注意适当补充精饲料，通常精饲料与青绿饲料的重量比，雏珠鸡为 1：1、中珠鸡为 1：2.5、成年珠鸡为 1：3.5。

四、粗饲料

凡是在饲料干物质中粗纤维含量等于或大于 18％的饲料都称为

粗饲料。粗饲料主要包括青干草和秸秆类饲料。粗饲料一般特点是含粗纤维多，适口性差，不易消化。不同类型的粗饲料质量差别较大，一般嫩的优于老的，绿色的优于枯黄的，叶片多的优于叶片少的。常用的优质粗饲料有青干草、甘薯藤、花生藤、槐叶粉等。这类饲料木质化程度相对较低，粗纤维含量较低（18％～30％），蛋白质和维生素较全面，适口性好，也比较容易消化。粗饲料来源广泛、成本低廉，但粗纤维含量高，不易消化。粗饲料容积大，适口性差，经加工，养珍珠鸡还可以利用一部分，尤其是优质干草在粉碎后，如豆科干草粉，仍是较好的饲料，是珍珠鸡冬季粗蛋白质、维生素及钙的重要来源。青干草主要指苜蓿、三叶草、黑麦草等。一般是牧草在尚未开花之前，适时收割干制而成的饲料，因仍具有绿色，故而得名。青干草可作为维生素和蛋白质的补充料，成为配合饲料的重要组成部分。青干草的干燥方法可分为自然干燥和人工干燥。自然干燥是利用阳光或环境温度使饲料脱水，达到干制的目的。自然干燥制成的干草，营养成分损失在20％左右，其中胡萝卜素损失70％～80％，粗蛋白质损失20％～50％；但由于阳光照射，维生素D显著增加。人工干燥是利用各种热源进行干燥，其优点是营养损失少，仅为自然干燥的10％～30％，但维生素C损失严重，且缺乏维生素D。由于粗纤维不易消化，其用量要适当控制，一般不宜超过10％。干草粉在日粮中的比例通常为20％左右。

提示

粗饲料宜粉碎后饲喂，并注意与其他饲料合理搭配。

五、矿物质饲料

珍珠鸡的生长发育、机体代谢都需要钙、磷、钠等多种矿物质元素，常规饲料中的矿物质含量往往不能满足珍珠鸡的营养需要。所以，在珍珠鸡的日粮中需要加入专门的矿物质饲料来补充。一般常用的矿物质饲料有食盐、钙、磷饲料、碳酸氢钠、硫酸钠等。

1. 食盐

食盐是珍珠鸡必需的矿物质饲料，能同时补充钠和氯，不仅具有刺激唾液分泌、促进消化的作用，还能改善饲料味道，增进食欲，维持机体细胞正常渗透压。在日粮中添加量一般为 $0.25\%\sim0.3\%$。

提示

　　当饲料中食盐含量偏高或混合不匀时，可引起珍珠鸡食盐中毒。饲料中若有鱼粉，应将鱼粉中的含盐量计算在内。

2. 钙、磷饲料

（1）含钙的矿物质饲料　常用的钙源饲料有石灰石粉、贝壳粉和蛋壳粉，另外，还有工业碳酸钙、磷酸钙及其他钙源饲料。

① 石粉：主要指石灰石粉，为天然的碳酸钙，含钙 $34\%\sim38\%$，是补钙来源最广、价格最为低廉的矿物质原料。天然石灰石，只要铅、汞、砷、氟的含量符合饲料卫生标准，均可作为饲料。

② 贝壳粉：贝壳包括蚌壳、牡蛎壳、蛤蜊壳和螺蛳壳等，其主要成分为碳酸钙，含钙量为 $34\%\sim38\%$，成本较为低廉，也是使用比较广泛的补钙饲料，其中钙的利用率要高于石粉。

③ 蛋壳粉：由蛋壳经灭菌、干燥、粉碎而成，钙含量在 25%。新鲜蛋壳还含有约 12% 的粗蛋白质，制干粉碎前应经高温消毒，以免蛋白质腐败和病原菌传播。钙的利用率较高，但价格也高。

提示

　　一般在青饲料和动物性饲料中的矿物质含量比较平衡，钙的含量也较多。而精饲料一般含量不足，不能满足畜禽的需要，通常需补钙。

（2）含钙、磷的矿物质饲料　既含钙又含磷的矿物质饲料在生产中使用较为广泛，通常与含钙的饲料共同配合使用，以保证饲料正常的钙、磷比例。这类矿物质饲料有骨粉、磷酸钙、磷酸氢钙、过磷酸钙和脱氟磷酸钙等。

① 骨粉　是由动物杂骨经热压、脱脂、脱胶后干燥、粉碎制成的，其基本成分是磷酸钙。钙、磷比为 $2:1$，是钙、磷平衡的矿物质饲料。骨粉中含钙 $30\%\sim35\%$，含磷 $13\%\sim15\%$。

未经脱脂、脱胶和灭菌的骨粉易酸败变质，并有传播疾病的危险。优质骨粉色白，不结块。用陈旧变质的骨骼制成的骨粉，色暗且有臭味，不宜使用，只能用作肥料。蒸骨粉中的含氟量容易超过矿物质饲料的安全允许量，故在加工时应行脱氟处理。使用骨粉要防止掺假的骨粉，以免给生产带来损失。

　　② 磷酸钙盐　是补充磷和钙的矿物质饲料。最常用的是磷酸氢钙和磷酸二氢钙，动物对其中的钙、磷吸收利用率也较高。磷酸氢钙中钙、磷的利用效率高，目前应用较多。我国饲料用磷酸氢钙质量标准是，磷含量≥16%，钙含量≥21%，砷含量≤30毫克/千克，重金属（以铅计）≤20毫克/千克，氟含量≤1800毫克/千克。

　　使用磷酸盐矿物质饲料时要注意其中含氟量不得超过0.2%，否则会引起珍珠鸡发生氟中毒。

3. 碳酸氢钠

　　碳酸氢钠又名小苏打，为无色结晶粉末，无味，略具潮解性，其水溶液因水解而呈微碱性，受热易分解放出二氧化碳。碳酸氢钠含钠27%以上，生物利用率高，是优质的钠源性矿物质饲料之一。碳酸氢钠不仅可以补充钠，更重要的是其具有缓冲作用，能够调节饲粮电解质平衡和胃肠道pH值。夏季，在珍珠鸡日粮中添加碳酸氢钠可减缓热应激，防止生产性能下降，添加量一般为0.2%～0.5%。

4. 硫酸钠

　　硫酸钠又名芒硝，为白色粉末，含钠32%以上，含硫22%以上，生物利用率高，既可补钠又可补硫，特别是补钠时不会增加氯含量，是优良的钠、硫源之一。在珍珠鸡日粮中添加，可提高金霉素的效价，同时有利于羽毛的生长发育，防止啄羽癖。

六、饲料添加剂

　　饲料添加剂是指在配合饲料时添加的各种微量成分。其目的在于满足珍珠鸡生产的特殊需要，如保健、促生长、增食欲、防饲料变质、改善饲料及畜产品品质、改善养殖环境等，从而提高养珍珠鸡生产的经济效益。饲料添加剂通常可分为两类：一类是营养性添加剂，如氨基酸、维生素和微量元素添加剂；另一类是非营养性添加剂，如抗生素、益生素、酶制剂、激素、驱虫保健剂、抗氧化剂、防霉剂和调味剂等。

1. 营养性添加剂

营养性添加剂是主要用于平衡珍珠鸡日粮成分，以增强和补充日粮的营养为目的的微量添加成分。营养性添加剂包括有氨基酸添加剂、维生素添加剂、微量元素添加剂等。

（1）氨基酸添加剂　珍珠鸡饲粮通常以植物性饲料为主，最易缺乏的氨基酸是蛋氨酸、赖氨酸，而这两种氨基酸又是珍珠鸡生长所必需的。饼（粕）类饲料缺乏蛋氨酸，在植物性饲料为主的饲粮中，添加蛋氨酸对珍珠鸡的生长和生产有促进作用。通常在饲料中，添加的氨基酸是人工合成的 DL 型蛋氨酸。计算表明，1 吨豆饼添加 7 千克蛋氨酸，按其生物学价值可相当于 1 吨鱼粉。玉米和豆饼相比，其蛋白质组成中缺乏赖氨酸，如果用 97 千克玉米添加 3 千克赖氨酸，并适当补加磷和胆碱，就相当于 100 千克豆饼的生物学价值。

小经验

现在工业生产的氨基酸产品价值适当，在缺乏动物性蛋白质饲料的饲粮中酌情添加蛋氨酸和赖氨酸添加剂，既有效又很经济。

（2）维生素添加剂　珍珠鸡养殖生产中，有的场家青饲料用量都较少，或不用青饲料，配合饲料中青干草粉用量更微。为了满足珍珠鸡维生素的需要，就必须补充维生素添加剂。作为添加剂的维生素并列入饲养标准的有维生素 A、维生素 D_3、维生素 E、维生素 K_3、硫胺素、核黄素、维生素 B_6、维生素 B_{12}、胆碱、叶酸、泛酸和生物素等。它们以单独一种维生素或由多种维生素组成的复合维生素制剂，直接加入或与其他添加剂一起加入日粮中使用。维生素的添加量除依据饲养标准规定需要量外，尚需考虑日粮组成、环境条件（气温、饲养方式等)、饲料中维生素的利用率、珍珠鸡体内储存情况和应激等影响因素。饲养标准规定的维生素需要量为"最低需要量",不包括各种影响因素而需要增加的数量。在设计饲料配方时,应根据具体情况酌加安全剂量。而在生产实践中也可按以下办法添加,即饲粮的维生素添加量=饲养标准规定量+饲料中含量(安全剂量)。生产中常用的维生素添加剂是人工合成的维生素盐类或多种维生素的混合物,通常在多种维生素添加剂(简称"多维")中最多只含有1/10的维生素,其余9/10是磨细的玉米粉或麸皮等载体。因此,在使用"多维"时,必须知道各种维生素的实际含量,然后按珍珠鸡的需要量确定添加量。

> **提示**
>
> 　　很多维生素都不稳定,在光、热、潮湿、微量元素、脂肪酸败等条件下很易氧化变质或失效,在配合饲料中常因接触空气面积增大而使氧化作用加快。因此,维生素在生产过程中均经过特殊加工和包装,通常是制成微型细粉或稳定化合物等。在日粮中添加时,应注意维生素稳定性和生物学效价。为减少损失,维生素添加剂应保存在干燥、避光和阴凉处。

　　(3)微量元素添加剂　珍珠鸡养殖生产中应添加的微量元素有铁、铜、钴、锌、锰、碘和硒等。饲料中如果维生素 B_{12} 的含量充足,则钴不需要添加。生产实践中,是将饲粮中可能缺乏而必须添加的各种微量元素酸制成复合微量元素添加剂,以满足珍珠鸡对微量元素的需要。常用的微量元素添加剂大多为化工生产品,通常都是各种微量元素组成,含量不相同,使用时应将微量元素添加量换算成微量元素盐类的用量。微量元素的添加原则是日粮中微量元素的添加量=饲养标准规定量-饲料中可利用量。但实际确定添加量时,一般不计算饲料中可利用量,而是将其作为"保险系数"或"安全剂量"处理。在条件允许的情况下,应根据土壤和饲料中微量元素的含量和饲养实践,酌情加以调整。

　　①铁:含铁的添加剂有硫酸亚铁、碳酸铁、氯化铁、柠檬酸铁和氧化铁等。其中以硫酸亚铁的生物学效价较高,氧化铁最差。当前市场上也有铁的螯合物,如氨基酸螯合铁等,其利用率较高,但成本

也高，目前的用量还不大。

小经验

含结晶水较多的矿物盐类（如饲料级硫酸亚铁含 7 个结晶水），吸湿性强，易于结块，不易与饲料拌匀，故需经烘干处理。

② 铜：含铜的添加剂有碳酸铜、氧化铜和硫酸铜等。其中硫酸铜不仅生物学效价高，而且还具有抗菌作用，饲用效果较好，应用也较广泛。

③ 锌：作为补锌的添加剂有氧化锌、碳酸锌和硫酸锌等。它们的生物学效价都较高，而含锌量则以氧化锌最高，为 $70\% \sim 80\%$，比硫酸锌含量高约 1 倍以上，价格也比硫酸锌便宜。饲料用氧化锌的细度要 98% 通过 100 目筛。

④ 锰：硫酸锰、碳酸锰、氯化锰和氧化锰等均可作为饲料添加剂。氧化锰的生物学效价较低，但价格最便宜，仍然常被使用。氧化锰因烘焙条件不同而纯度不一，含锰量为 $55\% \sim 77\%$，一般饲用级的含锰量多在 60% 以下，呈绿棕色，细度要求 98% 通过 100 目筛。

⑤ 硒：是珍珠鸡必需的微量元素，但又是剧毒物质。我国畜禽饲养标准推荐硒的需要量为 0.1 毫克/千克。添加硒元素用硒酸钠或亚硒酸钠。亚硒酸钠是毒性极强的物质，使用时必须特别慎重。在配合饲料中要充分拌匀，以防止硒中毒。国家标准明确规定不准将其直接添加于饲料中，而是要制成含硒的预混剂再添加于饲料。

提示

珍珠鸡对微量元素的需要量极微，无论是全价颗粒饲料中还是保健砂中添加的微量元素一定要混合均匀。如混合不均匀，可能导致部分珍珠鸡食入过多而中毒；部分珍珠鸡也可能食入不足，从而影响其健康和生产性能。

营养性添加剂中，还有一种复合添加剂，除包括维生素外，还有矿物质和氨基酸等组分，其优点是使用方便，缺点是其中的某些矿物质元素和氯化胆碱能加速脂溶性维生素的氧化，从而使维生素的效价降低。因此，大多主张将维生素、微量元素、氯化胆碱添加剂分别单独包装，以免维生素受到破坏。

2. 非营养性添加剂

非营养性添加剂不是珍珠鸡必需的营养物质，但添加到饲料中可以产生良好的效果，有的可以预防疾病、促进生产、促进食欲，有的可以提高产品质量和延长饲料的保质期限等。常用的有抗生素添加剂、抗氧化添加剂、防霉剂、酶制剂、益生素、着色剂、酸化剂等。

> **提示**
>
> 添加剂种类很多，应根据珍珠鸡不同生长发育阶段、不同生产目的、饲料组成、饲养水平与饲养方式及环境条件，灵活选用。添加剂应与载体或稀释剂配合制成预混料再添加到饲粮中。

第三节　珍珠鸡的饲养标准和饲料配方

一、珍珠鸡的饲养标准

1. 饲养标准的概念

饲养标准是根据珍珠鸡营养需要（珍珠鸡在生长发育、繁殖、生产等生理活动中每天对能量、蛋白质、维生素和矿物质的需要量），经过试验和反复验证后对某一类珍珠鸡在特定环境和生理状态下的营养需要的一个在生产中应用的估计值。饲养标准是配合日粮的依据，有了饲养标准，可以避免实际饲养中的盲目性，不至于因饲料的营养指标偏离珍珠鸡的营养需要或比例不当而降低珍珠鸡的生产水平。

2. 饲养标准的内容

珍珠鸡的饲养标准主要包括能量、蛋白质、必需氨基酸、矿物质及维生素等指标。饲养标准中每项营养指标都有特殊的营养作用，缺少、不足或超量均可能对珍珠鸡产生不良影响。能量的需要量用代谢能表示，蛋白质的需要量以粗蛋白质表示，同时标出必需氨基酸的需要量，以便配合日粮，使氨基酸平衡。配合日粮时，能量、蛋白质和矿物质的需要量一般按饲养标准中的规定给出。维生素的需要量是按最低需要量制定，也就是防止珍珠鸡发生临床缺乏症所需维生素的最低量。珍珠鸡在发挥最佳生产性能和遗传潜力时的维生素需要量要高于最低需要量，一般称为适宜需要量或最适需要量。珍珠鸡对各种维生素的适宜需要量不尽一致，应根据珍珠鸡的种类、生产水平、饲养方式、环境条件及生产实践给出相应数值。实际应用时，考虑到珍珠鸡个体与饲料原料差异及加工储存过程中的损失，维生素的添加量往往在适宜需要量的基础上，再加上一个保险系数（安全系数），以确保珍珠鸡获得定额的维生素并在体内有足够储存，此添加量一般称为"供给量"。

3. 我国参照的饲养标准

饲养标准是现代科学养珍珠鸡的主要措施之一，但珍珠鸡的营养需要受到珍珠鸡的品种、生产性能、饲料条件、环境条件等多种因素的影响，选择标准应因鸡制宜、因地制宜。目前，我国至今未制定出自己的珍珠鸡饲养标准，多年来珍珠鸡养殖生产的饲养标准多沿用或参考国外标准，如法国 AEC（表 5-4～表 5-6）、前苏联畜牧科学研究所（表 5-7～表 5-9）建议的营养需要标准。此外，我国中国农业科学研究院特产研究所（表 5-10）及有关学者推荐（表 5-11、表 5-12）的饲养标准也可采用。

表 5-4　法国 AEC（1993）建议的种珠鸡日粮营养需要量示例

营养成分	12～25 周龄	种用期
代谢能/(兆焦/千克)	11.72	11.72
粗蛋白质/(克/天)	14	15.5
氨基酸/(毫克/天)		
赖氨酸	0.48	0.76
蛋氨酸	0.22	0.38
蛋氨酸＋胱氨酸	0.50	0.66
苏氨酸	0.30	0.48
色氨酸	0.12	0.17
矿物元素/(克/天)		
钙	0.50	3.70

续表

营养成分	12~25 周龄	种用期
总磷	0.50	0.67
有效磷	0.27	0.42
钠	0.17	0.14
氯	0.15	0.13

注：屠宰年龄 80~85 天；屠宰体重 1.55kg；饲料转化率 2.9：1。

表 5-5 法国 AEC（1993）建议的生长珠鸡营养需要量示例

营养成分	0~4 周龄	5~8 周龄	9~12 周龄
代谢能/(兆焦/千克)	12.55	12.97	13.39
粗蛋白质/(克/天)	25	23	18
氨基酸/(毫克/天)			
赖氨酸	1.31	1.05	0.78
蛋氨酸	0.54	0.45	0.38
蛋氨酸+胱氨酸	0.96	0.82	0.67
苏氨酸	0.84	0.68	0.54
色氨酸	0.24	0.22	0.19
矿物元素/(克/天)			
钙	1.00	0.85	0.80
有效磷	0.45	0.38	0.36
钠	0.16	0.17	0.17
氯	0.14	0.15	0.15

表 5-6 法国 AEC 建议的珍珠鸡维生素、微量元素建议量

成分	珍珠雏	育成珠鸡
维生素 A/(国际单位/千克)	12000	10000
维生素 D_3/(毫克/千克)	2000	1000
维生素 E/(毫克/千克)	25	12
维生素 K_3/(毫克/千克)	3	2
维生素 B_2/(毫克/千克)	5	5
泛酸/(毫克/千克)	8	8
维生素 B_6/(毫克/千克)	1	—
维生素 B_{12}/(毫克/千克)	0.01	0.01
尼克酸/(毫克/千克)	30	15
叶酸/(毫克/千克)	0.2	—

续表

成分	珍珠雏	育成珠鸡
生物素/(毫克/千克)	0.2	—
胆碱/(毫克/千克)	500	250
钴/(毫克/千克)	0.15	—
铜/(毫克/千克)	3	2
铁/(毫克/千克)	25	15
碘/(毫克/千克)	1	1
锰/(毫克/千克)	70	50
硒/(毫克/千克)	0.15	—
锌/(毫克/千克)	40	25

注：因缺乏种珠鸡的试验数据，建议参照种火鸡需要量。

表5-7 前苏联畜牧科学研究所（1985）
建议的珍珠鸡的营养物质与代谢能需要量

营养成分	成年珍珠鸡			幼龄珠鸡			
				1～4周	5～10周	11～15周	16～28周
代谢能/(兆焦/千克)	11.72	10.88	11.20	13.00	13.00	13.00	11.70
粗蛋白质/%	18	14	16	24	21	17	15
粗纤维/%	6.0	10.0	5.0	4.5	5.0	5.0	6.0
钙/%	1.2	1.2	2.8	1.0	1.0	1.0	1.0
磷/%	0.8	0.7	0.8	0.7	0.7	0.7	0.7
钠/%	0.3	0.3	0.3	0.3	0.3	0.3	0.3

表5-8 前苏联畜牧科学研究所（1985）
建议的珍珠鸡的氨基酸水平
单位：%

氨基酸	成年珍珠鸡	幼龄珍珠鸡			
		1～4周	5～8周	9～12周	13～18周
粗蛋白质	16.0	24.0	21.0	17.0	15.0
赖氨酸	0.70	1.30	1.10	0.85	0.74
蛋氨酸	0.34	0.52	0.47	0.37	0.30
蛋氨酸＋胱氨酸	0.60	0.92	0.80	0.65	0.57
色氨酸	0.15	0.23	0.20	0.16	0.15

续表

氨基酸	成年珍珠鸡	幼龄珍珠鸡			
		1～4 周	5～8 周	9～12 周	13～18 周
精氨酸	0.87	1.50	1.27	0.98	0.85
组氨酸	0.32	0.92	0.45	0.37	0.32
亮氨酸	1.20	1.65	1.43	1.15	1.02
异亮氨酸	0.55	0.88	0.77	0.63	0.55
苯丙氨酸	0.57	0.85	0.75	0.60	0.54
苯丙氨酸＋酪氨酸	0.90	1.50	1.31	1.06	0.94
苏氨酸	0.47	0.85	0.75	0.60	0.54
缬氨酸	0.70	1.03	0.90	0.72	0.64
甘氨酸	0.75	0.94	0.82	0.67	0.59

表 5-9 前苏联畜牧科学研究所（1985）
建议的珍珠鸡的维生素添加水平

营养成分	幼龄珍珠鸡		
	1～17 周龄	18～30 周龄（后备母珠鸡）	18～30 周龄（后备公珠鸡）
维生素 A/（国际单位/千克）	15000	7000	14000
维生素 D_3/（国际单位/千克）	1500	1000	2000
维生素 E/（毫克/千克）	20	5	5
维生素 K/（毫克/千克）	2	2	2
维生素 B_1/（毫克/千克）	2	—	2
维生素 B_2/（毫克/千克）	5	3	5
维生素 B_3/（毫克/千克）	15	10	20
维生素 B_4/（毫克/千克）	1000	500	1000
维生素 B_5/（毫克/千克）	30	20	30
维生素 B_6/（毫克/千克）	4	1	4
维生素 B_9（叶酸）/（毫克/千克）	1.0	—	1.5
维生素 B_{12}/（毫克/千克）	0.025	0.025	0.025
维生素 H/（毫克/千克）	0.2	—	0.2
维生素 C/（毫克/千克）	50	—	50

表5-10 中国农业科学院特产研究所的珍珠鸡营养需要推荐量

营养成分	育雏期	育成期	育肥期	后备种鸡	种鸡产蛋期
	0～4周龄	4～8周龄	8～14周龄	13～25周龄	
代谢能/(兆焦/千克)	11.92	12.13	12.13	11.92	11.51
粗蛋白质/%	25	21	18	14	17
赖氨酸/%	1.4	1.1	0.9	0.6	0.8
蛋氨酸/%	0.5	0.4	0.35	0.25	0.35
粗纤维/%	3.5	3.5	4.0	4.0	4.0
钙/%	1.2	1.0	0.9	0.8	2.25
有效磷/%	0.6	0.5	0.45	0.4	0.5
食盐/%	0.4	0.4	0.4	0.4	0.4
镁/(毫克/千克)	500	500	500	500	500
铜/(毫克/千克)	7	7	6	6	7
铁/(毫克/千克)	95	75	50	50	65
锰/(毫克/千克)	55	55	50	50	55
锌/(毫克/千克)	75	75	40	40	65
碘/(毫克/千克)	0.4	0.4	0.3	0.3	0.4
硒/(毫克/千克)	0.2	0.2	0.2	0.2	0.2
维生素A/(国际单位/千克)	6000	5000	4000	4000	20000
维生素D_3/(国际单位/千克)	800	800	800	800	1000
维生素E/(国际单位/千克)	10	10	10	10	14
维生素K/(毫克/千克)	1.2	1.2	1	1	1
硫胺素/(毫克/千克)	2.5	2.5	2	2	2.5
核黄素/(毫克/千克)	4	4	3.5	3.5	5
泛酸/(毫克/千克)	11	11	10	10	17
烟酸/(毫克/千克)	60	60	40	40	30
生物素/(毫克/千克)	0.2	0.2	0.1	0.1	0.2
叶酸/(毫克/千克)	1	1	1	0.8	1
维生素B_{12}/(毫克/千克)	0.003	0.003	0.003	0.003	0.003
氯化胆碱/(毫克/千克)	2000	2000	2500	1500	2000

表 5-11　伊莎珍珠鸡营养需要量推荐标准

项目	幼雏期	中雏期 Ⅰ	中雏期 Ⅱ	种　鸡	
	1～20 日龄	21～56 日龄	57 日龄～26 周龄	1	2
代谢能/(兆焦/千克)	12.33	11.50～11.70	11.29	11.50	11.50
粗蛋白质/%	22	20	15.5	17.5	16.5
赖氨酸/%	1.25	1.00	0.70	0.85	0.80
蛋氨酸/%	0.55	0.43	0.35	0.43	0.36
蛋氨酸+胱氨酸/%	0.95	0.80	0.65	0.75	0.65
粗纤维/%	3.50	4.00	6.50	4.00	4.20
矿物质					
钙/%	1.10	1.10	1.10	3.20	3.20
总磷/%	0.80	0.75	0.75	0.72	0.72
有效磷/%	0.55	0.50	0.45	0.45	0.45
微量元素					
锌/(毫克/千克)	80		70	80	
镁/(毫克/千克)	100		80	100	
铁/(毫克/千克)	40		32	40	
铜/(毫克/千克)	12.5		10	12	
钴/(毫克/千克)	0.25		0.25	0.25	
碘/(毫克/千克)	2		2	2	
硒/(毫克/千克)	0.15		0.15	0.15	

表 5-12　伊莎珍珠鸡对维生素需要推荐量

项　目	1～56 日龄	57 日龄～26 周龄	种　鸡
维生素 A/(国际单位/千克)	15000	12000	15000
维生素 D/(国际单位/千克)	3000	2500	3000
维生素 E/(国际单位/千克)	25	25	30
维生素 C/(毫克/千克)	20	20	20
维生素 K_3/(毫克/千克)	5	5	5
维生素 B_1/(毫克/千克)	1.5	1.5	1.5
维生素 B_2/(毫克/千克)	12	10	20
维生素 B_6/(毫克/千克)	5	3	4
维生素 B_{12}/(毫克/千克)	0.0125	0.01	0.015

项　目	1～56 日龄	57 日龄～26 周龄	种　鸡
烟酸/(毫克/千克)	60	40	50
泛酸/(毫克/千克)	20	16	20
胆碱/(毫克/千克)	600	500	600
叶酸/(毫克/千克)	1.5	1.5	2
生物素/(毫克/千克)	0.15	0.15	0.20

二、配方设计

单一的饲料原料各有其特点，有的以供应能量为主，有的以供应蛋白质和氨基酸为主，有的以供应矿物质或维生素为主，有的粗纤维含量高，有的水分含量高，有的是以特殊目的而添加到饲料中的产品。所以，单一饲料原料普遍存在营养不平衡、不能满足珍珠鸡的营养需要、饲养效果差的问题，有的饲料还存在适口性差、不能直接饲喂珍珠鸡、加工和保存不方便，有的饲料含抗营养因子和毒素等问题。为了合理利用各种饲料原料，提高饲料的利用效率和营养价值，提高饲料产品的综合性能，有必要将各种饲料进行合理搭配，以便充分发挥各种单一饲料的优点、避开其缺点。日粮配合需根据饲养标准结合具体的饲养条件、品种、年龄等进行科学配合。设计饲料配方时既要考虑珍珠鸡的营养需要及生理特点，又要合理地利用各种饲料资源，才能设计出最低成本，并能获得最佳的饲养效果和经济效益的饲料配方。

1. 日粮配方设计的原则

（1）选用合适的饲养标准　根据珍珠鸡的类型、品种特征及生产性能选择使用适当的饲养标准是做好日粮配合工作的第一步，也是最重要的环节。日粮配合可参照法国 AEC 饲养标准等，并通过饲养实践，根据珍珠鸡生长发育及生产性能作适当修正。配合日粮时应首先保证能量、蛋白质及限制性氨基酸、钙、有效磷、地区性缺乏的微量元素与重要维生素的供给量，并根据珍珠鸡的品种、生产阶段、性别、季节、体况、饲养方式等条件的变化，对饲养标准做适当的增减调整。

（2）保证饲料的安全性　配制珍珠鸡的日粮，应把安全性放在首位。只有首先考虑到饲料的安全性，才能慎重选料和合理用料。日粮配合必须遵循国家的《饲料和饲料添加剂管理条例》《兽药管理条例》《饲料卫生标准》《饲料药物添加剂使用规范》等有关饲料生产的法律法规，慎重选料就是注意掌握饲料质量和等级，最好在配料前先对各种饲料进行检测，也就是要做到心中有数。凡是霉败变质、被毒素污染的饲料都不准使用。饲料本身含有毒物质者，如棉籽饼、菜籽饼等，应控制用量，做到合理用料，防止中毒。要充分估计到有些添加剂可能发生的毒害，应遵守其使用期和停用期规定。

（3）符合珍珠鸡的生理特性　配合日粮时，饲料原料的选择既要满足珍珠鸡的需要，又要与珍珠鸡的消化生理特点相适应，包括饲料的适口性、容重和粗纤维含量等。珍珠鸡能够利用一定的粗饲料，故必须保持日粮中有一定的粗纤维。粗纤维含量低时，会引起珍珠鸡消化不良、啄羽等。但日粮中粗纤维含量也不宜过高，否则会降低饲料的消化效率和营养价值。

（4）选用饲料种类要多样化　这样不但可以促进营养物质的互补和平衡，提高整个日粮的营养价值和利用率，还可以改善饲料的适口性，增加珍珠鸡的采食量，保证珍珠鸡群稳定增产。

（5）日粮配合要相对稳定　日粮配方可按饲养效果、饲养管理经验、生产季节和珍珠鸡生产水平进行适当的调整，但调整的幅度不宜过大，一般控制在 10% 以下。如果日粮突然变化过大，会引起应激反应，降低珍珠鸡的生产性能。生产中确需改变日粮配合时，应逐渐过渡，应有 1 周的过渡期，以免影响珍珠鸡的食欲，降低生产性能。

（6）各种饲料组合应大致有个比例　各类饲料占日粮的大致比例如下，仅供参考。禾谷类饲料 40%～60%，蛋白质饲料 20%～35%，糠麸类饲料 5%～15%，矿物质饲料 3%～5%，微量元素、维生素等添加剂 1%。

（7）因地制宜，选择配方原料　在珍珠鸡生产中，饲料费用占很大比例，一般要占养殖成本的 70%～80%。因此，配合日粮时，应尽量做到就地取材，发挥当地饲料资源优势，充分利用营养丰富、来源方便、价格低廉的饲料来配合日粮，以降低生产成本，提高经济效益。

（8）饲料应储存在干燥、阴凉处　高温高湿可加快速饲料中维生素和养分的破坏。虽然添加霉菌抑制和抗氧化剂有助于延长饲料的储存期，但也应在 4 周内用完。

2. 日粮配合的方法与步骤

日粮配合的方法包括手工配方法和电脑配方法。其中手工配方法容易掌握，但完成配方的速度慢。日粮配合的理想工具是电脑，电脑可以应用先进的线性规划法，迅速完成配方，而且可以把成本降到最低。电脑配方法现有出售的软件，其运算简单，不作详细介绍。下面只介绍手工配方法，供小型珍珠鸡场或个体户参照应用。手工配方法主要有试差法和线性规划法等。试差法运算简单、容易掌握，可借助笔算、珠算、电子计算器完成，在实践中应用仍相当普遍，现介绍如下。

（1）确定目标　不同的生产目标对配方要求有所差别，如是追求产蛋率还是生长速度，是追求健康还是生长性能等，此外，还包括对环境的影响、产品质量等方面。随养殖目标的不同，配方设计也必须作相应的调整，只有这样才能实现各种层次的需求。

（2）确定动物的营养需要量　国内外珍珠鸡的饲养标准可以作为营养需要量的基本参考。但由于养殖场的情况千差万别，珍珠鸡的生产性能各异，加上环境条件的不同。因此，在选择饲养标准时不应照搬饲养标准，而是在参考标准的同时，根据当地的实际情况，进行必要的调整，稳妥的方法是先进行试验，在有了一定的把握的情况下再大面积推广。生产中一般根据珍珠鸡的品种类型、生长阶段、生产水平，查找珍珠鸡的饲养标准，确定日粮的主要营养指标，一般需列出代谢能、粗蛋白质、钙、磷、赖氨酸、蛋氨酸、蛋＋胱氨酸等。

（3）确定饲料种类　这是日粮配制的第三步，即根据前面的原则选择可利用的原料，并对其养分含量进行实测，确定其对珍珠鸡的利用率。原料的选择应是适合珍珠鸡的习性并考虑其生物学效价（或有效率），根据市场行情，提出被选饲料原料。并在珍珠鸡饲料营养价值表中，查出选用饲料的成分及营养价值。

（4）初算　根据经验初步拟出各种饲料原料的大致比例，然后用各自的比例去乘该原料所含的各种养分的百分含量，再将各种原料的同种养分之积相加，即得到该配方的每种养分的总量，所得结果与饲养标准进行比较。

（5）调整 反复调整饲料原料比例，直到与标准的要求一致或接近。如粗蛋白质含量低于标准，可用含粗蛋白质高的饲料（鱼粉、豆饼等）与含粗蛋白质较低的饲料（玉米、麦麸等）互换一定比例，使日粮的粗蛋白质含量达到标准。当代谢能低于标准时，可用含代谢能高的玉米与含代谢能低的糠麸等饲料互换一定比例，使日粮的代谢能达到标准。经过调整，各种营养已很接近标准时，最后加入矿物质饲料、微量元素、氨基酸和维生素，使其达到全价标准。

三、典型的饲料配方

见表5-13～表5-16。

表5-13 珍珠鸡的饲料配方之一　　　　单位：%

周龄	黄玉米	小麦粉	麸皮	草粉	豆饼	鱼粉	骨粉	贝壳粉	食盐	添加剂
0～4	50	3	2	—	31	12	1.1	—	0.4	0.5
4～8	55	6	4	2	22	8	1.6	0.5	0.4	0.5
8～12	54	8	6	4	18	6	1.5	1.5	0.5	0.5
12～24	52	8	14	6	12	4	1.5	1.5	0.5	0.5
繁殖期	52	8	10	6	14	5	2.5	1.5	0.5	0.5

注：1. 鱼粉含蛋白质60%；

2. 添加剂包括微量元素、维生素、必需氨基酸、促生长素和抗生素等。

表5-14 珍珠鸡的饲料配方之二　　　　单位：%

饲料	幼雏	中雏	大雏	成鸡	
				产蛋期	非产蛋期
玉米	29.88	37.88	56.88	39.78	62.28
全麦粉	10	10	—	10	—
麦麸	2.6	4.6	8.5	3.5	15
高粱	3	3	—	—	—
鱼粉	12	10	8	12	5
豆饼	25	21	18	15	15
大豆粉	10	8	3	—	—
酵母粉	5	3	3	5	—
贝壳粉	1	1	—	2	2
骨粉	1	1	2	2	—

续表

饲料	幼雏	中雏	大雏	成鸡	
				产蛋期	非产蛋期
食盐	0.4	0.4	0.5	0.5	0.5
复合多维	0.02	0.02	0.02	0.02	0.02
复合微量元素	0.1	0.1	0.1	0.2	0.2

表 5-15　珍珠鸡的饲料配方之三　　　　单位：%

饲料种类与成分	育雏期 0～4周龄	育成前期 4～8周龄	育成后期 8～14周龄	后备种鸡 14～25周龄	种鸡产蛋期
玉米面	50.17	57.95	62.69	70.00	59.67
豆粕	29.00	24.30	20.40	12.00	16.80
小麦麸	9.00	10.00	12.00	15.11	14.00
鱼粉(进口)	9.00	5.00	2.00	—	3.00
磷酸氢钙	1.19	1.40	1.71	1.81	1.81
石粉	0.98	0.70	0.52	0.43	4.02
食盐	0.35	0.37	0.40	0.40	0.40
蛋氨酸	0.06	0.03	0.03	—	0.05
复合维生素	0.05	0.05	0.05	0.05	0.05
复合微量元素	0.20	0.20	0.20	0.20	0.20

表 5-16　珍珠鸡的饲料配方之四　　　　单位：%

饲料	0～4周龄	5～9周龄	10～16周龄	17～25周龄	种珠鸡
玉米	—	—	—	54	—
小麦	41	56	70	8	61
高粱	10	10	8	—	10
麦麸	—	—	5	6	5
肉粉	12	12	10	1.5	11
豆饼	31	18	5	18	4
鱼粉	3	3	1	6	2
苜蓿草粉	—	3	—	4	3
石灰石	—	2	—	2.0	3
动物脂肪	2	—	—	—	—
微量元素添加剂	1	1	1	0.5	1

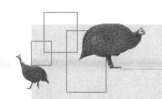

第六章

珍珠鸡的繁育技术

第一节　珍珠鸡的选种与选配

一、选种

实践证明，珍珠鸡能不能养好，主要决定于珍珠鸡的品质和饲养管理工作的好坏。饲养管理固然十分重要，但是如果珍珠鸡的品质不好，无论饲养管理多么好，也不能在短期内获得良好的效果。珍珠鸡的品质是内因，饲养管理条件是外因，珍珠鸡的品质优良，饲养管理又好，那就能获得良好的成绩。因此，珍珠鸡养殖首先要重视选种工作，不论大规模专业珍珠鸡养殖场，还是珍珠鸡养殖户，一开始就必须从无疫区或无疫场引进品质优良的珍珠鸡种鸡，供作繁殖之用，绝不能草率从事，见鸡就买。否则，就容易引进有严重疫病和品质不好（如生活力差，生产力低等）的种珠鸡，给珍珠鸡养殖工作造成被动或导致失败。引进了良种仅是珍珠鸡养殖生产的开始，重要而艰巨的任务是要不断加强选育和进行严格的淘汰工作，以巩固和发展优良珍珠鸡的优良性状。

1. 种珠鸡的主要性状

（1）珍珠鸡的孵化性能

① 种蛋合格率：指种母珠鸡在规定的产蛋期内所产符合本品种、品系要求的种蛋数占产蛋总数的百分比。

② 受输率：受精蛋占入孵蛋的百分比。血圈、血线蛋按受精蛋计算；散黄蛋按无精蛋计算。

③ 孵化率：受精蛋孵化率是指出雏数占受精蛋的百分比。入孵蛋孵化率是指出雏数占入孵蛋的百分比。

④ 健雏率：指健康雏珠鸡占出雏数的百分比。健雏指适时出壳、绒毛正常、脐部愈合良好、精神活泼、无畸形者。

（2）育雏期和育成期指标

① 成活率：雏珠鸡成活率是指育雏期末的成活数占雏珠鸡数的百分比。育成珠鸡成活率是指育成期末成活的珍珠鸡数占育雏期末雏珠鸡数的百分比。

② 体重：育雏和育成期需称重 3 次，即初生、育雏期末和育成期末。每次称重数量至少 100 只（公母各半），称重前需断食 6 小时以上。成年体重分为开产期体重和产蛋期末体重。

（3）产蛋性能

① 开产日龄：开产日龄是指个体记录以产第 1 个蛋的平均日龄计算。

② 产蛋量：母珠鸡于统计期内的产蛋数。

③ 产蛋率：母珠鸡在统计期内的产蛋百分比。饲养日产蛋率是指统计期内的产蛋总个数占实际饲养日母珠鸡只数的累加数的百分比。入舍母珠鸡产蛋率是指统计期内的产蛋总个数占入舍母珠鸡数乘以统计日数的百分比。

④ 蛋重：平均蛋重从该品种珠鸡开产开始计算，以克为单位。个体记录者需连续称取 3 个以上的蛋求平均值；群体记录时，则连续称取 3 个繁殖周期的总产蛋量，求平均值。总蛋重是指每只种珠鸡在一个产蛋期内所产蛋总重量。

⑤ 母珠鸡存活率：是指入舍母珠鸡数减去死亡数和淘汰数后的存活数占入舍母珠鸡数的百分比。

（4）肉用性能

① 活重：指在屠宰前停饲 12 小时后的重量，以克为单位（以下同）。

② 总体重：放血去羽毛后的重量（湿拔法须沥干）。

③ 半净膛重：屠体去气管、食管、嗉囊、肠、脾、胰和生殖器官，留心、肝（去胆）、肾、肺、腺胃、肌胃（除去内容物及角质膜）和腹脂（包括腹部板油及肌胃周围的脂肪）的重量。

④ 全净膛重：半净膛去心、肝、腺胃、肌胃、腹脂的重量。

⑤ 常用的几项屠宰率的计算方法：

a. 屠宰率为屠体重占活重的百分比。

b. 半净膛率为半净膛重占活重的百分比。

c. 全净膛率为全净膛重占活重的百分比。

d. 胸肌率为胸肌重占全净膛重的百分比。

e. 腿肌率为大小腿净肌肉重占全净膛重的百分比。

⑥ 饲料转化比：

肉用珍鸡耗料比＝肉用珍鸡全程耗料量(千克)÷总活重(千克)

产蛋期料蛋比＝产蛋期耗料量(千克)÷总蛋重(千克)

> **提示**
>
> 　　选种工作，过去十分重视体型外貌，而现代的选种标准，则侧重于主要经济性状。在珍珠鸡选种时，首先要考虑以下几个性状：早期（初生、3周龄）体重；成年体重；料肉比；屠宰率（半净膛率、全净膛率）；胸肌率；腿肌率；开产日龄；产蛋量；种蛋受精率、孵化率。

2. 选种方法

选种就是根据珍珠鸡育种的目的，依据珍珠鸡的生产性能和生物学特性把良好的公、母珠鸡选留下来。目前珍珠鸡的选种方法大多数还是参照家禽的选择方法进行，通过判断选择，提高珍珠鸡生产性能。下面介绍常用的几种方法。

（1）个体品质鉴定　主要是按照本品种优良性状或育种目标为依据来选择种珠鸡，通常从外貌特征和生产能力两方面来进行鉴定。

外貌特征鉴定主要是通过选种者的肉眼观察和手指的触摸，来判断种珠鸡的生长发育和健康状况。种珠鸡的外貌选择标准：珍珠鸡种鸡必须具备本品种的明显特征，体质健康，发育良好，体型和姿势正常，活泼，无病，无伤残，站立时身体平稳，胸部至脚与背部平行，背部自然向尾部倾斜，走动时步伐自然，眼睛圆而明亮，喙要上下等长或上喙略长，嘴要坚硬，头小但与颈部搭配匀称自然；背部宽平，胸宽度适中；腿脚强健，羽毛生长整齐，覆盖紧密。做种用的珍珠鸡体重必须符合本品种的标准体重，如法国"可乐"珍珠鸡要求 9～12 周龄平均体重 1.4 千克，18 周龄平均体重 1.6 千克，成年体重达 2.2～2.5 千克。体重过重或过轻者不宜作种用。母珠鸡要求体型大，结构匀称，发育良好，活泼好动，觅食能力强，头大小适中，颈长而细，双目有神，喙短而弯曲，胸宽深而丰满，羽毛紧贴身体，有光泽，羽毛符合品种特征，肛门清洁，松弛而湿润，腹部容积大，两耻骨间的距离较宽，产肉性能好。淘汰具有以下缺陷的母珠鸡：胸骨扁平或弯曲，两侧胸肌发育不等，甚至有水泡或肉瘤等；其中有一只或两只是瞎的或有其他毛病；翅膀下垂，有外伤；腿细长，关节肿大，爪弯曲，走路时踉跄不稳，驼背或嗉子大。公珠鸡要求身体各部匀称，发育良好，体质结实；胸部宽深，背宽而直，羽毛覆盖紧密、有光泽符合本品种特征；雄性特征明显，性欲旺盛，两脚距离宽，站立时稳健有力，生长速度和产肉性能良好。淘汰具有以下缺陷的公珍珠鸡：肩窄背长，胸骨扁平，胸部窄浅；腿长无力，脚趾弯曲，走路摇晃；胆小怕惊，爱喘，呼吸负担重，精液数量少，稀薄，呈浅黄色，采精时呕吐或常排粪便者。

提示

珍珠鸡的各种品系都有一个特殊的体型。在生长发育过程中，有一些珍珠鸡因种种原因，改变了原有的体形，应该将那些生长发育不好、有缺陷和外伤的鸡从种珠鸡群中分离出来。

生产能力鉴定主要是根据珍珠鸡的生长发育和生产性能情况进行鉴定，珍珠鸡的生产力鉴定，除根据珍珠鸡的生长发育情况以及上市周期肉用仔珍珠鸡的体重为标准外，还要根据珍珠鸡性成熟期、开产体重、产蛋数、蛋重、受精率、孵化率、成活率综合进行鉴定。公珍珠鸡雄性特征明显，生殖突起发达，性欲旺盛，两脚距离宽，站立时稳健有力，生长速度和产肉性能良好，在采精进行精液品质鉴定时，人工采精反应敏感，一次精液量在 0.08 毫升以上，精子活力强，平均密度在 60 亿个/毫升以上。留种用母珠鸡要求在 28～32 周龄性成熟，32 周龄开产，产蛋高峰期的产蛋率在 60% 以上；种蛋受精率 85% 以上；受精蛋孵化率达 90% 以上。

（2）系谱选择法　俗话说"种瓜得瓜，种豆得豆"，珍珠鸡养殖生产也是如此。优良的种珠鸡必须来源于优良的亲代，为此，在选种时应充分了解珍珠鸡的亲代和祖代的情况。系谱鉴定是将不同个体的祖先或父母的表型值进行比较，选种者通过对系谱资料的分析，可以直接了解每只珍珠鸡的家系遗传情况况及生产特性，从而确定该珍珠鸡是否选留的方法。研究表明，影响种珠鸡品质最大的是父母代，其次是祖代，再次是曾祖代。考察系谱重点是父母代的品质和各代的品质趋势。逐代品质性状改进与提高，则选这个个体，其后代可能为好的，因为遗传性稳定；反之，逐代品质性状递减，则该个体应于淘汰。凡有条件的珍珠鸡场（不论是种珠鸡场还是商品珠鸡场）都应建立系谱档案，系谱的编号应逐只珍珠鸡进行，以防混乱。从雏鸡破壳后，进行称重、雌雄鉴别，及时编号登记，可采用脚号（脚环）。

（3）后裔鉴定　后裔鉴定就是通过后裔测定，将不同个体的子女表型值进行高低对比，从而确定该个体是否选留的方法。这种鉴定法证实了所选出的种珠鸡是否能够把遗传品质真实地稳定地传给下一代。

提示

　　珍珠鸡后代的优劣与双亲的遗传性是密切相关，但遗传性受生活环境和条件的影响是很大的。因此，在鉴定时给后裔提供相应的饲养管理条件是完全必要的。优良的种珠鸡在产出优良后裔的同时也会产出劣质的后代，在生产实践中常见到这样的例子，这是遗传变异的现象。在签定时，不宜根据个别劣质的后裔就对种珠鸡作出否定的结论。正确的方法是必须对体形、体质、生长、发育、产卵、孵育、生长速度和育肥能力、饲料利用、生活力和抗病力等多种性状进行综合考查后再作结论。

（4）指数选择法　珍珠鸡育种工作中，很少只选择一个单一性状，而且是常常同时选择几个性状，将要选择的几个性状应用数量遗传学原理，综合成一个可以相互比较的数值，即选择指数，这种选种方法称指数选择袪。在制定珍珠鸡选择指数时，首先要考虑主要经济性状，如产肉率、产蛋量、蛋重等，这些性状的经济加权值要大些，还要考虑其他一些性状，如育成率等，选择的性状不宜过多，以 2～

4 个性状为宜，对"向上"选择性状加权值为正值，对"向下"选择性状加权值为负值，对两性状间存在较强的遗传负相关，为防止此起彼伏的效果，可以把两性状合并成一个性状来处理。

二、选配

优良的种珠鸡能否繁殖出优良的后代，除了取决于种珠鸡本身的品质和遗传性能外，还要看公、母种珠鸡的配合是否得当。选配就是在选种的基础上，考虑公母珍珠鸡之间的亲缘、体质、外形和生产性能的相互关系。其目的是将品质优良、配合力又好的异性珍珠鸡进行配对，借以获得预期品质优良后代。种珠鸡选配的主要方法简介如下，可根据种珠鸡的实际情况选用。

1. 品质选配

品质是着重对种珠鸡父母双方的品质进行的选配。品质选配又可分为同质选配和异质选配两种。

（1）同质选配　是指选择性状相同、性能表现一致或育种值相似的优质公、母珍珠鸡进行交配，以期获得与亲代相似的优秀后代。这种选配在遗传上可以增加后代综合基因型的频率，巩固和加强优良性状。同质选配一般有两种情况，一种是只根据个体表现，以相似的生产性能和性状的选配；另一种是根据谱系、家系的资料，判定具有相同基因型的公、母个体间的交配。长期对种群进行同质选配，可能出现近亲退化或遗传变异的可能，这是进行同质选配应注意的问题。因此实行同质选配，要加强选择，严格淘汰不良个体和有遗传缺陷的个体。

（2）异质选配　是指选择具有不同优点的公、母珍珠鸡进行配对，以便使双亲的优良性状结合在一起并遗传给后代，从而矫正它们各自的缺点，以获得新的完美的类型。但也可选择同一性状，其优劣程度表现不同的公、母珠鸡配对，用一方的优良性状去弥补另一方的缺陷，从而达到改进后裔品质的预期效果。这种选配方式会增加后裔基因的杂合型比例，因而使后代与亲代的相似性减少。

提示

在繁育实践中，两种异质选配方法不可机械分割，应根据具体情况灵活应用。

2.年龄选配

年龄选配就是根据交配双方的年龄进行选配的一种方法。因为年龄与珍珠鸡的遗传稳定性有关，同一只珍珠鸡随着年龄的不同，所生后代品质也往往不同。因此，珍珠鸡的交配，应以年龄的不同而进行选配。实践证明青年公、母珠鸡交配所生后代，生活力和生产力较高，遗传性能比较稳定。在珍珠鸡的繁殖中，要发挥壮年珠鸡的核心作用，适宜和不适宜采用的模式如下。

适宜采用的模式	不适宜采用的模式
青年♂×壮年♀	青年♂×青年♀
老年♂×壮年♀	老年♂×青年♀
壮年♂×壮年♀	青年♂×老年♀
壮年♂×青年♀	老年♂×老年♀
壮年♂×老年♀	

注：♂代表公珍珠鸡，♀代表母珍珠鸡

3.亲缘选配

这是一种考虑交配双方亲缘关系的选配，通常在育种时运用。根据双亲的亲缘关系的远近程度，又可分为亲交、非亲交、杂交和远缘杂交四种（图6-1）。实行亲缘关系较近的杂交，目的是使珍珠鸡的遗传性稳定，使后裔有高度一致的性状，与祖代相似。因此，为了保留并巩固珍珠鸡群中某些优良个体的性状或特征，常常采用亲交，即选择与这只优良珍珠鸡亲缘关系较近的异性珠鸡进行交配，来繁殖后代。由于亲缘选配时间一长会出现品种退化现象。因此，在育种工作中，不时地采用杂交来使一些优良性状稳固，以免产生不良的后果。

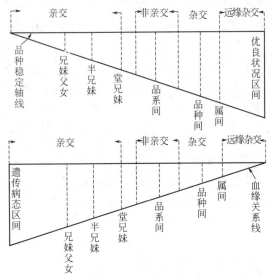

图 6-1　珍珠鸡的亲缘选配优劣示意图

　　需要指出的是，选配是选种的继续，是繁殖的基础，是繁育生产优质肉用仔珠鸡的重要手段。制定选配方案时，必须周密调查，掌握种珠鸡的系谱、经济性状和有关品种或品系的特点，了解育种工作的具体条件，明确育种目标，确定选择和鉴定步骤，注意选配双方的优缺点，充分估计和权衡利弊得失，筹划出最佳选配方案，拟好后努力保证其实施，做好相关记录，并定期地分析选配效果。

第二节　珍珠鸡的配种

一、种珠鸡的适配年龄与利用年限

1. 性成熟与适配年龄

　　母珠鸡开始产第 1 枚蛋时，即表示性成熟。珍珠鸡的性成熟较家鸡晚，一般人工饲养条件下，母珠鸡生长到 28～30 周龄才达到性成熟，并开始繁殖。但也有例外，也有不到 28 周龄开产的或晚到 32 周龄才开产。公珠鸡的性成熟比母珠鸡晚，到 35 周龄时才性成熟。

2. 产蛋规律

珍珠鸡开产的早、晚受营养、季节（气温）、光照等因素影响明显。当母珠鸡性成熟时，卵黄迅速发育，由卵巢上释放出来，落入输卵管的漏斗部。卵子在输卵管漏斗部完成受精。输卵管膨大部分泌的胶状浓蛋白形成珍珠鸡蛋的蛋白质部分。峡部腺体分泌的黏性纤维形成卵的内外壳膜。在子宫部形成蛋壳。蛋壳上的色素也是子宫分泌的。蛋形成后，以钝端向后进入阴道，通过阴道和腹肌的收缩将蛋产出体外。从 26～27 周龄饲养到 79 周龄淘汰，种珠鸡利用时间 52 周，年产蛋量一般为 120～150 枚，个别可高达 180 枚以上，蛋重在 43～48 克。其产蛋时间从早上 6 点开始延续到晚上 7 点，产蛋高峰时间在中午 12 点至下午 2 点，蛋多产在舍内屋角处，有时也随地产蛋或产在料槽、水槽、栖架下。珍珠鸡产蛋繁殖季节性较强，一般 2 月中旬开产，12 月休产。盛产期为 4～9 月，产蛋高峰在 6 月（表 6-1）。

表 6-1 珍珠鸡产蛋率分布

月份	3	4	5	6	7	8	9	10
产蛋率/%	3.2	7～8	38～92	76～83	56～73	46～60	33～46	5

珍珠鸡种蛋的受精率受季节气候影响明显。在前苏联有些地区，3 月母珠鸡虽开产，但公珠鸡不交配。3 月受精率只有 5.5%，4 月下旬为 15.6%，5 月上旬为 34.5%，5 月中旬为 70%～72%，5 月下旬至 6 月中旬为 78%～95%，6 月下旬为 83%～80%，8 月底为 80%～75%。可见公珠鸡的性活动到 5 月才进入高潮。另据报道，法国珍珠鸡受精率高峰期在 4～5 月。种珠鸡第 1 个产蛋期生产性能较高，以后生产性能逐渐下降。

3. 种珠鸡利用年限

母珠鸡最佳利用年限一般为 2 年，也可利用 3～5 年，年龄大的珍珠鸡后期产蛋率降低，饲料浪费大，极不经济。

二、种珠鸡的配种比例

野生珍珠鸡是雌雄配对生活。喜欢在野外地上造巢产蛋，目前仍保留有这一种野性。在人工饲养条件下，根据饲养方式不同而定，平养时多采用自然交配，公母比例一般为（4～5）∶1，实践中以 3∶1

比例为最佳（因其对配偶有一定的选择性，雌雄为固定配偶，不乱交配）。珍珠鸡交配时间大多数在早晨5～6点钟。

三、配种方法

珍珠鸡的配种方法分为自然交配和人工授精两种。

1. 自然交配与公母鉴别

自然交配就是将公、母珠鸡按比例饲养在一起，让其自由选择配偶进行交配。自然交配时珍珠鸡种蛋受精率很低，一般只有40%左右，最高不超过60%。因此，珍珠鸡繁殖群在22周龄组群配种时，最好采用小间组群，每个小间饲养母珠鸡60～80只，如果配种群过大，种蛋受精率会受到影响。

珍珠鸡的性别，在外貌上差别很小，不易区分，特别是幼雏更难区别公母。实践中，可根据珍珠鸡的背羽白点、看头饰和肉髯、翻肛门、看走姿和听声音这五种方法辨别（见表6-2）。

表6-2　珍珠鸡的公、母鉴别特征

鉴别特征	母珠鸡	公珠鸡
背羽白点	背羽上的白色圆点都很小且很淡	颈背羽上的圆点大而明显
头饰和肉髯	头饰和肉髯较小，肉髯平直向颈后掠，头较小	肉髯较大，肉髯向内稍弯曲，边缘较厚，质地较粗。头较大。12～15周龄的公珍珠鸡的肉髯边缘较母珍珠鸡的厚些
肛门	无突起	有粒状生殖突起
走姿	母鸡似"缠脚式"，即双脚排成单行，走交叉或踢脚走	公鸡似"将军式"，即正步走
鸣声	成熟的母珍珠鸡发出"咯嘎，咯嘎"的叫声，声音缓柔从容	公珍珠鸡则发出"嘎嘎嘎……"的叫声，声音短促而激昂，声音尖锐刺耳。绝对发不出"各嘎，各嘎"的鸣叫声

2. 人工授精

人工授精能充分发挥优良雄珠鸡的作用，扩大公母比例，减少非生产性雄珠鸡饲养量，从而节省饲料用量和珍珠鸡鸡舍，降低养殖成本。通过精液鉴定，还可以淘汰机能差的雄珍珠鸡，真正实现优生优育，使优秀公珠鸡大量繁殖后代。人工授精还为交换种源提供了更为经济有效的手段和条件。目前，采用人工授精技术，可使珍珠鸡受精率达84％～90％以上，受精蛋孵化率可达83％以上。珍珠鸡养殖最好采用人工授精方法，以提高受精率，特别是笼养珍珠鸡。

四、人工授精技术

1. 采精前的准备

（1）操作技术人员　在珍珠鸡场内选择和培养一位或多位承担人工授精技术工作的人员。人工授精的成功需要该人员精确、耐心、自信、仔细、热情，具有钻研的精神，该人员必须熟练掌握怎样清洁、消毒人工授精技术设备、器械，怎样调教公珠鸡和采集、处理、储存精液，能精确地对母珠鸡进行发情鉴定、适时输精等。采精人员的指甲必须剪短磨光，充分洗涤消毒，以消毒毛巾擦干，然后用75％的酒精消毒，待酒精挥发后即可进行操作。

（2）人工授精的地点　人工授精应选择适当的地点，特别是大型珍珠鸡场，要求有良好的光线，气温不低于18～20摄氏度，通风良好并符合兽医防疫卫生要求的人工授精场地。采精间应备有采精用的可以拆卸的活动台子，放工具的桌子，供应冷热水用的3个带水龙头的水盆和抗生素溶液，以及污物桶和捕捉珍珠鸡用的笼子。采精间有进入的门，把珍珠鸡赶进去，采精后，通过一定坡度的类似排水孔那样的出入口把珍珠鸡赶走。人工输精间设置在饲养母珍珠鸡的禽舍内，还应设置两个供母鸡进出的孔道和放置工具的桌子。

（3）人工授精常用器具　人工授精常用器具主要有显微镜、干燥箱、温度计、吸管（带刻度和不带刻度两种，并带有胶皮头）、保温杯、pH试纸、试管刷、药棉、纱布、毛巾、胶布、剪子、镊子、脸盆、试管架等。其中显微镜最好带有加温载物台或保温箱，以便于进行精液品质检查。由于珍珠鸡的精液十分黏稠，粘在器具上不易洗掉，器具洗涤消毒不干净会成为疾病的重要传播途径。所以，应特别重视器具洗涤消毒。洗涤、消毒步骤：先用0.2％新洁尔灭（或0.3％百毒杀）溶液浸泡1小时以上，然后用清水冲洗干净；再用洗衣粉水浸泡40分钟以上后用清水冲洗干净；控干多余水分后放入65～70摄氏度烘箱中30分钟烘干备用。

（4）训练种珠鸡　采用人工授精的珍珠鸡在 25 周龄就应转入产蛋珠鸡舍，置于种珠鸡笼内饲养，因为 28 周龄开始产蛋，使其从地面转入笼中饲养有一个适应环境的过程。人工授精，公母比例 1:6，宁愿多留切勿少留，以保证有充足的公珠鸡及高质量的精液。目前，常用的采精方法为按摩法，按摩法基本原理是术者用手指刺激公珠鸡腰荐部盆神经和腹下交感神经，引起公珠鸡性反射，其交接器充血勃起而射精。所以对于新育成的种珠鸡，必须进行采精、输精前的训练，使之建立起稳定的条件反射。采精训练时，采精人员要态度温和、情切，不可急躁、粗暴。开始时，采精人员每天多次和珍珠鸡接近，抚摸珍珠鸡，待到珍珠鸡熟悉习惯后，才能进行抓珠鸡训练。抓珠鸡时要做到轻、准、稳。当种珠鸡逐渐习惯、不惊慌后，才可开始进行公珠鸡的采精与母珠鸡的翻肛训练。母珠鸡训练应躲开每天的产蛋高峰，否则会影响产蛋。公珠鸡正式采精前需要 1 周左右的时间进行训练，直到公珠鸡正常射精，精液质量达到要求后才能采精配种。公珠鸡在训练前，要剪去泄殖腔外周约 1 厘米宽的羽毛，以减少采精时的污染。公珠鸡在 32 周龄时就能采出精液，在这以前一些公珠鸡采不出精液，采精人员不要因此表现出急躁、动作粗鲁。采不出精液的雄珠鸡应予以淘汰。

2. 采精

（1）采精方法　一般两人配合进行。一人用左右手分别将珍珠鸡两腿轻轻握住，自然分开，使珍珠鸡头向后，尾部朝向术者。采精时术者先用右手中指和食指（或无名指）夹着采精环，杯口向外藏于手心内，以避免按摩时公珠鸡排粪污染。然后，术者以左手自公珠鸡背鞍部向尾部方向抚摩数次，以减低公珠鸡惊恐，并引起性感，接着术者以左手顺势将尾羽翻向背侧，并将拇指和食指跨捏在泄殖腔两侧的柔软部，施以迅速而敏捷的颤抖按摩。这时公珠鸡性感强烈，翻出交接器，术者即可用挎捏在泄殖腔两侧的拇指和食指作适当的挤压，精液便可顺利排出。当公珠鸡排精时，术者立即用右手夹着的采精杯杯口向上承接精液。技术熟练者亦可单人进行采精。

（2）采精频率　一般公珍珠鸡 5 天采精 1 次或 1 周采精 2 次。

（3）采精的注意事项　采精当天，公珠鸡须在采精前 3～4 小时停止喂食，防止采精时排粪尿而影响精液品质。保持环境安静，采精人员应相对固定，不要随便换人（因为每人的手法轻重不同）。采精时动作要轻，迅速而准确，避免过分按摩造成公珍珠鸡生殖器突起毛细血管破裂。所用人工授精用具都要消毒，烘干备用。若无烘干设备，清洗干净后可用蒸馏水煮沸消毒，再用生理盐水冲洗2～3次方可使用。集精器的温度应达到37摄氏度，要把集精器放在装有温水的保温杯中保持这一温度。采到的精液应立即置于25～35摄氏度保温瓶中避光保存备用，但采集的新鲜精液应于30分钟内用完。随时注意淘汰劣质公珠鸡。采精用集精器等与精液接触的物品必须无菌和对精子无害，一定要避免羽毛、粪便、空气中的灰尘进入精液中。要经常保持采精室清洁干燥和珍珠鸡体表卫生，如泄殖腔处羽毛太长，还须剪短。

3. 精液品质鉴定

精液检查的目的在于鉴定精液品质的优劣，以便于进一步的处理或用于授精和保存。采精后应将精液连同精液瓶迅速置于30摄氏度的恒温水浴中，并立即进行检查处理。精液处理室的温度应保持在15摄氏度以上，对精液品质鉴定要综合以下几方面来全面分析，才能确定精子是否可以用于保存或输精。

（1）感观检查　精液的感观评定非常重要，主要包括云雾状、颜色、气味和体积。云雾状是指公珍珠鸡新鲜精液在33～35摄氏度温度下，精子成群运动所产生的上下翻卷的现象。云雾状的明显程度代表高浓度的精液中精子活力的高低。公珍珠鸡的精液呈乳白或乳白色，精液乳白程度越浓，表明精子数量越多。如色泽异常，精液应弃之不用，并应检查其生殖器官是否有疾病。一般精液呈淡绿色，是混有脓汁；呈粉红色，是混有血液。正常的精液一般无味或略带腥味。精液有臭味，则可能混有脓液。气味异常的精液应弃之不用。

（2）射精量　公珠鸡射出的精液量很少，一般为0.08～0.1毫升。

> **提示**
>
> 　　测定公珠鸡的射精量时，不能仅凭一次的采精记录，应以一定时期内多次射精量总和的平均数为准。如果公珠鸡的射精量过少，说明公珠鸡利用过度或饲养管理不当，应采取措施，力求在短期内恢复其正常的射精量。

（3）pH值的测定　珍珠鸡的精液呈弱碱性（pH7.1～7.6），珍珠鸡的精液pH值小于6时呈酸性反应，会使精子运动减慢；pH值大于8时呈碱性反应，精子运动加快，但精子会很快死亡。精液的pH值可使用精密pH试纸测定。

（4）精子运动与活力　精子的活力是指原精液在37摄氏度下呈直线运动的精子占全部精子总数的百分率。一般采取"10级评分法"进行评定。测定方法是用灭菌的细玻璃棒蘸取原精液一滴，点在一张加热的（约37摄氏度）清洁载玻片上，盖上盖玻片，在400倍的显微镜下检查。检查时光线不宜太强，显微镜工作台的温度应保持在37摄氏度。精子的活力评定是在显微镜下靠目力估测。直线前进运动的精子占100%则评分为1分，90%评为0.9分，80%评为0.8分，以此类推。珍珠鸡精子的活力一般不应低于0.7分；常温精液输精，活力低于0.5的不宜使用。精子活力高，密度大的精液，在显微镜下可见精子呈旋涡状翻滚。

> **提示**
>
> 精子活力受测试温度影响很大，温度过高，精子运动加快，代谢加强，很快死亡；温度过低，精子受冷刺激也会死亡，所以检查精子活力必须在37～40℃环境条件下，一般要求每个样品看3个视野，求其平均数。

（5）精子浓度　珍珠鸡精子平均密度为60亿～70亿个/毫升。精子密度的检查可采用估测法、精子计数法或利用精子的透光性（混浊度）测定。生产中常与检查精子活力同步进行，在显微镜下根据精子稠密程度的不同，将精子密度粗略地分为"稠密""中等""稀薄"，简略为"密""中""稀"三级。镜检下，精子密集，精子间的距离不到1个精子长度，其密度就为"密"；若精子间能容纳1～2个精子，就为"中"；精子间间隙大，能容纳2个以上的精子，则为"稀"（图6-2）。这种评定，与精子活力的评定一样，需要有一定的评定经验，但简单易行，可粗略的确定稀释倍数。用血细胞计数法可准确的测定每毫升精液中的精子数量。精子计数法是将精液用红细胞吸管作稀释计算，将计算室置于显微镜400～600倍显微镜下计数。计算室上有25个大方格，每个大方格内有16个小方格，计算精子数只需数出 4 个角和中间处的 1 个大方格即共计 5 个大方格的精子即可，然后推算 1 毫升内精子数。简化计算方法是数出的 5 个大方格内精子数×5 万×稀释倍数，即为所测的精子密度（图 6-3）。另外，有条件者也可利用比色计或分光光度计对精子密度进行准确测定。

密　　　　　　　　中　　　　　　　　稀

图 6-2　精子密度示意图

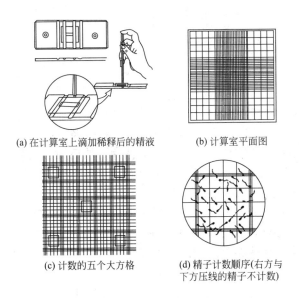

(a) 在计算室上滴加稀释后的精液　　(b) 计算室平面图

(c) 计数的五个大方格　　(d) 精子计数顺序(右方与下方压线的精子不计数)

图 6-3　血细胞计数法检查精子密度

（6）精子形态的检查　精子形态正常与否与受胎率有着密切的关系，如果精液中含有大量的畸形精子，其受精能力就低。正常的精子形态像蝌蚪。精子畸形一般分为四类：头部异常，如头部巨大、瘦小、细长、圆形、轮廓不明显、皱缩、缺损、双头等；颈部异常，如颈部膨大、纤细、曲折、不全、带有原生质滴、不鲜明、双颈等；尾部异常，如弯曲、曲折、回旋、短小、长大、缺损、带有原生质滴、双尾等；顶体异常，如顶体不完全、异型等（图6-4）。在正常的精液中，总的畸形率应低于25%，其中头部和顶体畸形率不超过5%，颈部畸形率（原生质滴）为10%，尾部的畸形率5%。

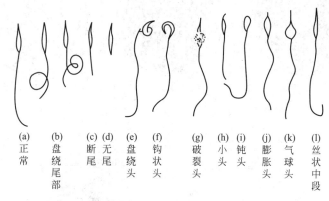

(a)　(b)　(c)(d)　(e)　(f)　(g)　(h)(i)　(j)　(k)　(l)
正　盘　断无　盘　钩　破　小钝　膨　气　丝
常　绕　尾尾　绕　状　裂　头头　胀　球　状
　　尾　　　头　头　头　　　头　头　中
　　部　　　　　　　　　　　　　　段

图6-4　精子正常形态与畸形精子类型

精子畸形率的检查方法：用清洁的细玻璃棒蘸取1滴精液，点在清洁载玻片上，用另一块载玻片的一端与精液轻轻接触，以30°～40°的角度轻微而均匀地向一方推进制成抹片，然后用红或蓝墨水染色3分钟，在高倍镜（＞600倍）下进行检查，观察精子总数不少于500个，并计算出畸形精子的百分率。

$$畸形精子百分率=畸形精子总数\times500\times100\%$$

（7）其他检查　包括细菌学检查、精子染色涂片、精子存活时间等的检查，这些可根据各生产场的具体条件和生产规模等要求选择开展。

4. 精液稀释

输精用的精液，可以用原精液，也可用稀释后的精液。常用稀释液配方：蔗糖4.0克，葡萄糖1.0克，醋酸钠1.0克，碳酸氢钠0.15克，磷酸醋酸钾0.2毫升，蒸馏水100毫升，酸碱度（pH值）7.1。如果现采现用，此时可选用简单的稀释液，如生理盐水溶液、葡萄糖液等即可。精液在稀释前应首先检查精液质量，然后根据其活力和密度，确定稀释的倍数。精液稀释时，可用吸管吸取放入盛有稀释液（如 0.9％生理盐水）的试管中，按 1∶1 稀释。待精液全部进入稀释液后，再用滴管轻轻反复吸放精液和稀释液使精液充分稀释，然后将精液吸入滴管后插在保温杯内备用。

> **提示**
>
> 精液稀释时不可将几只公珠鸡的精液混合后共同稀释，以免出现凝集现象，使精液品质下降，降低种蛋受精率。

5. 保存

珍珠鸡的精液虽在 10～40 摄氏度都能够保存较好的受精能力，但在最理想温度 35 摄氏度左右，才能达到较高的受精率。精液保温（特别是寒冷季节）的方法是将解除精液的采精、输精器材都用 40 摄氏度的生理盐水或稀释液冲洗，使稀释液和集精杯必须达到 35 摄氏度，采精杯可放在有 35 摄氏度温水的保温瓶中。

6. 输精

（1）输精方法　输精时应两个人配合，一人抓母珠鸡鸡翻肛，一人输入精液。负责翻肛的人员，用手把母珠鸡双翅或双腿抓紧，把珠鸡拉出笼门。另一只手的拇指与食指分开呈八字紧贴母珠鸡肛门上下方。使劲向外张开肛门并用拇指挤压腹部，在这两种作用力下，母珍珠鸡产生腹压，肛门自然会向外翻出。须注意的是，抓珠鸡腿的手一定要把双腿并拢，抓直抓紧。当母珠鸡肛门向外翻出，看到靠泄殖腔左上侧的阴道口时，用力使外翻的阴道位置固定不变。这时输精人员将吸有定量精液的吸管，插入阴道子宫口，插入输卵管约 2～3 厘米深，随即把精液轻轻输入。与此同时翻肛者把手离开肛门，阴道与肛门即向内收缩，输精者把吸管抽出，精液就留在母珍珠鸡阴道内，然后放珍珠鸡回笼。

（2）输精量、输精次数及输精时间　输精量与输精次数应根据精液品质而定。精子活力高、密度大，输精量可以少些，可稀释后输精。一般情况下，每 5 天给母珍珠鸡输精 1 次，每只母珠鸡的输精量为 0.013～0.015 毫升，原精液含有 8 千万～1 亿个精子；产蛋中、后期输入的原精液应为 0.026～0.03 毫升。如用稀释精液输精，应根据稀释倍数调整输精量。母珠鸡在第 1 次输精时输精量应加 1 倍或连输 2 天，在输精后的 48 小时，也就是输精后的第 3 天可收集种蛋。输精最佳时间在大部分母珠鸡产蛋后 3 小时进行，即在下午 3~6 点之间进行输精，上午输精一般受精率最低。开始输精时次数要频，以使母珠鸡生殖道内储存的精子尽快达到最密状态。一般开始时每 3 天输精 1 次，输精二三次后，便可延长输精间隔时间（因为精子可在母珠鸡的生殖道内存活相当长的时间，最长能存活 70 天），一般每周输精 1 次。待产蛋盛期，要减少输精次数，尽量避免对珍珠鸡造成人为应激，一般 10 天或 2 周输精 1 次。随着珍珠鸡年龄的增长，产蛋量、受精率均随之下降，因此在母珠鸡产蛋后期（产蛋 20 周以后），要增加输精次数，以保持较高的受精率。

7. 影响人工授精受精率的因素

采用人工授精技术，一般受精率较高，而且平稳，但有时会产生极不理想的效果，这是因为受精率的高低受到以下诸多因素的影响。

（1）精液品质不合格 如精液浓度低，没有足够的有效精子数，精子活力不高，死精和畸形精子多，精液被污染而死亡。因此，采精后要对精液定期检测，每次都要用肉眼仔细观察（色泽、精液量、浓度）。采精和输精的器具必须清洁，以保证精液的质量。

（2）母珠鸡生殖器官有疾病 有的母珠鸡生理上有缺陷，有的母珠鸡输卵管有炎症，此时输精大多不能受精。

（3）输精技术不过硬 如输精时输精器没有插入母珠鸡阴道内，输精间隔时间过长，输精量没有掌握好，没有在最佳的时间内输精，精液保存的时间太长等。

（4）恶劣气候的影响 最冷最热的天气，公珠鸡的精子质量降低，母珠鸡产蛋率下降，采出的精液在常温下保存影响活力，在这种情况下受精率一定低。

第三节 种蛋的孵化

一、种蛋的选择

影响种蛋孵化率的因素有三方面，一是种蛋的质量；二是种蛋的管理；三是孵化条件。种蛋管理的好坏，直接影响种蛋的孵化效果。因此，种蛋管理是提高孵化率的基本前提之一。

1. 种蛋的来源与收集

种蛋必须从合格的种珠鸡场引进。首先，种蛋应来源于遗传性能稳定、生产性能优良、繁殖力高和健康无病的珍珠鸡群，特别是无经蛋传播的疾病。其次，种珠鸡的饲养管理正常，性别比例适当，日粮的营养物质全面，以保证胚胎发育时期的营养需求。再次，应确保种蛋应来自饲养管理正常、健康而高产的种珠鸡，受精率要高。受精率低下，患传染病和有慢性病的种珠鸡所产的蛋，均不宜作种蛋。种蛋的收集是在笼舍内进行，散养种珠鸡产的蛋，应及时拣拾。在拣蛋过程中和拣蛋完毕后，将明显不符合孵化用的蛋（如破蛋、脏蛋、各种畸形蛋）挑出。收集完毕后种蛋立即消毒或送至孵化场消毒。

> **提示**
>
> 引进种蛋前，要了解当地疫病情况，不要从有传染病的疫区引进种蛋。

2. 种蛋与商品蛋的区别

从外观上看，种蛋与商品蛋没有任何区别。但将蛋打开可见受精的种蛋在蛋排出体外时，已经形成 1 个多细胞的胚盘，为正圆形，直径 5 毫米左右，胚盘中央较薄的透明部分为明区，周围较厚的不透明部分为暗区。没有受精的商品蛋则在卵黄上形成 1 个直径 2.5 毫米左右、不透明的椭圆形胚珠，它是没有分裂的次级卵母细胞。通常可用破损蛋来检测种蛋的受精率。

3. 种蛋的挑选

种蛋的品质是保证孵化率和雏珠鸡质量的物质基础。没有高品质的种蛋，孵化率和雏珠鸡质量也就无从谈起。因此，孵化之前，需仔细地进行挑选种蛋。

（1）新鲜　种蛋要新鲜，储存期越短越好。种蛋适宜的保存时间与气温、存放环境有密切关系。由于珍珠鸡产蛋率低，筹集种蛋较困难，储存期有时不得不稍延长，一般春秋季保存期不要超过 5～7 天，春末夏初气温升高后，种蛋保存期不要超过 3～5 天。

（2）大小和形状符合标准　种蛋的大小决定了孵化所采用的适宜温度，尤其是采用变温孵化。蛋重要符合品种标准，一般种蛋要求重38～45g，过大孵化率降低，过小则孵出的雏珠鸡弱小。珍珠鸡种蛋小头较尖，正常形状是圆锥形。蛋形指数（即横径与纵径之比）在0.677～0.789 较为理想。

> **提示**
>
> 　　细长、短圆、橄榄形（两头尖）、腰凸等形状的种蛋均视为不合格。

（3）蛋壳质量好　珍珠鸡的蛋壳较厚且硬有斑点，要求壳质致密均匀，厚薄适当，表面平整，没有一丝裂纹。敲击响声正常。有的蛋壳特别细密厚实，敲击时发出似金属的响声。俗称"钢皮蛋"，必须剔除，因为这种蛋孵化时受热缓慢，气体不易交换，水分蒸发也慢，雏珠鸡啄壳困难，孵化率极低。"沙壳蛋"的蛋壳表面钙沉积不均匀，壳薄而粗糙，水分蒸发快，容易破碎，这种蛋决不可作种蛋。

（4）壳面清洁无污染　不清洁的蛋，壳面常被粪便污染，妨碍气体交换，微生物极易侵入蛋内，引起种蛋腐败变质，污染孵化器，使死胎增加，孵化率降低。已经污染的种蛋，必须经过清洗和消毒，才能入孵。

（5）蛋壳颜色与厚度　颜色要正常，应符合珍珠鸡蛋壳的颜色，即呈黄白至淡红褐色花斑。珍珠鸡的蛋壳较厚且硬有斑点。蛋壳过厚、钢皮蛋、沙壳蛋、薄壳蛋及钙沉积不匀的蛋均应剔除。蛋壳过厚，孵化时蛋内水分蒸发过慢，出雏亦困难。蛋壳过薄，蛋内水分蒸发快，也不利于胚胎发育。

（6）碰击听声　目的是剔除破蛋。完整无损的蛋其声清脆，破蛋可听到破裂声。

（7）照蛋透视　目的是挑出裂纹蛋和气室破裂、偏气室、气室过大的陈蛋以及大血斑蛋。方法是用照蛋器，在灯光下观察。蛋黄上浮，多系运输过程中种蛋受震动引起系带断裂或松弛，或者因种蛋保存条件不良或过长所致。蛋黄沉散，多因运输中种蛋受剧烈震动或细菌侵入，引起蛋黄膜破裂。裂纹蛋可见树枝状亮纹。血斑、肉斑蛋，可见白点或黑点，转动蛋时随之移动。蛋壳过厚时可见蛋壳透明度低、蛋色暗。

　　新鲜种蛋气室小，蛋壳颜色具有一定的光泽。陈旧蛋气室变大，蛋壳颜色不佳，还沾一些赃物。凡蛋壳发亮、有斑点的多为陈蛋，不宜用来孵化。

　　（8）剖视抽查　多用于外购种蛋或疾病诊断时用。将蛋打开倒在衬有黑纸（或黑绒）的玻璃板上，观察新鲜程度及有无血斑、肉斑。新鲜、品质较好的蛋，蛋白浓厚，蛋黄高突。陈蛋蛋白稀薄扁平，甚至散黄。此方法只在必要时作抽检。

小经验

　　选择种蛋的常用方法，是用看、摸、听、嗅等感觉器官来判断。先是看，看蛋壳的结构、形状和颜色是否正常，大小是否标准，蛋壳表面是否清洁等。摸，是用手去摸蛋壳的表面是否粗糙，手感蛋的轻重等。听，是将蛋互相轻轻碰敲，细听声音，如有破裂或金属声，都应剔除。嗅，是用鼻子嗅蛋，有臭味者剔除。如采用上述感官法仍不能准确判断，可借助仪器——照蛋器或验蛋台，通过光线观察蛋壳、气室、蛋黄等情况，看有无散黄、血丝、裂纹、霉点等，如有应予剔除；此外，气室很大的蛋，一般是储存较久的陈蛋，也要剔除。

二、种蛋的保存与运输

1. 种蛋的保存

　　种蛋的保存条件、时间等对种蛋品质有很大影响，而种蛋品质与孵化的成败密切相关。如果保存不当，不但会导致孵化率下降，还会影响到雏珍鸡的品质。

　　（1）保存场所　种蛋首先应保存在适宜的房舍或蛋库里，库舍的要求是隔热性能好，清洁卫生，防尘沙，通风良好，不得有穿堂风，并能杜绝蚊蝇和老鼠。种蛋保存期间，要保持通风良好、清洁、无特殊气味，无阳光直射，无冷空气直吹。堆放化肥、农药或其他强烈刺激性物品的地方，不能存放种蛋。如有特殊需要必须较长期保存时，可采用充氮法保存，即将种蛋置于塑料袋或其他容器中，填充氮气，然后密封，使种蛋处于与外界隔绝的环境里，减少蛋内水分蒸发，抑制细菌繁殖，保存期可以适当延长。

（2）保存温度　蛋产出母珠鸡体外，胚胎发育暂时停止（胚胎已发育到囊胚后期或早期原肠胚的阶段）。当外界温度达到或超过珠鸡胚胎发育的临界温度时，胚胎又重新开始发育；但胚胎的这种发育是不完全和不稳定的，易造成头照死胚的大量增加。当环境温度偏低时（如 0 摄氏度），虽然胚胎发育处于静止状态，但胚胎活力严重下降，甚至死亡。种蛋保存条件不好，保存方法不当，对孵化效果影响极大，保存种蛋最适宜的温度为 10～15 摄氏度，如保存的时间短（5天左右），可用 15 摄氏度；保存时间长（超过 5 天），可略降低些，以 10～11 摄氏度为宜。储蛋室温度高于 22 摄氏度时，胚胎开始缓慢发育，但由于环境温度不太理想，会导致胚胎衰老和死亡。如储蛋室温度低于 0 摄氏度，胚胎会受冻而降低孵化率。

（3）保存湿度　保存种蛋的环境湿度，对孵化率也有一定影响。较理想的相对湿度以 70%～80% 为好，这种湿度与珠鸡蛋的含水率比较接近，蛋内水分不会大量蒸发。

（4）保存时间　当天产出的蛋，不具备最大的孵化潜力，种蛋保存的最佳时间为 2～4 天，最大不应超过 10 天。一般春秋季保存时间不宜超过 7 天，夏季为 3～5 天，冬季可延长至 12 天左右。在保存期内，还要定期翻蛋，每天起码翻 1 次，使蛋位转动角度达 90°以上，以防蛋黄与蛋壳粘连（俗称"钉壳"）。保存时间较长时，这一点更为重要。

2. 种蛋的装运

这是良种引进中不可缺少的环节。启运前，必须将种蛋包装妥善，盛器要坚实，能承受较大的压力而不变形，并且还要有通气孔，一般都用纸箱或塑料制的蛋箱盛放。装蛋时，每个蛋之间上下左右都要隔开，不留空隙，以免松动时碰破。通常用纸屑或木屑、谷壳填充空隙；装蛋时，蛋要竖放，钝端在上，每箱（筐）都要装满。然后整齐地排放在车（船）上，盖好防雨设备，冬季还要防风保温。运行时不可剧烈颠簸，以免引起蛋壳或蛋黄膜破裂，损坏种蛋。蛋箱外应注明"种蛋""防震""勿倒置""易碎""防雨淋"等字样或标记；印上珍珠鸡鸡场及许可编号，并开具检疫合格证明。运输时要求快速平稳，最好选择铁路运输或空运。装卸时动作要轻，运输过程中避免剧烈震动。夏天防日晒雨淋，冬天防冻。有条件单位可用空调车，使温度保持在16℃，相对湿度约70％。种蛋到达目的地后，打开包装前先行消毒，然后静置，开箱检查。经过长途运输的种蛋，到达目的地后，要及时开箱，取出种蛋，剔除破蛋，尽快消毒装盘入孵，千万不可储放。

三、种蛋的消毒

蛋从母体产出时会被泄殖腔排泄物污染，接触到垫草、粪便，会进一步污染，过脏的蛋很容易辨认，能及时地淘汰出去；轻度污染的蛋难以察觉，很容易被忽视。种蛋产出珍珠鸡体外时会被环境病原微生物所污染，黏附在蛋壳上的细菌最初为200个左右，1小时后可增加到4000～5000个。蛋壳面上的细菌在30分钟后即可通过壳的气孔而进入蛋内。为了保证孵化率，防止疾病传播，种蛋从产出到进入孵化器一般要经过3次消毒。这样可以消灭黏附在蛋壳上的绝大部分细菌。一般每次集蛋后立刻在珠鸡舍消毒柜（室）消毒；种蛋储藏室将每次（每天）收集到的种蛋进行第2次消毒；种蛋入孵前后再进行1次消毒。种蛋可采用药物熏蒸、浸泡等方法消毒，生产中常用熏蒸消毒法。

1. 福尔马林熏蒸消毒

福尔马林为40％甲醛的水溶液。福尔马林熏蒸消毒法具有消毒效果好、操作简便等优点。

（1）药品用量与消毒时间　药品用量有三种浓度，福尔马林用量分别为每立方米42毫升、28毫升、14毫升，高锰酸钾用量分别为21克、14克、7克。密闭熏蒸15～20分钟。一般本场正常种蛋用低、中浓度用量，对外购种蛋可适当加大药品用量或增加熏蒸时间。

（2）温度与湿度　为保证良好的消毒效果，必须要有一定的温度和湿度。一般要求温度为20～26摄氏度，相对湿度为60％～75％。

（3）注意的问题　一是福尔马林与高锰酸钾的化学反应剧烈，刺激性较大、腐蚀性较强，要注意消毒时的安全防护，防止伤及皮肤和眼睛，并应尽快离开消毒现场。二是加药顺序与消毒用具容积。先加少量温水，再加高锰酸钾，最后加福尔马林。因福尔马林与高锰酸钾反应剧烈，药液易溢出，所以药液量要低于陶瓷盆深度的1/3。三是种蛋从较低环境温度移向较高温度的孵化厅消毒室后，应防止蛋壳上凝结水珠（俗称"出汗"），或者让水珠蒸发后再消毒，否则会对种蛋造成污染。四是福尔马林溶液挥发性很强，要随取随用。如果发现福尔马林与高锰酸钾混合后，只冒泡产生少量烟雾，说明福尔马林失效。五是种蛋在孵化器里消毒时，应避开21～96小时胚龄种蛋。

2. 过氧乙酸熏蒸消毒

过氧乙酸为无色透明液体，是一种高效、快速、广谱消毒剂。消毒种蛋时，每立方米用含16％的过氧乙酸溶液40～60毫升，加高锰酸钾4～6克，熏蒸15分钟。需注意过氧乙酸遇热不稳定，40％以上的浓度，加热至50摄氏度易引起爆炸，应在低温下保存。过氧乙酸腐蚀性很强，不要接触衣服、皮肤，消毒用陶瓷盆或搪瓷盆；现配现用。稀释液保存不超过3天。

3. 新洁尔灭浸泡消毒法

用含5％的新洁尔灭原液加50倍水，配成0.1％（1∶1000）的水溶液，将种蛋浸泡2～3分钟（水温40～50摄氏度），取出沥干。

小经验

　　据研究，新生禽蛋蛋壳细菌尤其是铺垫草平养的禽舍，种蛋更容易为细菌污染。种蛋污染不仅影响孵化率，更严重的是污染孵化机具，传染各种疾病，如禽白痢、支原体病等，并通过种蛋垂直传染。

四、胚胎的发育

珍珠鸡的整个胚胎发育与鸡一样，分母体内（蛋形成过程）和外界环境中（孵化过程）两个阶段。

1. 胚胎在蛋形成过程的发育

成熟的卵细胞在珍珠鸡输卵管喇叭部受精至产出体外，在输卵管中约停留 24 小时。由于珍珠鸡体温高，适合受精卵发育，至蛋产出体外时，已发育至具有内外胚层的原肠期。由于遇冷，胚胎发育暂时停止。

2. 胚胎在孵化过程中的发育

受精卵如获得孵化条件（从孵化器或抱窝珍珠鸡获得温度），胚胎继续发育，很快在内外胚层之间形成中胚层。这三个胚层最后形成胚胎的各组织和器官。中胚层形成肌肉、骨骼、生殖泌尿系统、血液循环系统和结缔组织；外胚层形成皮肤、羽毛、喙、趾、感觉器官和神经系统；内胚层形成消化道、呼吸器官的上皮和内分泌器官。

3. 珍珠鸡胚胎发育的主要特征

珍珠鸡的孵化期为 26 天。但孵化期的长短又受孵化温度、气候、季节、蛋的大小及保存时间的长短等诸多因素的影响。比如，小蛋比大蛋大孵化期短；种蛋保存时间越久，孵化期越长且出雏持续时间也越长；孵化温度高时孵化期短，相反，则孵化期长；炎热地区比寒冷地区孵化期短；夏季比冬节孵化期短。胚胎发育是需要一定的时间，但孵化期过长或过短，对孵化率和雏珠鸡的品质都有不良影响。了解孵化过程胚胎的发育规律，有利于创造合适的孵化条件，通过检查分析孵化效果，以达到提高孵化率的目的。

第 1 天：中胚层进入暗区，在胚盘的边缘出现许多红点，称"血岛"。照蛋时，由于珍珠鸡蛋壳颜色深并有斑点，看不清内部变化。

第 2 天：卵黄囊、羊膜开始形成，心脏开始跳动，血岛合并形成血管。打开卵壳，可见卵黄囊血管区，形似樱桃，俗称"樱桃珠"。照蛋时偶尔能看到弯月形的卵黄影在晃动。

第 3 天：尿囊开始发育。头、眼特别大，颈短，胚体呈弯曲状态。照蛋时，胚胎和伸展的卵黄囊血管形似蚊子，俗称"蚊虫珠"。

第 4 天：眼的色素开始沉着有一稍明显的针尖大小的黑点，胎位与蛋长轴几乎垂直，卵黄囊血管将近覆盖到蛋黄表面 1/3 处，胚与蛋黄分离，头增大，胚体更加弯曲。照蛋时，可见胚与卵黄囊血管形似蜘蛛，俗称"小蜘蛛"。

第 5 天：头部明显增大，脑部发育迅速，眼部黑点明显增大，胚体极度弯曲，有前后肢芽。照蛋时，可明显看到黑色的眼点，俗称

"单珠"。

第 6 天：眼部黑色素加深，黑眼点增大约 1 倍，四肢明显，但肉眼看不到肢尖和趾，胃、肝、脾、开始形成，喙原基出现，蛋黄由于水分渗入而达最大量，卵黄囊将近覆盖卵黄表面的 1/2。照蛋时，蛋黄转动，接近蛋的小头，同时，黑色眼点更明显。

第 7 天：眼部黑色素继续加深呈黑色，下肢出现趾，喙、口腔形成。照蛋时，可见头部和增大的躯干部 2 个小圆团，俗称"双珠"。

第 8 天：上喙前端出现小白点形的破壳器——卵齿，舌、肠形成，尿囊液增多，尿囊血管鲜红。照蛋时，胚在羊水中不易看清，细看时，可见半个蛋表面布满血管。

第 9 天：颈、背、大腿有羽毛乳头突起。照蛋时胚在羊水中浮游，背面两边卵黄不易晃动。

第 10 天：尿囊已越过卵黄囊 1/2 处多些，卵黄囊血管已覆盖卵黄表面的 3/4，心、肝、肾、胃肠历历可见，肛门清晰可见。在照蛋灯下晃动胚蛋可发现胚在卵黄晃动。

第 11 天：卵黄囊还未完全包围卵黄，尿囊血管伸展越过卵黄囊，胸的两侧和腹部两侧、翅、尾脂腺处均出现羽毛乳头突起，脊椎骨竖起，两侧肋骨历历可数，胸骨稍有隆起。

第 12 天：尿囊液达最大量，蛋白变稠，脊背、大腿出现绒毛。照蛋时，尿囊血管在蛋的小头合拢，除气室外，整个蛋布满血管。

第 13 天：身体大部分覆盖绒毛。趾出现角质鳞片原基，肝呈淡绿色，胆呈绿色，胃、肠内有黑色物质，说明肝、胃、肠开始有功能。

第 14 天：胚胎全身覆盖绒毛。照蛋时胚仍可晃动。

第 15 天：胚与蛋长轴平行，喙插入左小腿下面，左右趾搭于胚头上部。照蛋时蛋小头发红、发亮部分随胚龄增加逐渐减少。

第 16 天：趾部生长鳞片，照蛋时胚已不太容易晃动。

第 17 天：胚胎头的前部插于两腿之间。照蛋时背部约有 3/4 的阴影部分。

第 18 天：绝大部分蛋白已被吸收，眼睑闭合。

第 19 天：有少量的蛋白，眼睑会开闭。照蛋时，蛋的小头又少许多发亮部分。

第 20 天：头与足盘成一个圆环，几乎处于一个平面，眼睑可闭可开。蛋白全部被吸收。照蛋时，气室下发亮的部分多少不一，蛋的小头看不到发亮的部分，俗称"封门"。

第 21 天：喙紧挨着右翅中部，眼可随意开合，胫、胸腹部有大块皮下脂肪。

第 22 天：喙埋入右翅羽毛下面，有较多的胎粪排出，卵黄囊收缩，卵黄减少。照蛋时，气室倾斜，俗称"斜口"。

第 23 天：尿囊血管开始退化，胚喙埋入右翅下，并伸向气室，胚体体位变横，两腿弯曲朝头部，呈抱头姿势。受外界刺激时（晾蛋），可闻雏珠鸡叫。照蛋时，可见气室有黑影闪动，俗称"闪毛"。

第 24 天：尿囊血管枯萎，卵黄几乎全部进入腹部，有少部分开始啄壳。雏珠鸡啄壳时，首先用破壳齿在近气室处敲一个圆的裂孔，然后沿着蛋的横径逆时针方向间断地敲打至约占横径 2/3 周长的裂缝时，用力伸展头脚，破壳而出。

第 25～26 天：25 天大量破壳出雏，少部分 26 天出雏。

五、孵化方法

1. 天然孵化

珠鸡的天然孵化就是利用母珠鸡的就巢性孵化出雏珠鸡的方法，是一种适应小生产和产品经济的孵化方法，具有设备简单、费用低廉、管理方便、效果好的特点。

（1）孵蛋母珠鸡的选择 要选择就巢性强的母珠鸡，最好是产蛋 1 年以上已有孵化习惯的母珠鸡。若用没有孵习惯的母珠鸡，应先用假蛋或无用的珠鸡蛋让其试孵，待母珠鸡安静孵化后才能使用。

（2）孵化前的准备 按种蛋的要求选出合格种蛋，并将选好的种蛋进行编号，注明日期或批次。孵巢一般用竹片或稻草编成，也可用旧的箩筐或竹篮代替，大小高度适宜，巢内用干净柔软的垫草做成锅形，每巢能孵蛋 10～20 枚。种蛋用 0.02％ 的高锰酸钾液进行浸泡消毒，也可用福尔马林对种蛋和孵巢进行熏蒸消毒。入孵时为使母珠鸡安静孵化，最好选择晚上将孵蛋母珠鸡放入孵化巢内。

（3）孵化期的管理 孵蛋母珠鸡入孵后的头 23 天，要注意观察母珠鸡孵蛋的表现。凡是站立不安、经常进出孵巢或啄打其他就巢母珠鸡的应及时剔除，换进抱性强的母珠鸡。在孵化过程中，就巢母珠鸡虽然自己会翻蛋，但不均匀，为了提高孵化率和出雏整齐率，必须工人辅助翻蛋。一般每天2次，每次间隔12小时，翻蛋时，将巢中心的蛋放在巢四周，把四周的蛋移入中心。整个孵化过程中共照蛋3次，第1次照蛋在珍珠鸡胚6日龄时进行，主要检查蛋的受精率，早期的胚胎发育和死亡情况，及时查出无精蛋、死胚蛋、破裂蛋。第2次照蛋在珍珠鸡胚的14日龄时进行，主要查出死胎蛋。第3次照蛋在鸡胚的20~21日龄时进行，主要了解孵化后期胚胎发育情况，查出死胎。

（4）孵蛋珠鸡的饲养管理　孵化室内应保持安静，避免任何骚扰，防止鼠、兽为害。为保证珍珠鸡健康，一般隔日上午让母珠鸡离巢采食、饮水和运动，时间约为1小时。

（5）工人助产　胚胎发育到27日龄的时候，要注意雏珠鸡的出雏，及时将已出壳的雏珠鸡取出，以免被母珠鸡踩死。如果雏珠鸡啄较久而未能出壳，应进行人工助产，即将珍珠鸡蛋大头的蛋壳撬开，把雏珠鸡头轻轻拉至壳外，待头部的绒毛干后，雏珠鸡便能自己挣扎出壳，若不能可将其拉出壳外。助产时如有出血现象，应立即停止，等待一段时间再处理。最后处理死胚，打扫、清除和消毒孵巢。

> **提示**
>
> 　　在母珠鸡自然孵化期间，要注意保持环境安静，避免骚扰，防止鼠、兽为害。

2. 机器孵化

（1）孵化条件　珠鸡蛋孵化条件有温度、湿度、通风、翻蛋和晾蛋。

① 温度：温度是孵化最重要的条件。只有保证胚胎正常发育所需要的适宜温度，才能获得高的孵化率和健雏率。温度过高、过低都会影响胚胎发育，严重偏离适宜温度时可造成胚胎死亡。珠鸡蛋孵化有恒温和变温两种供温方式。恒温孵化（分批入孵）通常在1~23天采用38摄氏度，24天后降为37.6摄氏度。变温孵化（整批入孵）通常采用阶段降温法，将一个孵化周期分为四个阶段（表6-3），一

般最后阶段温度比第一阶段温度低 1 摄氏度左右。

表 6-3 　珍珠鸡的孵化温度 　　　单位：摄氏度

孵化时间 /天	冬天		夏天	
	室温	孵化温度	室温	孵化温度
1～7	18～23	38.8	23～30	38.2
8～12	18～23	38.5	23～30	38.0
13～24	18～23	38.0	23～30	37.5
25～28	18～23	37.6	23～30	37.0

孵化控温应注意问题以下几个问题。

a. 胚胎发育时期不同，要求的温度有所不同。在孵化初期，胚胎的物质代谢处于初级阶段，本身产生的体热很少，因而需要较高的温度。孵化中期以后，随着胚胎的进一步发育，物质代谢日益增强，特别是孵化后期，胚胎本身产生大量的体热，因而只需较低的温度就能满足需要。

b. 不同阶段，胚胎对孵化温度的耐受性不同。在孵化中，孵化前期胚胎对高温的耐受性比孵化后期胚胎的高。孵化前期胚胎对低温耐受性不及孵化后期胚胎。也就是说在孵化的前期略高于基准的温度比略低的温度给孵化带来的危害要小，孵化后期略高于基准的温度给胚胎带来的危害要高于略低温度。

c. 孵化温度不正常的影响。不正常的温度对孵化造成的影响，取决于偏离孵化适温的幅度大小和时间长短以及胚胎的发育阶段。孵化温度降至 35 摄氏度时可以维持胚胎的生长，但发育缓慢，孵化期延长、孵化率降低。低于 35 摄氏度时，胚胎有限发育，并且胚胎发育受到的损害难以恢复，珍珠鸡雏畸形率大幅增高。

d. 季节不同孵化适温有所不同。夏季气温高时，孵化温度可降 0.2～0.4 摄氏度。冬季外界气温低，孵化温度可提高 0.2～0.4 摄氏度。一般而言，外界温度每升高 10 摄氏度，孵化温度应降低 0.1～0.2 摄氏度。

e. 蛋重不同孵化适温有所不同。如所孵化的是较大的种蛋，在前期应比孵小蛋的温度高出 0.1～0.2 摄氏度。这是因为大蛋中心达到孵化温度的时间要比小蛋晚数个小时。在后期大蛋应比小蛋降低

0.1～0.2摄氏度，以防发生超温问题。

综上所述，温度是胚胎发育的重要因素，正确地掌握温度是提高孵化率的首要条件。要根据种蛋、季节、孵化器等具体情况，提供适宜温度。孵化的控温原则是在适宜的温度范围内前高、后低、中平；前期略高勿低，后期略低勿高。

> 💬 **提示**
>
> 孵化过程中，珍珠鸡孵化过程中施温不只是对温度单一因素的调控，而是对以温度为主的多种因素的综合调控，应根据具体情况综合掌握。

②湿度：湿度与蛋内水分蒸发和胚胎的物质代谢有关，适宜的湿度可以保证胚胎的正常发育。水汽具有良好的导热作用，一定的湿度可以降低孵化器的温差，使孵化中的胚胎受热良好。适宜的湿度可使孵化后期胚胎散热加强，缓解后期高温的不良影响。湿度亦与胚胎的破壳有关，出雏时在足够的湿度和空气中二氧化碳的作用下，能使蛋壳的碳酸钙变为碳酸氢钙，使蛋壳变脆，有利于雏珠鸡破壳。适当的湿度在孵化初期能使胚胎发育良好，孵化后期有益于胚胎散热，也利于破壳出雏。湿度过高时影响蛋内水分正常蒸发，使雏珠鸡卵黄吸收不好、腹大、脐部愈合不良。高温低湿时，蛋内水分蒸发过多，容易引起胚胎和壳膜粘连，引起雏珠鸡脱水，出壳后的雏珠鸡毛色焦黄，卷曲。所以，湿度过于高或低，都会影响胚胎发育中的正常代谢，对出雏率、雏的健康均有不利影响。因此，适宜的湿度也是孵化的重要条件之一。珍珠鸡胚胎发育对环境相对湿度的适应范围一般为50％～70％。在孵化初期（1～8天），胚胎需要形成羊水、尿囊液，湿度要求高些，为60％。孵化中期（9～24天），因胚胎发育产生代谢水分需要排出，相对湿度要求低些。孵化后期（25～28天），为防止雏珠鸡绒毛与蛋壳膜粘连，相对湿度可提高到65％～70％。

> 🍴 **小经验**
>
> 孵化过程中，湿度偏高，蛋内水分不易蒸发，影响胚胎发育；湿度偏低，蛋内水分蒸发快，容易造成绒毛与蛋壳膜粘连现象。

③ 通风：胚胎在发育过程中，不断吸收氧气和排出二氧化碳，尤其是在胚胎由尿囊呼吸转入肺呼吸，其需氧量要比前期增加上百倍。此阶段保证足量的新鲜空气供给是极为重要的，它关系到孵化的成败。一般要求孵化器内空气中氧气的含量不得低于 20%，而二氧化碳的含量不得超过 0.5%。若二氧化碳的含量达 1% 时，胚胎发育迟缓，死亡率增高，出现胎位不正和畸形等现象。孵化时，首先孵化室应每天换气 3～4 次，保持室内的新鲜空气能够流动。孵化初期（1～7 天），胚胎需要的氧气少，蛋黄中溶解的氧气就能满足需要，通气量可小些，可关闭孵化器的通风孔。随着孵化天数的增加，通气孔逐渐开大，8～12 天将通气孔打开一半，13～28 天全部打开。

> **提示**
>
> 孵化室（厅）内的通风换气，也是一个不可忽视的问题，应备有排风设备。

④ 翻蛋：一是可避免胚胎与壳膜粘连。蛋黄因脂肪含量高比重较轻，而胚胎位于卵黄之上，如长时间静置不动，则易上浮与壳膜粘连，而致胚胎死亡。特别是在孵化第 1 周之内的翻蛋最为重要。二是可使胚胎受热均匀，有利于胚胎发育。三是有助于胚胎的运动，保证胎位正常。另外翻蛋还可以起调节温度的作用，使胚胎受热均匀。一般入孵后每 2 小时翻蛋 1 次，出雏前 3 天移入出雏器中的出雏盘内，停止翻蛋。为保证翻蛋效果，每次翻蛋角度至少应保证 90°。出雏前 3 天移入出雏器中的出雏盘内，停止翻蛋。为保证翻蛋效果，每次翻蛋角度至少应保证 90°（±45°）。若翻蛋角度过小，则容易发生残雏和蛋白吸收不全的弱雏。

⑤ 晾蛋：晾蛋对胚胎起刺激、锻炼和充分换气的作用。胚胎孵化到中、后期，由于物质代谢旺盛，蛋温积聚增高。因此，晾蛋能够有效地散热，防止温度过高而引起"自烧"死亡。通风晾蛋对孵化中、后期的珍珠鸡蛋尤其重要。若通风不良，晾蛋不及时，容易造成中、后期胚胎死亡增多，降低孵化率。珍珠鸡的晾蛋在入孵 10 天后，根据室温和蛋温来决定的晾蛋次数和时间，一般每天晾蛋 2 次，每次 10～20 分钟，当蛋内温度降至 32 摄氏度时，应停止晾蛋，实践中可用眼皮测试，当稍感微凉时即可。第 26 天后，停止晾蛋，避免由于

温度骤降，引起正在破壳的胚胎应激而死在壳内。

⑥ 洒水：珍珠鸡人工孵化到 10 天时，为了降低蛋温和增加湿度，每天要用 30～40 摄氏度温水喷洒蛋面 3～4 次。24 天落盘后之后，改为淋水，每次以蛋皮全淋湿为宜。

（2）入孵操作

① 孵化前准备：制订孵化计划，如几天入孵 1 次，把费时费力如码盘上蛋、照蛋、出雏时间错开，不要放在同一天进行。检修孵化机，准备相应机器配件。

② 种蛋入孵：种蛋入孵前在 25 摄氏度条件下预热 4 小时左右，消毒。种蛋码盘应横向卧放在盘上，蛋盘编号注明日期。入孵时间最好在下午 4 点以后，以保证大批出雏在白天，这样工作起来比较方便。

③ 日常管理：随时检查温度，温度表要经过校对，发现不正常要及时换。检查湿度，机内水盘上如有浮毛要及时捞出，水盘中加水应加热水，有利于维持机内湿度。观察机器运转情况，摸机轴部位是否发热烫手，机器轴定期加油。种蛋孵化应进行 3 次照蛋，以便调整孵化温度、湿度。胚龄 24 天左右将蛋移入出雏机内，适当降温，增湿，停止翻蛋。每次孵化都应将入孵日期、蛋数、历次照蛋情况、孵化器内温度变化情况记录下来，作为统计孵化成绩和总结孵化工作的依据。照蛋时应尽量提高室温，缩短照蛋时间。照蛋时发现胚蛋小头朝上应倒过来。抽放盘时，有意识地对角倒盘（即左上角与右下角孵化盘对调，右上角与左下角孵化盘对调）；放盘时孵化盘要固定牢，照蛋结束后再检查一遍。由于珍珠鸡的蛋壳颜色深，又有斑点，需要亮度较大的照蛋器，在整个孵化期间，按照胚胎发育的 4 个主要阶段——叮壳、合拢、封门、转身进行验蛋可以判断所给的温度是否合适，以便调整。头照在入孵的 6～7 天进行，主要是除去无精蛋和死胚。第 2 次照蛋，在入孵后的 13～14 天进行，主要除去头照漏检的无精蛋和死胚。第 3 次照蛋，在入孵的 23～24 天进行，除去死胚，将发育弱的胚蛋及时调到孵化架的上层，促使其赶上发育好的蛋，使整机胚胎发育均匀。照蛋后及时将无精蛋、死精蛋及破蛋等填入孵化统计表。如有特殊情况，应在孵化统计表备注一栏填写清楚，以备孵化总结时用。

④ 移盘：在孵化第 24 天后，将胚蛋移到出雏盘中称为移盘或落盘。移盘的时间可根据胚胎的发育灵活掌握。如果最后一次照蛋时，气室下边缘已很弯曲，气室下部黑暗，气室内有喙的阴影，则胚胎发育良好，即可移盘。如果大部分气室边界平齐，气室下部分发红，则胚胎发育迟缓，应推迟一些时间移盘，以促进胚胎发育。根据观察，珍珠鸡出壳时间相对集中，一般为 23 天、24 天作为移盘时间较为适宜，具体掌握在约 10% 的珠鸡胚"打嘴"时进行。孵化 21~22 天，正是珍珠鸡胚从尿囊绒毛膜呼吸转换为肺呼吸时期，此时，胚胎气体代谢旺盛，是死亡高峰期。推迟移盘胚在孵化盘中能获得较多的新鲜空气，且散热较好，有利于胚胎度过危险期，提高孵化效果。落盘时的室温最好保持在 25 摄氏度以上，在室温不理想情况下，应尽量缩短落盘时间。另外在出雏期间提供一个光线较暗、安静的环境，使雏珠鸡能不受干扰地破壳可提高出雏率。

⑤ 捡雏与助产出雏：出雏期间应用纸遮住观察窗，保证雏珠鸡能不受干扰地破壳，以提高出雏率。一般每批鸡捡雏 3 次。第 1 次在出雏 30% 左右，第 2 次在出雏 80% 时，最后 1 次捡雏并扫盘。一般捡雏时间相隔 4~5 小时，最后 1 次相隔时间较长。捡雏时动作要轻、快，尽量避免碰破胚蛋。每次捡出的雏珠鸡放在分割的雏珠鸡箱内，然后置于 22~25 摄氏度的暗室里，让其充分休息。在捡出绒毛已干雏珠鸡的同时捡出蛋壳，以防蛋壳套在其他胚蛋上闷死雏珠鸡。大部分雏珠鸡出壳后（第 2 次捡雏后），将已"打嘴"的胚蛋并盘集中放在上层，以促进弱胚出雏。平时应尽量少打开机门，防温度、湿度下降影响出雏。出雏末期，对已喙壳但无力自行破壳的可进行人工助产。助产应视蛋壳膜颜色而定，蛋壳膜已枯黄干缩的胚胎可轻轻剥离粘连处，把头、颈、翅膀拉出壳外，令其自己挣扎出来。蛋壳膜湿润发白的，不能进行人工助产，否则易使尿囊绒毛血管破裂流血而导致死亡。

⑥ 清理与消毒：出雏完毕，应对出雏机和出雏室进行彻底的清扫和消毒，捡出死胎蛋和残死雏，分别汇总入孵化统计表。然后对出雏室和出雏机进行彻底清扫、冲洗、消毒以备再用。

⑦ 孵化记录：每次孵化都应将入孵日期、蛋数、历次照蛋情况、孵化器内温度变化情况记录下来，作为统计孵化成绩和总结孵化工作

的依据（表6-4）。

表6-4　孵化记录

批次	上蛋日期	种蛋来源	上蛋数量	头照				二照			三照			出雏				毛蛋数	受精蛋数	受精率	孵化率/%		备注
				合计	无精	死胚	破损	合计	死胚	破损	合计	死胚	落盘数	健雏	弱雏	死亡	出雏总数				受精蛋	入孵蛋	

六、初生雏的雌雄鉴别

目前一般采用翻肛鉴别法。其操作方法是在正常照明条件下，用左手抓住雏珠鸡，手掌托住其背部，食指和中指用力夹住其双脚，无名指和小指夹住颈部，右手拇指和食指分别在雏珠鸡肛门两侧轻轻挤压，向尾部挤出肛门；再用左手拇指轻轻挤压珠鸡脐部使内肛翻出来。若是公珠鸡则可见两个小隆起的突起近圆形；若是母珠鸡两个隆起呈软组织不甚突出，形状为长形。2～3月龄的珍珠鸡也可采用此法鉴别，但较困难。

七、初生雏的分级

当出雏结束、发运之前，要进行1次严格的挑选和分级。畸形雏坚决淘汰，弱雏单独处理，决不可留作种用。初生雏珠鸡的分级标准见表6-5。

八、孵化效果的检查与分析

1. 受精率、孵化率和健雏率的计算

（1）受精率　受精率是指受精蛋数与入孵蛋数的百分比。

（2）孵化率　孵化率有两种计算方法。一种是出雏数与受精蛋数的百分比，称受精蛋孵化率。一般珍珠鸡场多采用此种方法计算受精蛋的实际孵化率。另一种是出雏数与入孵蛋数百分比，称入孵蛋百分孵化率，大型孵化场计算成本时常采用此种方法。

表 6-5　初生雏珠鸡的分级标准

级别	精神状态	体重	腹部	脐部	绒毛	下肢	畸形	脱水	活力
健雏	活泼好动、眼亮有神	符合本品种要求	大小适中、平坦柔软	收缩良好	长短适中、毛色光亮、符合品种标准	两肢健壮、行动稳健	无	无	挣脱有力
弱雏	眼小细长、呆立嗜睡	过小或符合品种要求	过大或较小、肛门污秽	收缩不良、大肚脐潮湿等	长或短、脆、色深或浅、沾污	站立不稳、喜卧、行走蹒跚	无	有	软绵无力似棉花团
残次雏	不睁眼或单眼、瞎眼	过小，干瘪	过大或软或硬、青色	蛋黄吸收不完全、血脐、丁脐	火烧毛、卷毛、无毛	弯趾跛腿、站不起来	有	严重	无

（3）健雏率　是指健雏与出雏数的百分比。

2. 影响种蛋孵化率的主要因素

（1）种蛋品质　种蛋的受精率直接影响孵化率。如果种蛋受到污染，胚胎易感染病菌，孵化时就会发生死精或死胎，即使能出壳，也是病弱雏，无饲养价值。所以，及时收集种蛋，保持新鲜清洁卫生，做好种蛋消毒工作，对孵化十分重要。种蛋的蛋形、蛋重、蛋壳质量等均与孵化率有关。畸形蛋用于孵化则死胚多，孵化率低。蛋壳薄，不仅易碎，而且蛋内水分蒸发过快，影响正常的物质代谢，孵化率低。蛋壳过厚，雏珠鸡破壳困难，弱雏多，影响健雏率。种蛋不符合要求，如过大、过小、畸形、双黄、砂壳都不能入孵。由于雏珠鸡价格高，有时入孵一些不合格蛋，都在孵化过程中死亡了。因此，必须挑选合格种蛋入孵。种蛋在保存期间，蛋的大头向上，这样才能使气室保持正常的位置，减少胎位不正的现象。否则，小头向上，会造成气室松弛甚至移位，胚胎头部有时位于蛋的小头，孵化率低。

（2）孵化条件　温度是影响珍珠鸡蛋孵化率的首要关键性因素。一方面，孵化早期需吸收大量热能，若加温不足，会使胚胎发育迟缓，推迟出雏；另一方面，当孵化到中后期（16 天后）又会释放出大量的热能，因蛋壳较厚散热困难，若温度过高则胚胎发育加快，提前出雏，甚至"烧蛋"。两种偏差都会导致出雏不整齐，无明显出雏高峰，会形成大量弱雏，使孵化率下降。湿度也是影响珍珠鸡蛋孵化率的重要因素。胚蛋对湿度的要求是前低后高。水分不足会发生粘壳，出雏困难，雏珠鸡脱水干瘪；反之，如水分过多则导致头肿、腹水，难以存活。只有控制适宜湿度，才能使胚胎发育良好，出雏顺利，绒毛漂亮，眼睛明亮有神，健雏率高。按时翻蛋，调整胚胎角度，也是影响珍珠鸡蛋孵化率不容忽视的因素。在孵化过程中，除注意供温和控湿外，还需要按时翻蛋，以有利于胚胎各系统器官的均衡发育，防止胚胎与蛋壳粘连。孵化器、出雏器以及蛋盘等应定期消毒，及时清理污物，否则会影响孵化率和健雏率。

（3）种珠鸡因素　在相同的饲养条件下，珍珠鸡的品种品系不同，孵化率的高低亦不相同。近亲繁殖时孵化率下降，杂交时孵化率提高。母珠鸡在 8～13 月龄时所产的蛋孵化率高，以后随着年龄的增大，种蛋的孵化率缓慢下降。产蛋量与孵化率呈正相关。珍珠鸡群产蛋量高时，种蛋孵化率也高。影响产蛋量的因素也影响孵化率。种珠鸡感染白痢、支原体、大肠杆菌等疾病时，会使孵化率降低。有些疾病如白痢、霉形体病等可经种蛋传给雏珠鸡，应引起注意。种珠鸡的日粮组成、鸡舍的结构、舍内的卫生状况及管理方式等均影响孵化率。如日粮中缺乏维生素 A、维生素 D、维生素 E、维生素 B_2、维生素 B_{12}、生物素、泛酸和亚油酸，以及钙、磷、锌、锰等矿物质时，都会使孵化率降低。珍珠鸡舍阴暗潮湿、通风不良、饲喂方式突变、垫料污脏、拣蛋不及时、珍珠鸡在产蛋箱内过夜等都会污染种蛋，从而影响孵化率。

3. 孵化效果的检查

尽管孵化过程中有严格温、湿度控制，但由于天气、室温、照蛋开机门时间长短、水盘加水温度等原因，也可能会出现小问题。可通过孵化效果检查，进行适当调整。检查方法主要通过照蛋，其次是蛋重变化、出雏和死胚蛋剖检来检查。

（1）照蛋　照蛋的主要目的是观察胚胎发育情况，并以此作为调整孵化条件的依据。照蛋时，发育异常的以下几种胚蛋与正常胚有明显区别（图 6-5）。

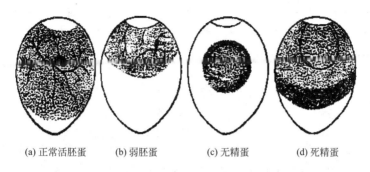

(a) 正常活胚蛋　　(b) 弱胚蛋　　　(c) 无精蛋　　　(d) 死精蛋

图 6-5　头照各种胚蛋

① 弱胚蛋：头照时，发育迟缓，胚体小，黑眼点不明显或看不到胚体，血管纤细，色淡红。三照时，胚胎发育落后，气室比发育正常的胚蛋小且边缘不整齐，可见到红色的血管，小头发亮。

② 无精蛋：头照时，蛋色淡黄，发亮，看不到血管，蛋黄影子隐约可见，头照多不散黄，而后黄散。

③ 死精、死胚蛋：头照只见黑色的血线或血点，血弧、血环紧贴壳上，有时可见死胚的小黑点静止不动，转动蛋时跟着转动，但转动停止后又静止。蛋黄沉散，蛋色浅。照蛋时，很小的胚胎与蛋黄呈分离状态，气室边缘不清晰。三照时，气室小而不倾斜，其边缘整齐且呈粉红、淡灰或黑色。胚胎不动，见不到"闪毛"。

④ 破蛋：透视见有裂纹。

⑤ 腐败蛋：整个蛋色褐紫，有异臭味。

（2）蛋重变化　孵化期内，由于蛋的水分蒸发，蛋重逐渐减轻，气室也逐渐增大。测定蛋重的方法是入孵前选出一盘蛋，作为测失重用，并称测蛋重。在每次测失重前先检出无精蛋和死胚蛋，然后称重，并计算出减重的百分率与标准减重率比较。间接了解胚胎发育和孵化的温、湿度。如果在孵化期内蛋的减重超过正常减重标准过多，气室很大，则可能是由于湿度过小，温度过高或通风过快；如果减重低于标准过多，气室过小，则可能是湿度过大，温度偏低或通风太差。

（3）出雏情况　雏珠鸡啄壳和出雏情况和时间亦能反映蛋的品质

和孵化制度是否正常。如种珠鸡营养不全，种蛋缺乏维生素和孵化温度低时，则出雏推迟。因此，要注意观察啄壳和出雏持续时间，并与正常的啄壳、出雏时间作比较。主要观察绒毛、脐部愈合、精神状态和体形等。发育正常的雏珠鸡体格健壮、精神活泼、体重合适、蛋黄吸收良好、脐部收缩、绒毛整洁、色素鲜浓、长短合适、体形匀称，不干瘪或臃肿，显得水灵，而且全群整齐。此外应注意是否有畸形、弯喙、卷爪、胸骨弯曲，脚和头麻痹等。

（4）死胎蛋检查　煮熟剥皮，如有部分蛋壳被蛋清粘连，说明尿囊没合拢，是孵化前 18 天以前出的毛病；如果整个蛋壳都能剥离，则是孵化后期的问题；如果死胎浑身白、蛋白吸收不好，则是孵化 20 天前温度偏高；如果啄壳处瘀血，是出壳的温度偏高，有时雏珠鸡脐有黑色血块，有的喙已伸出壳外，卵黄外流。外表观察及病理解剖种蛋品质差或孵化条件不良时，死雏或死胎一般表现出病理变化。如维生素 B_2 缺乏时，出现脑膜水肿；缺维生素 D_3 时，出现皮肤水肿；孵化温度短期过热或孵化后半期长时间过热时，则出现充血、溢血等现象。因此，应定期抽查死雏和死胎。检查时，先观察其外表，尤其是蛋黄吸收情况，脐部愈合状况。死胎要观察啄壳情况，是啄壳前还是啄壳后死亡，啄壳部位及其洞口有无黏液等。然后打开胚蛋，判断死亡的胚龄。观察皮肤、绒毛，内脏及体腔、卵黄囊、尿囊等有何病理变化，如充血、出血、水肿、畸形、雏体大小、绒毛生长情况等，初步判断死亡时间及其原因。对于啄壳前后死亡或不能出雏的活胎，还应观察胎位是否正常。如有条件，最好定期抽验死雏、死胎，做微生物学检查，以便确定疾病的性质及特点。

4. 孵化效果的分析

（1）整个孵化期珠鸡胚死亡的分布规律　无论是自然孵化还是人工孵化，是高孵化率的珍珠鸡群还是低孵化率的珍珠鸡群，珍珠鸡胚死亡在整个孵化期不是平均分布的，而是存在着两个死亡高峰。死亡的第一个高峰在孵化的第 3～5 天，第二个高峰在出雏前期。第一个死亡高峰是胚胎生长迅速以及形态变化显著时期，各种胎膜相继形成而作用尚未完善。因此，种蛋内在品质对第一死亡高峰影响较大。第二个死亡高峰正是珠鸡胚从尿囊呼吸过渡到肺呼吸时期，此时，生理变化剧烈，需氧增加，体温猛增，易感传染病，对孵化环境及管理水平要求高，一部分本来较弱的珠鸡胚不能顺利破壳出雏，因此，孵化过程中的环境条件对第二个死亡高峰影响较大。高孵化率的珍珠鸡群珠鸡胚多死亡于第二个高峰；而低孵化率的珍珠鸡群，第一个高峰死亡率比较多，与第二个高峰死亡率大致相等。一般胚胎的死亡原因是复杂的，很难确认，往往是多种因素共同作用的结果。

（2）孵化各期胚胎死亡原因分析　珠鸡胚胎死亡的原因很多，有先天性、营养性、中毒性、病理性。珍珠鸡人工孵化中常见的问题及原因分析如下。

① 无精蛋过多：珍珠鸡公、母比例不合适，种珠鸡营养不良，公珠鸡年老不育，由于疾病未交配，人工输精时深度不够或精液稀释过稀等。

② 胚胎早期死亡：种珠鸡的营养水平及健康状况不良，种蛋储存时间过久或保存条件不良，熏蒸消毒程序不合理，种蛋运输时受到剧烈震荡，孵化温度或高或过低，孵化期间未能及时翻蛋，遗传性等。

③ 第一次验蛋与落盘时死亡：种珠鸡营养缺乏，种蛋内侵入病菌，孵化条件不适宜等。

④ 在出雏室内死亡：种蛋落盘过迟，出雏器内湿度过低等。

⑤ 蛋黄吸收不全：孵化器内环境湿度过高，翻蛋不当，机内通风不畅缺乏氧气，种蛋感染沙门菌等。

⑥ 出雏过早：孵化器温度过高，蛋重太小，温度计不准确等。

⑦ 羽毛干涩、瘦小：蛋龄过于分散，通风不良，感染脐带病菌等。

⑧ 出雏推迟：孵化温度偏低，种蛋储存时间过长等。

⑨ 雏珠鸡软弱昏睡呼吸困难：孵化期间温度过低或湿度过高，种蛋感染支原体病菌等。

九、提高孵化率的途径

① 饲养高产健康种珠鸡，保证种蛋质量。孵化的种蛋来自种珠鸡，种珠鸡饲养管理中要供给营养丰富的饲料，

② 加强种蛋管理，确保入孵前种蛋品质优良。

③ 创造良好、适宜的孵化条件，掌握好孵化温度、湿度、孵化场和孵化器的通风换气，严格消毒。

④ 加强孵化过程管理完善孵化期间的规章制度，做好记录记载；备用发电机，以防突然停电；随时检查机器的运转和孵化条件的变化情况；定期进行孵化机内、孵化室内及周围的清洁和消毒工作。

⑤ 孵化器的操作人员要认真负责，按操作规程进行孵化。

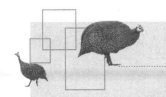

第七章

珍珠鸡的饲养管理

第一节　珍珠鸡的育雏

雏珠鸡是指从孵出到 8 周龄的小珍珠鸡。育雏期间的雏珠鸡生长发育好坏直接关系到育成珠鸡的整齐度和合格率，间接影响成年珠鸡的生产性能。因此，育雏是为整个珍珠鸡生产周期打基础的关键阶段。饲养雏珠鸡的工作目标，一是用最佳的饲养管理技术，使雏珠鸡正常生长发育，达到群势均匀；二是力争减少人为的和疾病造成的死亡，提高雏珠鸡成活率。在人工饲养条件下的雏珠鸡，不像母珠鸡抱窝孵化的雏珠鸡那样得到母爱，它们全靠人工的护理。一只破壳而出的雏珠鸡，它们的生死命运全掌握在人的手中。育雏是一项很精心、细致、责任心极强的工作。因此，具有母珠鸡的"爱心"与高度责任感是育雏人员必备的条件。但是，只有这一点还不够，育雏人员还要了解雏珠鸡的生理特点，根据雏珠鸡的特点，采取相应的技术措施，创造出有利于雏珠鸡生长发育的环境条件。

一、雏珠鸡的生理特点

1. 雏鸡体温调节机能差

初生雏珠鸡自体产热能力低，并且绒毛稀短、皮薄、皮下脂肪少，自我保温能力低，不能有效抵御外界低温。随着日龄增长，绒羽逐步脱换、新羽逐渐完善，体温调节能力才逐步加强。一般正常情况下，10 日龄后的雏珠鸡体温接近成年珠鸡体温。对现代珍珠鸡养殖来说，任何低温天条件下的育雏都不可能会有好的生产成绩，并可能导致低的育雏成活率。

> **提示**
>
> 在育雏工作中必须认真考虑供温措施，提供供温条件，使雏珠鸡在 35 摄氏度条件下开始生长。

2. 生长发育迅速、代谢旺盛

在雏珠鸡阶段，珍珠鸡生长发育快，羽毛生长快，代谢旺盛，就相对体重而言，雏珠鸡的耗氧量与二氧化碳排出量大大高于成年珠鸡，使雏珠鸡对各种营养物质的需要量也要高于成年珠鸡。由于雏珠鸡生长迅速，代谢出大量二氧化碳，单位体重的耗氧量是成年珠鸡的 3 倍，所以优质的饲料、清新的空气、卫生的饮水和适当空间对保证雏珠鸡的正常生长发育是必须具备的。

3. 消化器官容积小、消化能力弱

雏珠鸡的消化系统发育不健全，在出壳后 36 小时内正常的消化机能还不能完善运转，机能不健全。消化道中腺体产生的酶类不多；并且由于雏珠鸡消化道短、嗉囊和胃容积很小，每次进食量有限，胃肠消化能力和吸收能力差。所以在雏珠鸡饲喂上，必须采用质量好、容易消化的原料，配制高营养水平的全价饲料。特别是在使用纤维含量高的饲料原料时，一定要注意，因雏珠鸡每次进食量有限，掌握好每次饲喂量，如饲料质量不好，或 1 次饲喂过多，都会对消化器官造成损伤，引起炎症或其他疾病。

4. 自卫能力差，抗病力差

雏珠鸡胆小、没有自卫能力，喜欢群居，并且比较神经质，稍有外界的异常刺激，就有可能引起混乱炸群，影响正常的生长发育和抗病能力。所以育雏需要安静的环境，注意珠鸡群饲养密度的适宜性，须防止各种异常声响、噪声以及新奇颜色入内。初生珠鸡易受老鼠或其他动物的侵害，在管理上要防止鼠、雀、害兽的入侵。由于体温调节和消化机能不完善，雏珠鸡对外界不良环境适应性差，稍有不适，便有病态出现。尽管雏珠鸡携带有母源抗体，但雏珠鸡免疫机能尚未发育成熟，难以抵御各种细菌、病毒的侵袭，在饲养管理上稍疏忽即有可能患病。因而要切实做好防疫隔离，控制好饲养环境，执行早期免疫接种和药物预防。

5. 体质、神经敏感，易受惊

雏珠鸡胆小，喜欢群集，对各种惊吓和环境条件变化很敏感，特别是特殊声音、晃动的光影和异常颜色都会使雏珠鸡受惊，有时会因突然受惊而发生挤压致死，这在没有育雏经验的养殖场（户）中时有发生。幼雏是珍珠鸡一生中最敏感的阶段，对饲料中营养成分的缺乏或有毒物质过量，都会产生生长发育受阻及各种病理反应。特别是给雏珠鸡投药时，一定要计算好浓度和使用量，认真混合均匀，以防止因投药不当造成冲击受损。

6. 初期易脱水

刚出壳的雏珠鸡含水率在76％以上，如果在干燥的环境中存放时间过长，则很容易在呼吸过程中失去很多水分，造成脱水。育雏初期干燥的环境也会使雏珠鸡因呼吸失水过多而增加饮水量，影响消化机能。所以在出雏之后的存放期间、运输途中及育雏初期，注意湿度问题就可以提高育雏的成活率。

二、育雏方式

珍珠鸡人工育雏按其占地面积和空间的不同及给温方法的不同，其管理要点与技术也不同，大致分为地面平育、网上平育和立体育雏三种方式。其中，前两种又称平面育雏。

1. 地面平育

严格意义上的地面平育是采用垫料，用保温伞或暖风机送热或生炉火供热，在地面育雏。但是我国广大人民群众结合我国国情和本地情况，创造了火炕育雏、火洞（烟道）育雏、地面热水管育雏等多种方式，并取得了良好的育雏成绩。地面平育根据房舍的不同，舍内地面可以是水泥地面、砖地面、土地面或炕面，育雏时在地面上铺敷垫料。垫料有多种，最好是刨锯花，这种垫料吸湿性和透气性都好，但来源较少。各地可根据具体情况，采用扎短的稻草、麦秸或刨花、锯末、树叶、杂草、碎纸，甚至夏季用沙土也可以。使用过程中根据垫料更换与否可分为更换垫料法和厚垫料法。

（1）更换垫料法　此种方法是将雏珠鸡养在垫料的地面，地上铺上 3～5 厘米左右的垫料，定期打扫更换垫料，以保持舍内清洁、保暖。室内设有喂食器、饮水器及保暖设备。育雏前期可在垫料上铺上黄纸，有利于饲喂和雏珠鸡活动，换上料槽后可去掉黄纸，根据垫料的潮湿程度更换或部分更换。这种方式占地面积大，管理不方便，易潮湿，空气不好，雏珠鸡易患病，受惊后容易扎堆压死，只适于小规模暂无条件的珍珠鸡场。

小经验

对垫料的要求是质量轻、吸湿性好、易干燥、柔软有弹性、廉价，适于作肥料。常用的垫料有稻壳、花生壳、松木刨花、锯屑、玉米芯、秸秆等。

（2）厚垫料法　这是育雏过程中只加厚而不更换垫料，甚至育雏结束才清理垫料的一种平面育雏方式。具体做法是先将育雏舍打扫干净后，再撒上一层生石灰（每平方米撒布 1 千克左右），然后地面铺上 5～6 厘米的垫料，育雏 2 周后，开始增铺垫料，直至厚度达到 15～20 厘米为止；或一次铺上 15 厘米厚的垫料，育雏结束后 1 次清扫。垫料板结时，可用草叉子上下抖动，使其松软。一般冬季与早春多用厚垫料法，但必须保持垫料层的干燥与柔软舒适。这种方式的优点是劳动强度小，雏珠鸡感到舒适（由于原料本身能发热，雏珠鸡腹部受热良好），并能为雏珠鸡提供某些维生素（厚垫料中微生物的活动可以产生维生素 B_{12}），有利于促进雏珠鸡的食欲和新陈代谢，提高蛋白质利用率。

2. 网上平育

网上平育就是用网面代替地面来育雏。其优点是解决了粪便与环境直接接触这一问题，珍珠鸡粪可落入网下，减少了白痢、球虫病及其他疾病的传播；雏珠鸡不直接接触地面的寒湿气，降低了发病率，育雏成活率较高。网上平育一般是把雏珠鸡饲养在离地50～70厘米高的铁丝网或尼龙网或竹网上。育雏前期再在上面铺上塑料网，可以避免折断雏珠鸡脚趾，使雏珠鸡感到舒适。网上平育的优点是粪便直接落入网下，雏珠鸡不与粪便接触，减少了病原感染的机会，尤其是大大减少了球虫病爆发的危险。同网上育雏的一样可省垫料，比地面平养增加10%～20%的饲养密度。但网上育雏造价较高，养在网上的雏珠鸡有些神经质，而且要加强通风，保持堆积的珠鸡粪干燥，减少有害气体的产生。

小经验

网上平育由于珍珠鸡不与地面接触，也无法从土壤中获得需要的微量元素，提供的饲料要求营养全价、足量，不然易产生某种营养缺乏症。

3. 立体育雏

立体育雏又称笼上育雏，单层为网上平育，多层在同一空间的不同高度为多层网上平育或笼上育雏。现在立体育雏通常是两层，每层长×宽×高＝120厘米×60厘米×45厘米，两层之间有接粪板，可养70只雏珠鸡。加热采用热水管或暖气管通往各层笼底。立体育雏具有占地面积小、养殖数量多、育雏效果好的优点，但成本较高、不利通风、营养要求高、粪便臭味常较难分散。条件较好的单位或个体养殖户，可采用立体底层式电热育雏笼。

三、进雏前的准备

1. 育雏计划的拟定

育雏前必须制订完整周密的育雏计划，避免因计划不周而导致工作忙乱。育雏计划主要应包括饲养的品种、育雏批次、时间、数量、饲料购置、免疫及预防投药等项内容。不能盲目进雏，否则数量多，密度大，设备不足，会使珠鸡群发育不良，死亡率增加。一般育雏数取决于当年新母鸡的需要量，在这个基础上再加上育成期间死亡淘汰数，即为育雏数。

  育雏数量应按实际需要与育雏舍实际容量、设备条件等进行计算，否则进雏数量过多，饲养密度过大，又因设备不足，管理不善，影响珠鸡群发育。每批育雏数量应与育雏舍、种珠鸡舍的容量相一致。

2. 进雏前的准备和安排

（1）珠鸡舍及设备的检查与维修　上一批雏珠鸡全部出舍后，先将珠鸡舍内的珠鸡粪、垫料、顶棚上的蜘蛛网、尘土等清扫出舍，再进行检查维修，如修补门窗、封死老鼠洞，检修珠鸡笼，使笼门不跑鸡，笼底不漏鸡。

  清扫之前为防止尘土飞扬、病原微生物扩散，可向舍内喷洒消毒液。

（2）育雏舍及设备的消毒　消毒过程一定要切实可靠，不能忽略或流于形式。

① 清理、清扫、清洗：先清理珠鸡舍内的设备、用具和一切杂物，然后清扫珠鸡舍。清扫前在舍内喷洒消毒液，可以防止尘埃飞扬。把舍内墙壁、天花板、地面的角落清理清扫得干干净净。清扫后用高压水冲洗机清洗育雏舍，不能移动的设备用具也要清扫消毒。冲洗前先关掉电源，用塑料布将不防水灯头包严，关掉电源。

  消毒剂只要遇到微量有机成分，其消毒效果明显下降，珠鸡粪等污物会妨碍消毒剂与病原微生物的有效接触。如这时单纯加大消毒剂浓度，一方面加大成本，另一方面还会造成设备被腐蚀和环境被污染。

②干燥：冲洗后充分干燥可增强消毒效果，细菌数可减少到每平方厘米数千到数万个，同时可避免使消毒药浓度变稀而降低灭菌效果。通常在水洗后育雏舍要干燥 1～2 天。不同季节、气温需要的干燥时间长短也不同。

③消毒：常用化学消毒，也可采用火焰消毒的物理方法，但要注意防火与喷漏部位。育雏舍的墙壁可用 10％石灰乳＋5％火碱溶液抹白，新建育雏舍可用 5％的火碱溶液或 5％的福尔马林溶液喷洒。地面用 5％的火碱溶液喷洒。移出的设备、用具如料盘、料桶、饮水器等清洗干净，然后用 5％的福尔马林溶液喷洒或在消毒池内浸泡3～5 小时，再用清水冲洗干净后放在阳光下晒干备用。对于铁质的平网、围栏与料槽等，晾干后可用火焰喷枪灼烧。把育雏使用的设备用具移入舍内后，封闭门窗进行熏蒸消毒。福尔马林熏蒸消毒前，将清洗干净的育雏所用器具放入育雏舍，按每立方米空间用福尔马林28 毫升、高锰酸钾 14 克，在室温 25 摄氏度、相对湿度 75％条件下，紧闭门窗 1～2 天。然后打开门窗通风，换入新鲜空气后再关闭待用，消毒后的鸡舍需闲置 7 天左右再进雏。育雏舍周围环境消毒用 10％的甲醛或 5％～8％的火碱溶液喷洒育雏舍周围和道路。

（3）设备预温　雏珠鸡在进舍前 1～2 天应进行预温，冬季预温时间要长些。接雏前要安装好育雏器、育雏伞和保温装置，使其达到标准要求，并检查是否恒温，以便及时调整。若采用地面平育方式，将温度计挂在离垫料 5 厘米处，记录舍内温度变化情况，要求舍内夜间温度 32 摄氏度，日温 31 摄氏度。经过 2 个昼夜测温，符合要求后即可放入雏珠鸡进行饲养。接雏之前还要把水加好温，让水温能达到室温。

（4）饲料及药品准备　根据雏珠鸡的营养需要及生理特点，配合好新鲜的全价饲料。育雏料在雏珠鸡入舍前 1 天进入育雏舍，每次配制的饲料不要太多，能够饲喂 5～7 天即可。太多存放时间长容饲料易变质或营养损失。根据当地及场内疾病情况，要事先准备好本场常用药品。准备的药品一般包括疫苗等生物制品，防治白痢、球虫的药物、抗应激剂（如维生素速溶多维）、营养剂（如葡萄糖、奶粉、多维电解质等）、消毒药（酸类、醛类、氯制剂等，准备 3～5 种消毒药交替使用）。如需断喙，还要配备好断喙器等。

（5）育雏人员的安排　要求育雏人员熟悉和掌握饲养品种的技术操作规程，了解雏珠鸡的生长发育规律，能识别疾病和掌握疾病防治方法。育雏人员要准备好各类记录表格，记录出雏日期、存养数、日耗料量、死亡数、用药及疫苗接种情况，以及体重称测和发育情况等。

3. 雏珠鸡的选择与运输

（1）雏珠鸡的选择　挑选优质健康的雏珠鸡，剔除病、弱雏，是提高育雏率、培育出优良种珠鸡和高产肉用仔珍珠鸡的关键一环。初生雏鸡质量包括两大方面，即内在质量和外在质量。

内在质量包括以下几项。

① 品种是否优良纯正。品种是否优良纯正反映了雏珠鸡内在品质的优劣，反映了雏珠鸡是否具有高产的潜力。选择时应注意血缘是否清楚，品种是否优良纯正，是否符合本品种的配套组合要求。

② 雏体是否洁净。病原污染也会严重影响初生雏珠鸡的质量，使雏珠鸡成为劣质雏珠鸡。优质的初生雏珠鸡应该洁净，未被沙门菌、霉形体等特定病原和大肠杆菌、绿脓杆菌、铜绿假单胞菌、霉菌等污染。

③ 雏珠鸡体内抗体情况。种珠鸡体内抗体可以循环到种蛋内通过种蛋再传递给雏珠鸡，这种抗体称作母源抗体。母源抗体可以防止雏珠鸡在出壳的前1～2周内不发生传染病。优质初生雏珠鸡体内母源抗体水平应该符合要求并且抗体水平均匀整齐。另外，雏珠鸡出壳后孵化场都要对雏珠鸡进行疫苗接种。免疫接种时，疫苗质量良好，接种方法得当，接种剂量准确。

外在质量包括如下几项。

① 雏珠鸡体质是否健壮。优质初生雏珠鸡应该按时出壳，绒毛长短适中，洁净有光泽，精神活泼，反应灵敏，叫声清脆；抓起后雏珠鸡挣扎有力，触摸腹部，大小适中，柔软有弹性；脐部愈合良好，无钉脐；腿站立行走稳健。初生雏珠鸡处理要得当，避免用福尔马林熏蒸引起眼结膜炎或角膜炎；无畸形。

② 雏珠鸡体重是否均匀一致。优质初生雏珠鸡体重应符合本品种标准，一般为原蛋重的 65%；孵出的同批雏珠鸡鸡大小要一致、均匀整齐。以上条件，只能在接雏前做细致的调查研究方可得知。初

生雏选择可通过"看、听、摸、问"进行。看，就是观察雏珠鸡的精神状态。健雏活泼好动，眼亮有神，绒毛整洁光亮，腹部收缩良好。弱雏通常缩头闭眼，伏卧不动，绒毛蓬乱不洁，腹大松弛，腹部无毛且脐部愈合不好，有血迹、发红、发黑、钉脐、丝脐等。听，就是听雏珠鸡的叫声。健雏叫声洪亮清脆。弱雏叫声微弱，嘶哑，或鸣叫不休，有气无力。摸，就是触摸雏珠鸡的体温、腹部等。随机抽取不同盒里的一些雏珠鸡，握于掌中，若感到温暖，体态匀称，腹部柔软平坦，挣扎有力的便是健雏；如感到鸡身较凉，瘦小，轻飘，挣扎无力，腹大或脐部愈合不良的是弱雏。问，询问种蛋来源，孵化情况以及马立克氏疫苗注射情况等。来源于高产健康适龄种珠鸡群的种蛋，孵化过程正常，出雏多且齐的雏珠鸡一般质量较好；反之，雏珠鸡质量较差。

小经验

　　在任何情况下，总会有一些相对差一点的雏珠鸡，特别是那些出壳晚的雏珠鸡，表面上显得弱一点，从精神状态、活动能力、脐部吸收及腹部大小看，常被划分为弱雏。其实这种雏珠鸡只要养育在较高环境温度下，都可逐渐转为正常雏。

　　（2）雏珠鸡的运输　雏珠鸡出壳后，经过一段时间的绒毛干燥、选择、鉴别、标号处理后即可接运。接运的时间越早越好，即使是长途运输也不要超过 48 小时，最好在 36 小时内将雏珠鸡送入育雏室内。雏珠鸡的运输也是一项重要的技术工作，要安全和符合卫生条件地运输雏珠鸡，必须做好以下几方面的工作。

　　① 接雏人员：接雏人员要求有较强的责任心，具备一定的专业知识和运雏经验。接雏时应剔除体弱、畸形、伤残不合格的雏珠鸡，并核实雏珠鸡数量，请供方提交有关资料。

　　② 运雏工具：运雏用的工具包括交通工具、运雏盒（箱）及防雨保温用品等。交通工具（车、船、飞机等）视路途远近、天气情况和雏珠鸡数量灵活选择，但不论采用何种交通工具，运输过程都要求做到稳而快。装雏用具要使用专用雏珠鸡箱。所有运雏用具和物品都要经过严格消毒之后方可使用。

③ 保温与通气的调剂：运输雏珠鸡时保温与通气是一对矛盾。只注重保温，不注重通风换气，会使雏珠鸡受闷缺氧，严重的还会导致窒息死亡；只注重通气，忽视了保温，雏珠鸡会受风着凉患感冒，诱发雏珠鸡拉稀下痢，影响成活率。因此，装车时要将雏珠鸡箱错开摆放。箱周围要留有通风空隙，重叠高度不要过高。气温低时要加盖保温用品，但注意不要盖得太严。运输人员要经常检查雏珠鸡的情况。如发现雏珠鸡张口喘气，有过热现象时或发现雏珠鸡过冷打堆等，均应及时采取措施。

④ 进舍后雏珠鸡的合理放置。先将雏珠鸡数盒一摞放在地上，最下层要垫一个空盒或是其他东西，静置半小时左右，让雏珠鸡从运输的应激状态中缓解过来，同时适应一下珠鸡舍的温度环境。最好能根据雏珠鸡的强弱大小，分开安放。少数俯卧不起的弱雏，放在 35 摄氏度的温热环境中特别饲养。这样，弱雏会较快的缓过劲来，经过三五天单独饲养护理，康复后再置入大群内。笼养时，可以先将雏珠鸡放在较明亮，温度较高的中间两层，以便于管理，以后再逐步分群到其他层去。弱的雏珠鸡要安置在离热源最近，温度较高的笼层中。

四、创造良好的育雏环境

给雏珠鸡创造适宜的环境，是提高雏珠鸡成活率、保证雏珠鸡正常生长发育的关键措施之一。其主要内容包括提供雏珠鸡适宜的温度、湿度、密度、新鲜的空气、合理的光照、卫生的环境等。

1. 适宜的温度

温度是培育的首要条件，温度不仅影响雏珠鸡的体温调节、运动、采食、饮水及饲料营养消化吸收和休息等生理环节，还影响鸡体的代谢、抗体产生、体质状况等，只有适宜的温度才有利于雏鸡的生长发育和成活率的提高。育雏温度包括育雏室和育雏器（伞）的温度。平育时，育雏器温度是指将温度计挂在育雏器（如育雏伞）边缘或热源附近，距垫料 5 厘米处，相当于雏珠鸡背高的位置测得的温度；育雏室的温度是指将温度计挂在远离热源的墙上，离地 1 米处测得的温度。笼育时，育雏器温度指笼内热源区离网底 5 厘米处的温度；育雏室的温度是指笼外离地 1 米处的温度。育雏温度因雏珠鸡品种、年龄及气候等的不同而有差异，特别是要根据雏珠鸡动态来调整。一般育雏温度随鸡龄增大而逐渐降低，弱雏的养育温度应比健雏高些；小群饲养比大群饲养的要高一些；夜间比白天高些；阴雨天比晴天高些；室温低时育雏器的温度要比室温高时高一些。生产中可据实际情况，应结合雏珠鸡的状态作适当调整。育雏的适宜温度、湿度见表7-1。

表7-1 育雏珠鸡的适宜温度、湿度

周龄	温度/摄氏度		相对湿度 /%
	室内	育雏器	
0～2 天	29	36～38	60～70
3 天～1 周	28	34～36	60～70
2 周	26	32～34	55～60
3 周	24	30～32	55～60
4 周	22	28～32	55～60
5 周	21	26～28	55～60
6 周	20	24～26	55～60

注：如果环境未达到要求的湿度，可在地面撒一些 1/1000 的高锰酸钾溶液。

　　育雏期间温度忽高忽低，不稳定，对雏珠鸡的生理活动影响很大。育雏温度的骤然下降，雏鸡会发生严重的血管反应、循环衰竭、窒息死亡。育雏温度的骤然升高，雏珠鸡体表血管充血、加强散热消耗大量的能量，抵抗力明显降低。忽冷忽热雏鸡很难适应，不仅影响生长发育，而且影响抗体水平，抵抗力差，易发生疾病。

2. 适宜的湿度

　　湿度一般用相对湿度表示。湿度的高低，对雏珠鸡的健康和生长有较大的影响，但影响程度不及温度。只有在极端情况下或多种因素共同作用时，可能对雏珠鸡造成较大危害。初生雏珠鸡体内含水量高达 76%（成禽 72% 左右），如雏珠鸡出壳后在孵化器内停留过久，或出雏后超过 72 小时还没有开饮，或在冬季取暖造成环境干燥时，雏珠鸡可能发生脱水而增加死亡率。在干燥的环境下，雏珠鸡体内的水分会通过呼吸大量散发出去，这就影响到雏珠鸡体内剩余卵黄的吸收，使绒毛发干且大量脱落、脚趾干枯。雏珠鸡可能因饮水过多而发生下痢，也可能因室内尘土飞扬易患呼吸道病。育雏初期由于室内温度较高，空气的相对湿度往往太低，高温低湿会加重上述症状。所以，必须注意室内水分的补充，使育雏舍的相对湿度达到适宜水平（表7-1）。生产中，可以在火炉上放置水壶烧开水或定期向室内空间、地面喷雾等来提高湿度。有条件的珍珠鸡场最好安装喷雾设备。

雏珠鸡养育到10日龄以后，随着年龄与体重的增加，雏珠鸡的采食量、饮水量、呼吸量、排泄量等都逐日增加，加上育雏的温度又逐周下降，很容易造成室内潮湿。南方多雨地区或梅雨季节育雏时，情况更加严重，雏珠鸡对这种潮湿的环境极不适应。因水分能吸收机体的热量，育雏室内低温高湿时，会加重低温对雏珠鸡的不良影响，雏珠鸡会因失热过多而受寒，雏珠鸡易患各种呼吸道疾病、感冒性疾病。高温高湿条件下，雏珠鸡的水分蒸发和体热散发受阻，雏珠鸡会感到闷热不适；而且高温、高湿还能促进病原性真菌、细菌和寄生虫的生长繁殖，易导致饲料和垫料的霉变，使雏珠鸡爆发曲霉菌病、球虫病等。

育雏室的湿度一般使用干湿球温度计来测定，要注意使湿球少粘灰尘以利水分蒸发。有经验的饲养员还可通过自身的感觉和观察雏珠鸡表现来判定湿度是否适宜。湿度适宜时，人进入育雏室有湿热感，不会鼻干口燥，雏珠鸡的脚爪润泽、细嫩，精神状态良好，雏珠鸡振翅时基本无尘土飞扬。如果人进入育雏室感觉鼻干口燥、雏珠鸡大量饮水，鸡群骚动时尘灰四起，这说明育雏室内湿度偏低；反之，雏珠鸡羽毛沾湿，舍内用具、墙壁上有一层露珠，室内到处都感到湿漉漉的，说明湿度过高。

3. 光照

光照对雏珠鸡的新陈代谢与健康生长发育有极大的促进作用。合理的光照，可以加强雏珠鸡的血液循环，加速新陈代谢，增进食欲，有助于消化，促进钙磷代谢和骨骼的发育，增强机体的免疫力，促进性腺发育，从而使雏珠鸡健康成长。不合理的光照对雏珠鸡是极为有害的。光照时间过长，会使雏珠鸡提早性成熟，造成过早开产，产蛋率低，产蛋持续期短；光照过强会使雏珠鸡显得神经质，易惊群，容易引起啄羽、啄趾、啄肛等恶癖；而光照时间过短、强度过小，会影响雏珠鸡的活动与采食，还会使雏珠鸡性成熟推迟。因此，合理的光照方案应从雏珠鸡开始。合理的光照方案包括光照时间和光照强度两个方面，应在育雏和育成期采用人工控制光照来调节性成熟期。雏珠鸡只有在光照条件下才能熟悉环境，进行觅食与生长，出壳 3 日龄以内的雏珠鸡，为了保证采食和饮水，采用 23 小时光照。目前我国饲养珍珠鸡都采用开放式鸡舍，白天利用自然日光，光照不足可按光照制度补充人工光照，其光照时间与照度见表 7-2、表 7-3。需要注意的是，全舍的光照强度要均匀一致，使珍珠鸡都能看得见饲料和饮水，不致发生惊群。

表 7-2　雏珠鸡光照时数

日龄/天	1～3	4～7	8～14	15～21	22 天以后
光照时数/小时	23	20	16	13	自然光照

表 7-3　雏珠鸡光照强度

日龄/天	0～10	10～21	22～35	35 日龄以后
光照强度/勒克斯[①]	30	20	10	5

① 1 勒克斯＝0.1 瓦/平方米。

4. 通风换气

雏珠鸡生长发育快，新陈代谢旺盛，单位体重的耗氧量是大牲畜的数倍。同时鸡群密集，呼吸快，需要充足的空气。经常保持育雏舍内空气新鲜，这是雏珠鸡正常生长发育的重要条件之一。育雏舍内由于雏珠鸡的呼吸、排出的粪便及超时的垫料，空气中含有大量的二氧化碳、氨气、硫化氢等有害气体，使舍内空气不断受到污染。当这些污染的空气不能有效排出舍外，有害气体在舍内浓度逐渐增加，当达到一定极限浓度后，珠鸡群的健康将受到极大的威胁。如育雏舍内氨气含量过多，雏珠鸡的呼吸次数就会显著增加，严重时雏珠鸡精神萎靡，食欲减退，生长缓慢，体质下降。氨气的浓度过高，就会引起雏珠鸡肺水肿、充血，刺激眼结膜引起角膜炎和结膜炎，并诱发上呼吸道疾病的发生。硫化氢含量过高也会使雏珠鸡感到不适，食欲下降等。因此，要注意育雏舍的通风换气，及时排除有害气体，保持舍内空气新鲜，使舍内有害气体氨气、硫化氢、二氧化碳含量分别不超过

20毫克/千克、10毫克/千克和0.3%，即人进入育雏舍后以不刺鼻和眼、不闷人、无过分臭味为宜。通风换气的方法有自然通风和机械通风两种。密闭式珠鸡舍及笼养密度大的珠鸡舍通常采用机械通风，如安装风机、空气过滤器等装置，将净化过的空气引入舍内。开放式珠鸡舍基本上都是依靠开窗进行自然通风。由于有些有害气体比重大，地面附近浓度大，故自然通风时还要注意开地窗。通风时，须注意室外气温变化，随时调整通风量，并严防穿堂风（贼风）。

> **提示**
>
> 在通风换气的同时要注意舍内温度的变化，要求流入舍内的空气以0.3～0.35米/秒的低速达于珠鸡体，防止间歇风吹入，以免引起雏珠鸡感冒。

5. 合理的饲养密度

雏珠鸡的饲养密度是指育雏室内每平方米地面或笼底面积所容纳的雏珠鸡数。饲养密度与雏珠鸡的生长发育、育雏室内空气的质量以及珠鸡群啄癖的产生有着直接的关系。饲养密度过大，吃食拥挤，抢水抢食，饥饱不均，雏珠鸡生长缓慢，发育不整齐；密度过大还会造成室内空气污浊、二氧化碳浓高、氨味浓、湿度大、卫生环境差，易引发雏珠鸡疾病，引起雏珠鸡啄癖。饲养密度过小时，虽然雏珠鸡发育良好，但房舍及设备的利用率降低，不易保温，人力增加，育雏成本提高，经济效益下降。雏珠鸡的适宜密度见表7-4。

表7-4　平养式雏珠鸡舍饲养密度

周龄	1	2	3	4	4～14
每只珠鸡占地面积/平方米	0.033	0.050	0.067	0.100	0.143
饲养只数/(只/平方米)	30	20	15	10	7

6. 卫生的环境

幼雏抗病力弱，要求育雏舍在开始育雏前要进行彻底的清洗和消毒。在育雏过程中，要经常保持环境的清洁卫生，尽量减少幼雏受病原微生物感染的机会，使其健康地成长。在生产中，往往只注重育雏前的消毒而放松育雏过程中的环境保持，对此应提高警惕。

五、雏珠鸡的饲养

1. 饮水

给雏珠鸡首次饮水习惯上称为"初饮"。据研究，雏珠鸡出壳后24小时消耗体内水分的8％，48小时消耗15％。加之运输、入舍等，体内水分容易消耗，所以一般应在出壳24～48小时内让雏珠鸡饮到水。雏珠鸡入舍后先饮水，可以缓解运输途中给雏珠鸡造成的脱水和路途疲劳，提高适应力。出壳过久饮不到水会引起雏珠鸡脱水和虚弱，而脱水和虚弱又直接影响到雏珠鸡尽快学会饮水和采食。为保证雏珠鸡入舍就能饮到水，在雏珠鸡入舍前1～3小时将灌有水的饮水器放入舍内。为减轻路途疲劳和脱水，可让雏珠鸡饮营养水，即水中加入5％～8％的糖（白糖、红糖或葡萄糖等）或2％～3％的奶粉或多维电解质营养液；为缓解应激，可在水中加入维生素C或其他抗应激剂。如果雏珠鸡不知道或不愿意饮水，应采用人工诱导或驱赶的方法，把雏珠鸡的喙浸入水中几次。雏珠鸡知道水源后会主动饮水，其他雏珠鸡也会学着饮水，使雏珠鸡尽早学会饮水。对个别不饮水的雏珠鸡可以用滴管滴服。0～3日龄雏珠鸡饮用温开水，水温为16～20摄氏度，以后可饮洁净的自来水或深井水。开始饮水时要少给勤添，以防止水温升高影响水质；而且要保证饮水的清洁卫生，尽量饮用自来水或清洁的井水，避免水源污染而致病。饮水器要刷洗干净，每4小时应更换饮水1次。

饮水器一般应均匀分布于育雏室或笼内，并尽量靠近光源、保温伞等，避开角落放置，让饮水器的四周都能供雏珠鸡饮水。饮水器的大小及距地面的高度应随雏珠鸡日龄的增加而逐渐调整。育雏头几天，饮水器、盛料器应离热源近些，便于雏珠鸡取暖、饮水和采食。立体笼养时，开始1周内在笼内饮水、采食，1周后训练在笼外饮水和采食。每只雏珠鸡应占的饮水位置，钟式饮水器为0.5厘米，"U"形饮水槽1～2周龄1.25厘米、3～7周龄1.5厘米、8周龄以上2.5厘米。

小经验

　　断水将使雏珠鸡感到口渴，见水后易暴饮，这易压伤或压死雏珠鸡。在抢水过程中雏珠鸡由于暴饮会将羽毛弄湿，这样易造成打颤起堆，也会压死雏珠鸡。暴饮还易诱发雏珠鸡下痢，对珍珠鸡的健康构成威胁。

2. 饲喂

（1）开食　给初生珠鸡第1次喂料叫开食。开食的早晚可直接影响初生雏的食欲、消化及今后的生长发育。过早开食，雏珠鸡缺乏食欲，会损伤消化器官，也影响卵黄的吸收利用，对今后生长发育不利。过晚开食，会消耗雏珠鸡体力，使雏珠鸡虚弱，影响生长成活。学会采食时间越早，采食的饲料越多，越有利于早期生长和体重达标。原则上大约有1/3的雏珠鸡有觅食行为时即可开食。一般是幼雏进入育雏舍休息、饮水后就可开食。最重要的是保证雏珠鸡出壳后尽快学会饮水和采食。开食饲料要求新鲜、颗粒大小适中，便于雏珠鸡啄食，营养丰富且易于消化。农户常用碎玉米、碎米、碎小麦等，这些开食料最好先用开水烫软，吸水膨胀后再喂，开食1～3天后改喂配合日粮。大型珍珠鸡场也可直接使用雏珠鸡配合料。开食时使用浅平料槽或食盘，或直接将饲料撒于反光性强的已消毒的硬纸、塑料布上，当一只雏珠鸡开始啄食时，其他雏珠鸡纷纷模仿，全群很快就能学会自动吃料、饮水。有条件的珍珠鸡场或专业户可采用人工诱食的方法，让雏珠鸡群尽快吃上饲料。开食后要注意观察雏珠鸡的采食情况，保证每只都吃到饲料。开食几小时后，雏珠鸡的嗉囊应是饱的。若不饱应检查其原因，如光线太弱或不均匀、料盘太少或撒料不匀、温度不适宜、体质弱或其他情况，并加以解决和纠正。开食好的鸡采食积极、速度快、采食量逐日增加。

（2）正常饲喂　开食1～3天后，应逐步改用雏珠鸡配合饲料进行正常饲喂，并在喂食器中盛上饲料，每天多次搅拌喂食器中的食物，促使雏珠鸡开始使用喂食器，1周后撤除开食器具。开食后，实行自由采食。饲喂要掌握"少喂，勤添，八成饱"的原则，每次喂食应在20～30分钟内吃完，以免幼雏贪吃，引起消化不良，食欲减退。从第2周开始要做到每天下午料槽内的饲料必须吃完，不留残料，以免雏珠鸡挑食，造成营养缺乏或不平衡。一般第1天饲喂2～3次，以后每天喂5～6次，6周后逐渐过渡到每天4次。喂料时间要相对

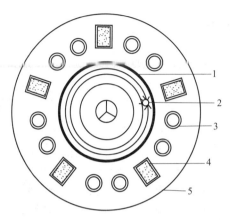

图 7-2　平养育雏设备布局图

1—育雏伞；2—吸引灯；3—真空饮水器；4—浅料盘；5—护栏

稳定，喂料间隔基本一致（晚上可较长），不要轻易变动。从 2 周龄开始，料中应加拌 1% 砂砾，粒度从小米粒逐渐增大到高粱粒大小。育雏期，要保证每只雏珠鸡占有 5 厘米左右的料槽长度。雏珠鸡的饮水器和喂食器应间隔放开，均匀分布，使雏珠鸡在任何位置距水、料都不超过 2 米（育雏期饮水器和喂料器的布局见图 7-2、图 7-3)，并保证雏珠鸡有足够的槽位（表 7-5)。雏珠鸡饲料的需要量（表 7-6)依雏珠鸡品种、日粮的能量水平、鸡龄大小、喂料方法和鸡群健康状况等而有差异。同品种珠鸡随鸡龄的增大，每日的饲料消耗是逐渐上升的，生产中饲养员应每日测定饲料消

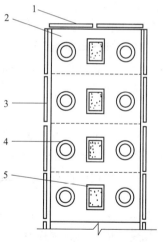

图 7-3　笼养育雏设备布局图

1—水槽；2—育雏笼；3—料槽；
4—真空饮水器；5—浅料盘

耗量，如发现饲料耗量减少或连续几天不变，就说明珍珠鸡群生病或饲料质量变差了。此时应立即查明原因，采取有效的措施，保证珍珠鸡群正常生长发育。

表7-5　雏珠鸡所需料槽槽位

周龄	1～2	3～5	6～8
槽位/厘米	2	5	8

表7-6　雏珠鸡饲料消耗与增重

周龄	1	2	3	4	5	6	7	8
日耗料/(克/只)	15	20	24	28	35	43	50	55
累计耗料/(克/只)	105	245	413	609	854	1155	1505	1890
增重/克	37	140	200	300	400	500	600	700

（3）定期饲喂砂砾　珍珠鸡无牙齿，食物靠肌胃蠕动和胃内砂砾研磨。4周龄时，每100只雏珠鸡喂250克中等大小的不溶性砂砾（不溶性是指不溶于盐酸，可以将砂砾放入盛有盐酸的烧杯中，如果有气泡说明是可溶性的）。8周龄后，垫料平养每100只珍珠鸡每周补充400～500克。网上平养和立体笼养时，每100只珍珠鸡每4～6周补充400～500克不溶性砂砾，粒径为3～4毫米。

六、雏珠鸡的管理

培育好雏珠鸡，除给予适宜的环境条件外，还要针对不同的饲养方式给予精心的管理。

1. 平养雏珠鸡的管理要点

平养的主要特点是雏珠鸡群大，饲养人员与雏珠鸡直接接触。管理时特别要注意防止温度偏低，雏珠鸡打堆和采食不均等。

（1）限制雏珠鸡的活动范围　为防止幼雏远离热源而受凉，一般在育雏的初期常以热源为中心在周围加一圈护网或护板，护板高40～50厘米、长50～60厘米，成条的串起，可以通过增减护板条数来调整所围面积，在热源周围60～150厘米处围成圈。热源处安一灯泡，使雏珠鸡对热源的灯光建立条件反射，遇冷即向热源靠近。护板（网）随鸡龄的增大而逐渐向外扩展，7～10日龄即可撤除。饲养管理过程中要确保护板（网）不倒塌。

（2）分群、稀群和转群　在较大的平面育雏时，一定要用护网（板）隔离成几个圈。在弱雏或出雏不整齐时，每群可少养些，最好按出雏时间的早晚分群，并对出壳晚的弱雏给予优厚的条件。分群后，便于进行防疫工作，也减少了打堆造成的伤亡。如果一个育雏舍内不只养一圈珠鸡，则7～10日龄时应将护板拉直，继续保持分群状态，网上平养的可将所铺的塑料布拿掉，地面平养的要注意撤换或加厚垫料。随着日龄的增加，珠鸡群会出现大小、强弱差异，公雏的第二性征也会明显，所以要利用防疫、转群、饲喂等机会依据珍珠鸡大小、强弱和公母进行分群，以利于珍珠鸡群生长发育整齐和减少死亡。育雏后期和育成期及时淘汰体重过小的、瘦弱的、残疾的、畸形的等无饲养价值的珍珠鸡，降低培育成珠鸡的费用。随着日龄的增加，珍珠鸡的体形增大，需要不断扩大饲养面积。疏散珍珠鸡群，可根据不同日龄和不同饲养方式的密度要求合理地扩大饲养面积，避免珍珠鸡群拥挤，而影响生长发育和均匀整齐。育雏结束，需要全部或部分转入育成舍。转群时，抓珍珠鸡要抓鸡脚、提鸡腿，抓鸡和放鸡的动作要柔和避免动作粗暴引起损伤和严重应激。转群前要在料槽和水槽中放上料和水，保持舍内明亮。在饲料和饮水中加入多种维生素，以减少应激。

小经验

　　有条件者可将公、母雏珠鸡分开饲养。公、母分群饲养可使公珍珠鸡提早出售，减少因母珠鸡引起的打斗，可提高饲料利用率。

　　（3）检查温度　在较大面积育雏，温度可能偏低或不均匀，要勤于查看，及时采取局部加温措施。在最初几天内至少每小时要检查1次温度，并观察雏珠鸡状况。在较大面积育雏时，温度可能偏低或不均匀，要勤于查看，及时采取局部加温措施。在最初几天内至少每小时要检查1次温度，并观察雏珠鸡状况。给温是否得当也可以从观察雏珠鸡的动态获知。温度适合时，雏珠鸡神态活泼，食欲良好，羽毛光滑整齐，白天勤于觅食，夜间均匀分散在育雏器的周围，安静而无奇异状态或不安的叫声。温度偏低时，雏珠鸡靠近热源，拥挤打堆，时发尖叫，采食量减少，羽毛蓬松，身体发抖，不时发出尖锐、短促的叫声，有时被挤压在下面的雏珠鸡发生窒息死亡。温度过低，容易引起雏珠鸡感冒，诱发禽白痢，使死亡率增加。温度偏高时，雏珠鸡远离热源，展翅伸颈，张口呼吸，频频饮水，采食量减少。长期高温，将会引起雏珍珠鸡呼吸道疾病和啄癖。

 小经验

有些初养珍珠鸡的人发现温度计温度读数很高，但雏珍珠鸡还是表现温度低，这是因为温度计的感温点放置位置不对。正确的温度计测温方式是用线悬挂起来，感温点的高度应于珍珠鸡背处等高。

（4）注意空气湿度 雏珍珠鸡 10 日龄后，育雏室内要注意加强通风，勤换垫料，严防供水系统漏水，尽可能控制好育雏室的相对湿度。

（5）预防球虫病 垫料平养的雏珍珠鸡易患球虫病，笼养珍珠鸡也会发生球虫病。一旦患病，会损害雏珍珠鸡的肠道黏膜，妨碍营养吸收，严重影响珍珠鸡的生长和饲料效率。如遇阴雨天或粪便过稀，应在饲料中加药预防，或在饮水中加入水溶性抗球虫药。如雏珍珠鸡群采食量减少，出现血便，则应立即投药治疗。投药时要注意交叉用药，选用广谱抗球虫药。此外，还要加强管理，严防垫料潮湿，发病期间每天清除垫料和粪便。

2. 立体育雏的管理要点

立体育雏时，雏珍珠鸡不接触地面，饲养密度较大，活动范围较小，要从以下几方面加强管理。

（1）检查育雏笼 在育雏之前必须进行，查看底网是否破漏笼门是否严实，水槽、料槽是否配齐，粪盘是否放好等。

（2）上笼 雏珍珠鸡到育雏舍后尽快入笼。开始时，可将四层笼的雏珍珠鸡集中放在温度较高又便于观察的部位。上笼时先捉壮雏，剩下的弱雏另笼单养，给予优厚条件。

（3）分雏 一般在 10 日龄左右进行，结合预防免疫，将原来集中养在上面的一层幼雏分散到下边两笼去。一般是将弱小的珍珠鸡留在原笼内，较大、较壮的捉到下层笼内。

（4）捉回地面雏 由于雏珍珠鸡发育不整齐，分雏或其他原因，难免有些雏珍珠鸡跑出珍珠鸡笼，应及时将其捉回笼内。捉雏可以利用珍珠鸡的趋光性和合群性，在夜间开灯撒料，待雏珠鸡聚于灯下采食时进行捕捉。

（5）及时除粪　雏珠鸡的粪便自然掉在底网下的粪盘内，要及时除粪，以免粪便堆积至底网不利防病、通风。

（6）调整采食幅面　随着雏珠鸡的长大，每隔5～10天，应根据育雏笼笼门的采食空档调整采食幅面和料槽高度，使雏珠鸡能方便地伸颈采食，又不致钻出笼外。

3. 雏珠鸡的综合管理技术

无论平养或是笼养，除了给予雏珠鸡适宜的环境条件外，育雏阶段还要做好以下几方面的工作。

（1）及时断喙　断喙的目的在于防止啄癖，尤其是在开放式鸡舍高密度饲养的雏珠鸡必须断喙，否则会造成啄趾、啄羽、啄肛等恶癖，使生产受到损失。断喙对早期生长有些影响，但对成年体重和产蛋无显著影响，并可避免珍珠鸡扒损饲料而提高珍珠鸡养殖效益。断喙前后2天不喂磺胺类药物（会延长流血），并在水中加维生素K。断喙后料槽中多加饲料，以减轻啄食疼痛，并避免出现其他应激。断喙不宜在气温高和免疫接种时进行，以免加重应激。养于密闭式鸡舍的雏珠鸡，如果能得到足够的全价饲料、适宜的环境，并严格定时喂料，也可不断喙。

> **提示**
>
> 断喙时需注意以下事项。
>
> ① 断喙器刀片应有足够的热度，切除部位掌握准确，要防止切去舌尖，确保一次完成。
>
> ② 断喙前后2天应在雏珠鸡饲粮或饮水中添加维生素K（按每千克饲料2mg）或复合维生素，有利于止血和减轻应激反应。
>
> ③ 断喙后立即供饮清水，3天内料槽中饲料应有足够深度，避免采食时喙部触及料槽底部而使喙部断面感到疼痛。
>
> ④ 珍珠鸡群在非正常情况下（如疫苗接种、患病）不进行断喙。
>
> ⑤ 如果以放养为主，也可不断喙，以防影响采食能力。

（2）截翅　为方便管理，可对出壳的雏珠鸡截翅，即在1～2日龄进行，用断喙器切去左或右侧翅膀的最后一个关节。截翅能限制珍珠鸡的活动，不乱飞，舍内环境安静，免去了翼羽的生长与脱换，因此，耗料量减少，产肉量和产蛋量提高。

（3）加强日常看护　雏珠鸡管理上，日常细致的观察与看护是一项比较重要的工作。

①检查料槽位、饮水位是否够用，饮食高度是否适宜，采食量和饮水量的变化等。

②经常观察雏珠鸡的精神健康状况，有没有"糊屁股"（多为禽白痢所致）的雏珠鸡，有没有精神不振、呆立缩颈、翅膀下垂的雏珠鸡，有无大脖子的雏珠鸡。

③注意观察雏珠鸡粪便的颜色和形状是否正常，有无拉稀、绿便或便中带血等异常现象。拉稀可能是肠炎所致；粪便绿色可能是吃了变质的饲料，或硫酸铜、硫酸锌中毒，或患新城疫、霍乱、伤寒等；粪便棕红色、褐色，甚至血便，可能是发生了球虫病；粪便黄色、稀如水样，可能发生了法氏囊病、马立克病等某些传染病。发现问题后及时分析原因，采取相应措施。

④检查舍内空气是否新鲜，有无刺激性气味，是否需要开窗通气。

⑤观察珍珠鸡群中有无啄癖及异食现象，检查有无瘫鸡、软脚鸡等，以便及时了解日粮中营养是否平衡。

⑥抽样检查体重，掌握雏珠鸡生长发育状况。

⑦加强昼夜值班工作，细听珍珠鸡群有无呼吸系统疾病，珍珠鸡群睡觉是否安静，以防意外发生。

（4）预防疾病　雏珠鸡体小娇嫩，抗病力弱，加上高密度饲养，一般很难达到100%的成活。重点应做好以下几方面的防病工作。采用"全进全出"的生产制度，引种时防止带入病原，搞好环境卫生，严格消毒，保证饲料和饮水质量，投药防病，适时免疫接种，合理处理家禽场的废弃物。

（5）加强弱雏的护理　在育雏过程中，只要给予精心的护理，弱雏一般都可成活，从而提高育雏成活率。根据具体情况，可采取与壮雏隔离饲养、给予较高的温度、补充体液等措施。

（6）防异常声响　在珠鸡舍不能大声说话，严禁发出异常声响，饲养操作要轻巧，严防机动车辆靠近珍珠鸡舍，防鞭炮声响。

（7）防止兽害　舍内所有的窗户都应安上铁丝护网防止飞鸟进入，堵死老鼠洞并开展有效的灭鼠工作，以免对雏珠鸡造成骚乱和伤害。

（8）检查育雏效果　育雏率是衡量育雏效果好坏的一个标准。所谓育雏率是指育雏末（8周龄）成活雏珠鸡与1日龄入舍雏珠鸡数之比。

第二节　育成珠鸡的饲养管理

在生产实践中，人们往往十分重视雏珠鸡和种珠鸡的饲养管理，认为育成珠鸡不像雏珠鸡那么娇嫩、容易死亡，也不像种珠鸡那样需要认真对待。所以在饲养管理上就可以粗放些，不够重视。其实育成珠鸡饲养的好坏，直接影响到珍珠鸡生产性能的发挥，从而影响珍珠鸡场的经济效益。理想的育成珠鸡应具备以下条件。

① 体重符合本品种或品系的要求。

② 良好的均匀度。

③ 生长均匀，开产前体况结实。

④ 适时性成熟。

⑤ 良好的健康状况。

只有这样的育成珠鸡，才能发挥遗传所赋予的良好生产性能。

一、育成珠鸡的生理特点

珍珠鸡育成期一般指9～22周龄。这一时期，不像雏珠鸡阶段对温度条件要求那样严格，而对外界环境温度的变化具有一定的适应能力，生长仍迅速，发育也旺盛，各器官发育已健全，养成了条件反射的习惯。育成珠鸡对一些粗饲料可较好的利用，如麸皮、草粉、叶粉可以较多地使用在饲料配方中。杂粮用量也可以适当增加。育成珠鸡生殖器官开始发育，两性区别逐渐明显。9～12周龄主要是骨骼和内脏器官的增长，13周龄以后肌肉的增长速度提高了，特别是胸部肌肉的增长速度加快，19周龄以后珍珠鸡的生长速度逐渐减慢，并开始在体内沉积脂肪，逐渐达到性成熟。育成期珍珠鸡的适应性较强，对饲养管理的要求比较粗放，通常只要喂给全价饲料，满足对环境的基本要求，按时进行预防接种，就能把珍珠鸡养好。

二、育成珠鸡的饲养方式

育成期珍珠鸡适应性强，对饲养管理要求粗放，成活率也较高。同时由于增重快、体重大，网上或笼上饲养已不适合，容易产生胸部囊肿及腿病，所以一般采用舍内饲养。有条件的也可采用舍牧结合或放牧饲养。

1. 舍饲法

舍饲法既是将珠鸡群全部放在舍内饲养。此种方法便于管理，容易控制疾病，但饲料要求全价。珍珠鸡育成期舍饲有密闭式和开放式两种。在四季温差较大的地方育成珠鸡采用密闭式鸡舍饲养，舍内为水泥地面，舍内各部有利于消毒，并要有自然通风和机械通风设备。珍珠鸡由于体重较大，在网上饲养容易产生胸部囊肿、脚垫的趾瘤，所以一般采用地面垫料平养的方式，天冷时地面铺以草垫，天热时铺沙子。在四季温差小，气温偏高的地方，可采用开放式珠鸡舍育成。开放式珠鸡舍一定要设运动场，运动场地面积是珠鸡舍面积的 3 倍，运动场周围用铁丝网围起来，防止珍珠鸡飞出去。育成珠鸡可自由出入舍内外。舍内及运动场要设栖架、水槽、料槽、沙浴池等。舍饲时珍珠鸡舍空气应保持新鲜，使有害气体减至最低量，以保证珠鸡群的健康。随着季节的变换与育成珠鸡的生长，通风量要随之改变。此外，还要保持鸡舍清洁与安静，坚持适时带鸡消毒。

2. 放牧法

珍珠鸡群的合群性、善走和食草性特点，在人的调教下，珍珠鸡便能成群结队而行。有条件放牧的地区，雏珠鸡 8 周龄后即可移到牧地上饲养，让它们自由自在地啄食青草和昆虫，减少饲料消耗，降低成本开支。放牧饲养的珍珠鸡活动空间大，珍珠鸡活泼，羽毛色泽光亮，肌肉结实，皮下脂肪适中，肉味鲜甜，适合市场需求，具有很强的市场竞争力。但放牧饲养容易有泥土带来疾病的感染，以及恶劣气候和动物的侵害，放牧期间也需要补饲全价饲料。建议自然条件适合地区栽种暮雪、三叶草、兰草、白露草和果园等，牧草地可混播少量的高秆作物如向日葵、苏丹草等用以遮阴。实践证明，放牧在草地的珍珠鸡群，由于经常处在新鲜空气环境中，不仅能采食到含维生素和蛋白质营养丰富的青绿饲料，而且还能得到充足阳光和足够的运动量，促进肌体新陈代谢、体质健壮，增强珍珠鸡对外界环境的适应性和抵抗力，防止各种代谢病、胸部炎症、软脚病和足趾畸形等。

3. 舍牧结合

舍牧结合也称半放牧饲养法。如果牧地不够或牧草数量与质量达不到要求，就采取舍牧结合的形式。当牧地饲料多时，以放牧为主，舍饲为辅。当牧地饲料差时，则以舍饲为主，放牧为辅。

三、育成珍珠鸡的饲养管理

1. 育成珠鸡的饲养

（1）换料时间与方法　生长阶段的珍珠鸡，采食量很大，增重很快。育成珠鸡需要的饲料营养成分含量比雏珠鸡低，特别是蛋白质和能量水平较低，需要更换饲料。当珠鸡群 7 周龄生长发育达标时，即将育雏料换为育成料。若此时生长发育达不到标准，则继续喂雏珠鸡料，达标时再换。若此时指标超标，则换料后保持原来的饲喂量，并限制以后每周饲料的增加量，直到恢复标准为止。更换饲料要逐渐进行，如用 2/3 的雏珠鸡料混合 1/3 的育成料喂 2 天，再各混合 1/2 喂 2 天，然后用 1/3 育雏料混合 2/3 育成料喂 2～3 天，以后就全喂育成料。

（2）料槽宽度变化　随着鸡龄的增加，要增大育成珠鸡的采食和饮水位置，并使料槽和水槽高度保持在珍珠鸡背水平上。采用料槽人工加料时，应少喂勤添。喂料应根据珍珠鸡的品种或品系和生长速度及不同时期的采食量喂给。

（3）适当限制饲喂　限制喂料，控制体况的主要目的在于控制留种用珍珠鸡的育成期的生长，使性成熟适时化和同期化，提高产蛋量和整齐度。留种用珍珠鸡在育成期既不能喂的过多或饲喂能量过高，以致过肥、早熟、早产、早衰；也不能喂得太少，以致体瘦、成熟晚、开产迟、严重影响产蛋。留种珠鸡的控制体况主要是通过控制喂料量和饲料质量实现的，通过限制饲养可使珍珠鸡各周龄的体重符合标准。留种珠鸡育成期的饲养关键是防止过肥，保持良好的体况和繁殖性能。留种珠鸡限饲的起止时间，可根据具体情况灵活掌握，一般从 8～10 周龄开始，18 周龄以后根据品种标准调整饲喂量，使其能达到品种标准体重。在此期间随时检查。珠鸡群体重和育成期的各周龄体重及限饲量见表 7-7。限饲的珠鸡群应经过断喙处理，以免发生互啄现象。限饲前要整理珠鸡群，挑出病弱鸡，清点鸡只数。要给足料槽位和饮水位置，至少保证 80% 的珍珠鸡能同时采食，当日饲料量应在 6～7 小时内采食完，时间不能过短、过长。在此期间每 2 周在固定时间随机抽取 2%～5% 的珍珠鸡空腹称重。需要增减饲料量时，应按每 100 只珍珠鸡增减 0.5 千克饲料量为宜。如果采用控制日粮营养水平的方法进行限饲，采用低蛋白日粮时一定要保证各种氨基酸的平衡供给。必须强调的是，限饲必须与光照控制相一致，才能起到应有的效果。当限饲的珠鸡群发病或处于接种疫苗等应激状态，应恢复自由采食。有条件的话，最好将珍珠鸡按性别分群饲养。

表 7-7　种用珍珠鸡育成期饲料限制与体重

周龄	体重/克	平均日耗料量/(克/日)	累计耗料量/克
9	800	60	420
10	850	64	868
11	920	68	1340
12	1000	70	1834
13	1050	72	2338
14	1130	72	2842
15	1200	72	3346
16	1250	74	3964
17	1330	74	4382
18	1400	76	4914
19	1450	76	5442
20	1500	78	5992
21	1560	80	6552
22	1620	80	7112
23	1680	82	7686
24	1740	82	8260
25	1790	85	8855
26	1830	90	9485

2. 适时脱温

适时脱温可以增强雏珠鸡的体质。过早脱温时，雏珠鸡容易受凉，而影响发育；保温时间太长，则雏珠鸡体质弱，抗病力差，容易得病。可以结合饲喂与放牧等的活动，逐步外出放牧，并可以开始逐步脱温。但在夜间，尤其在凌晨 2～3 时，气温较低，仍应要注意保温。

3. 转群

珠鸡 8 周龄左右应转入育成舍，炎热季节最好在清晨或傍晚进行，冬季可在晴天中午进行。转群前准备好育成舍，育成舍和设备必须进行彻底的清扫、冲洗和消毒，在熏蒸后密闭 3～5 天再使用。转群前后 2～3 天内增加多种维生素 1～2 倍或饮电解质溶液，转群前 6 小时应停料，转群后根据体重和骨骼发育情况逐渐更换饲料。结合转群清理和选择珠鸡，根据生长发育程度分群分饲，淘汰体重过轻、有病、有残的鸡只，彻底清点珠鸡数，并适当调整密度。

💬 提示

　　转群前后 2～3 天内增加多种维生素 1～2 倍或饮电解质溶液，转群前 6 小时应停料，转群后根据体重和骨骼发育情况逐渐更换饲料。

4. 饲养密度

为使育成珠鸡发育良好，整齐一致，须保持适中的饲养密度。当在舍内温、湿度适宜情况下，即舍温 20～25 摄氏度，相对湿度 65％～70％，育成前期可每平方米饲养 15～20 只，育成后期每平方米 6～15 只。如果舍温高、湿度大，应适当减小密度；舍温低、湿度也不大时，饲养密度也可酌情加大一些。

5. 控制光照

在饲料营养平衡的条件下，光照对育成珠鸡的性成熟起着重要作用，应控制育成珠鸡光照时间和光照强度，以防早熟。采用开放式鸡舍时，最好选择秋天作为留种时间，这样秋冬季节，日照时间越来越短。第 2 年春季种珠鸡即将开产，日照时间越来越长，基本可以满足育成珠鸡对光照的要求。育成珠鸡舍按 0.5～1.0 瓦/平方米均匀设置白炽灯泡，4～8 周龄每日光照 12～10 小时，9～25 周龄每日光照 8～13 小时。

> 育成后期公珍珠鸡要比母珍珠鸡晚成熟1个多月，需要提早增加光照。为育成后期公珍珠鸡提前增加光照，可以加速公珍珠鸡的性成熟，以便在母珍珠鸡开产后公珍珠鸡能产生正常精液。

6.控制性成熟和促进骨骼发育

采用适当的光照和育成期限制饲养相结合，可有效地控制珍珠鸡性成熟。留种珠鸡的体重和骨骼发育都很重要，若只注重体重而不重视骨骼的发育，就必定会出现带有过多脂肪的小骨架鸡。建议每隔2周进行1次体重测定。抓珍珠鸡时（如称重、防疫、转群）应准备捕鸡用具，可用一根2～3米的竹竿，前端系一个用细绳编织的网口为40厘米的网兜。评价珍珠鸡群质量更重要的标准应是均匀度，即整齐度（求出平均体重看有多少珍珠鸡的体重是在平均体重±10％范围内）。如体重均匀度≥85％，珍珠鸡群极好；体重均匀度为80％～85％，很好；体重均匀度为75％～80％，好；体重均匀度为70％～75％，一般；体重均匀度70％以下，差。如果体重均匀度低于80％，要寻找原因，着手解决。如果珠鸡群显著地偏离体重指标或均匀度不好，应设法找到原因，如疾病、寄生虫、过于拥挤、高温、营养不良、断喙过度、通风不当等，以便今后改进。若均匀度太差，还应分群饲养管理。若找不到原因，就要整群。把珠鸡群内的鸡分为超标、达标和不达标三个小群隔开饲养。分别进行不同的饲养管理。其饲养管理方法如表7-8所示。整群对所有珍珠鸡群都具有意义，虽然增加了工作的强度和难度，但可以提高珍珠鸡群的整齐度，使以后种珠鸡产蛋率上升快，高峰上得高。

表7-8　不同珠鸡群的饲养管理方法

类别	饲料	饮水	密度
超标	限制饲养	限制饮水	正常
达标	正常饲养	正常饮水	正常
不达标	提高饲料中营养含量或使用抗生素助消化剂增加饲喂次数；适当延长采食时间	正常饮水水中可以添加营养剂和抗应激剂等	减少饲养密度

7. 及早进行上栖架训练

珍珠鸡有登高栖息的习性。在舍内设置栖架，可为珍珠鸡提供适宜的生活条件，同时也防止潮气侵袭，减少胃肠炎的发生，防止夜间聚堆。珍珠鸡尚存野性，一般到 12 周以后才逐渐出现。为达到较好的驯化效果，管理工作应尽早进行，一般 8 周龄就开始训练上栖架。

8. 防治疾病

（1）驱虫 地面养的雏珠鸡与育成珠鸡比较容易感染寄生虫，应及时对寄生虫病进行预防，增强珍珠鸡体质和改善饲料效率。

（2）接种疫苗 应根据各个地区、各个鸡场以及珍珠鸡的品种、年龄、免疫状态和污染情况的不同，因地制宜地制订本场的免疫计划，并切实按计划落实。

9. 选留后备种用珠鸡

在育成过程中应尽早将不符合品种标准的珍珠鸡淘汰，以免增加成本。种珠鸡的初选工作一般在 6～8 周龄进行，选体重适中、羽毛紧凑、体质健壮、采食力强、活泼好动的留种。第 2 次选择在 18～20 周龄，结合转群或接种疫苗进行，进行逐只或抽样称重，将低于平均体重 10% 的个体淘汰。

四、育成珠鸡的放牧饲养

1. 放牧场地的选择

珍珠鸡放牧地应与其他家畜的牧区分开，其他畜群需远离珠鸡群。如牧区被鸡粪污染过，要禁止在这一地区放牧。放牧场地要有足够数量的珍珠鸡喜欢采食、营养丰富的牧草。珍珠鸡喜食的草类很多，一般只要无毒、无刺激、无特殊气味的草都可供珍珠鸡采食。放牧场地要求开阔、平坦，附近应有供珍珠鸡遮阴休息的树林或人工凉棚等。牧区内搭建简易育成珠鸡舍，选背风干燥处用毛竹、木头等扎成双坡或单坡顶棚架（图 7-4），高 1.5 米左右，用石棉瓦盖顶和彩条编织塑料布围墙。舍内地面平整，条件好的用水泥铺面。放牧面积较大时，可多搭几个临时荫棚，棚内安放料槽、饮水器等，供珍珠鸡白天采食、饮水和防风避雨用。每只珍珠鸡需要 16 平方厘米的遮阴面积。夏季要选择背阳的坡地，可以避开直射日光。由于昆虫都是躲在阴坡，可以啄食大量的动物性饲料。冬季易迟放早收，找向阳的牧地和坡地。春秋由于是收割季节，应先到田间觅食剩下的谷物，吃饱后再放到青草地。

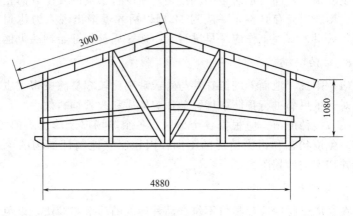

图 7-4　牧野棚舍简图（单位：厘米）

提示

　　牧地的选取要尽量满足其生活习性，不要选在人多噪声较大之处，否则易引起神经质，出现不安、逃避、乱飞的"惊群"现象，严重影响放牧。特别要注意，不要到刚用过农药、除草剂的山地和田地放牧，以免引起中毒。

2. 放牧前的准备

　　雏珠鸡个体娇嫩，抵抗力低，对环境条件敏感，不适宜放牧，但应要做好放牧前的调教与驯化。一般从饲养半个月的珠鸡苗中挑选出眼大有神、羽毛光亮、体重在 25～50 克的体质健壮的优良珍珠鸡苗，作放养珠鸡苗。放牧珍珠鸡必须断翅，一般在 1 日龄就进行，方法是用消过毒的剪刀剪去飞节，用烙铁止住血。每剪一只，剪刀口要用酒精消 1 次毒。为便于今后放牧管理，3 日龄后就要运用条件反射原理对珍珠鸡进行调教，方法是每天只定时喂 6 次食，每次都发出信号（吹哨子或敲竹筒）后放食，吃完食后就把料桶收起，只留饮水器，保证饮水。以后坚持用同一信号呼唤，每次使用信号后都应及时投料，不要让小珍珠鸡失望。

3.放牧时间

珠鸡舍饲6周龄左右即可选择晴天放牧。此期间羽毛开始丰满，食欲旺盛，生长快速。放牧群以100～200只为宜。珠鸡群过大，容易因采食不够而自然分散，造成管理困难，可依据留种、育肥、价格的高低随时调整群体的数量，对弱、残珍珠鸡进行淘汰。放牧时间长短应根据珍珠鸡的日龄大小而定。放牧初期要控制时间，8周龄以后每天上下午各放1次，每次1～1.5小时。刚开始时活动时间不要太长，以后逐渐增加到每天放牧5～6小时，上下午各放1次，中午要回棚休息。如在放牧中发现幼珠鸡有怕冷的现象，应停止放牧。

4.放牧珠鸡群调教

珍珠鸡的合群性较强，但对周围环境的变化十分敏感。放牧前应根据珍珠鸡的行为习性进行调教，先将各个小群的珍珠鸡并在一起吃食，让它们互相认识、互相亲近，几天后再继续扩大群体，加强合群性。在出牧、归牧、休息时，放牧人员给以相应的信号，使珠鸡群建立起相应的条件反射，养成良好的生活规律，使之在遇到意外情况时也不会惊叫走散。第1次放牧出舍时，可采取手提有色育雏料桶，配合用固定的语言信号，另一人在后驱赶，帮助指挥珍珠鸡上路。傍晚归舍时，可采取在归途中撒少许配合饲料的方法诱引回舍。时间一长易形成条件反射，这样就可以用固定的信号，令其定时上路和归舍了。调教过程中要注意放牧路线不要随意改变，以免迷失方向，放牧时应有专人看管，当珠鸡群过于散或跑得太远时，就马上用信号呼唤聚拢来，给点饲料，防止丢失。开始放牧时在周围环境不复杂的地方放牧，让珠鸡群慢慢熟悉放牧路线。然后进行放牧速度的训练，按照空腹快、饱腹慢、草少快、草多慢的原则进行调教。

5.观察采食与补饲

如放牧场地条件好，幼珠鸡采食的食物能够满足生长发育的营养需要，可以不补饲或少补。每天早上放鸡，白天开料和下午关鸡时是对珠鸡群观察的最好时机，此时应及时观察珠鸡群的表现状况，健康珠鸡表现为吃料、饮水速度快，早上放出时争先跑出，开料时跑来抢食，叫声响亮。放牧场地条件较差，或者当日最后一个"饱"未达到十成饱，或者肩、腿、背、腹正在脱落旧毛、长出新羽时，营养满足不了生长发育的需要，就应该做好补饲。刚由雏珠鸡转为幼珍珠鸡时，可继续适当补饲，但应随时间的延长，逐步减少补饲量。白天补料可在牧地上进行，这可减少珍珠鸡群往返而避免劳累。补饲时加喂青饲料和精饲料，每天补饲量应视草情、鸡情而定，以满足需要为佳。补饲时间通常安排在中午或傍晚。为了使珍珠鸡群在牧地上多吃青草，白天补料时不喂青料，只给精料。其参考饲料配方为玉米52%、麸皮14%、小麦8%、豆饼12%、鱼粉4%、草粉5%、贝壳粉1.5%、骨粉1.5%、食盐0.5%、蛋氨酸和赖氨酸各占0.25%、微量元素及多维素0.5%。

6. 疾病预防

由于放牧养珍珠鸡活动范围广，疾病防治难度大，为此必须按免疫程序和预防性投药来预防，平时多注意观察，必要做好马立克病、鸡痘、新城疫、法氏囊病、球虫病的预防，同时要求做好定期消毒（可用草木灰、生石灰等消毒剂）。

> **提示**
>
> 提示：喂料时，要认真观察中珍珠鸡的采食动作和食管的充容度。凡食欲不振者，表现为采食时抬头，东张西望，不愿下咽，有的嘴呷角吊几片菜叶，头不停地甩或动作迟钝，或站在旁边不动，有此情形者疑为有病，必须立即将其提出，进行检查并隔离饲养。

7. 放牧时注意事项

放牧人员，不宜随意更换。放牧前要仔细观察珍珠鸡群，把病弱和精神不振的珍珠鸡留下，出牧时点清珍珠鸡数。放牧要逐步锻炼，路线由近渐远，慢慢增加，途中尽量选择平坦路线。放牧时要注意观察珍珠鸡群动态，幼珠鸡胆小、敏感，要防止其他动物、有颜色的物品、喇叭声等突然出现引起惊群。平时要注意天气变化，避免珠鸡群受到烈日暴晒和风吹雨淋，阴雨天应停止放牧。收牧时，要注意清点珠鸡数后返回育雏舍。同一珠鸡群采取全进全出的饲养方式，因为不同日龄珠鸡的饲养、管理、饲料及预防免疫要求不同，如果同养就会造成防疫和管理上的不便。同时每批珠鸡统一出笼后，能统一对珠鸡舍内讲行清理、消毒，对舍外林地进行清扫、铲除、深挖，并空场一段时间以达到自然净化作用。一般一片牧地饲养 2～3 批后就应另换场地。放牧过珍珠鸡的牧区，2 年之内不能放牧珍珠鸡。

第三节　种珠鸡的饲养管理

一、种珠鸡的饲养方式

当前种珠鸡的饲养方式大致有半放牧饲养、舍内笼养和地面平养三种方式，我国采用地面平养较多。

1. 地面平养

地面平养是指利用各种地面结构在平面上饲养鸡群。一般每 5～8 只珍珠鸡配备一个产蛋箱；饮水设备采用大型吊塔式饮水器或在舍内的两侧安装水槽或乳头式饮水器等。喂料设备采用吊桶、链式料槽、弹簧式料盘和塞索管式料盘等，后三种为机械喂料设备。平养一次性投资较少，珍珠鸡的活动多，骨骼坚实，便于在大面积上观察珍珠鸡群状况。缺点是饲养密度低，捉珍珠鸡较麻烦，需设产蛋箱。平养又分为垫料地面平养、网状（或条板）平养和地网混合平养三种方式。

（1）垫料地面平养　垫料地面平养可分为一般垫料平养和厚垫料平养。前者夏季铺垫 8 厘米垫料，冬季为 10 厘米。后者一般先撒上一层生石灰吸潮，再铺 10 厘米厚的垫料，以后局部撤换、加厚，直至 20 厘米为止。这类地面投资较少，冬季保温较好，但舍内易潮湿，饲养密度低，窝外蛋和脏蛋较多。寒冷季节若通风不良，空气污浊，易于诱发眼病及呼吸道病。

（2）网状（或条板）平养　网状（或条板）平养与网上育雏类似，把产蛋珠鸡饲养在离地约 70 厘米高的铁丝网或尼龙网或竹网上。其结构与雏珠鸡的相似，只是网眼大些，一般为 2.5 厘米×5.0 厘米，网眼的长边应横向于珠鸡舍，每 30 厘米设一较粗的金属架，防网凹陷。条板饲养是以宽 2.0～5.0 厘米、间隙 2.5 厘米的木条、竹片等做成离地条板。近年又出现了塑料板条，坚固耐用，便于清洗消毒，只是造价较高。这种平养每平方米可比垫料平养多养 40%～50% 的珍珠鸡，舍内易于保持清洁与干燥，珍珠鸡不与粪便接触，利于防病。平时要防饮水器漏水而使鸡粪发酵或生蛆。

（3）地网混合平养　地网混合平养是舍内 1/3 面积为垫料地面，居中或两侧，另 2/3 面积为离地金属网或板条，高出地面 40～50 厘米，形成"两高一低"或"两低一高"的形式。

2. 半放牧饲养

所谓半放牧饲养就是在牧地上，以围篱分割成若干块相连的永久放牧区，以轮牧方式饲养珍珠鸡。半放牧饲养的先决条件是要有牧草茂盛的优良牧地，牧地面积大小视饲养的珍珠鸡数量而定。在牧区共同交界处建筑简易鸡舍，以供珍珠鸡避雨、采食、栖息和产蛋用。鸡舍内设置料槽、水槽，安装电灯、栖架等。

3. 舍内笼养

生产实践表明，珍珠鸡采取笼养方式既便于开展人工授精，提高受精率，减少种公珍珠鸡的饲料和饲养费用，又可避免散养人工抓鸡的麻烦，可大大减少珍珠鸡群的应激反应和对产蛋的影响。种珠鸡笼规格应比普通鸡的种鸡笼略大，其大小可依珍珠鸡体型和每笼饲养只数而定。摆放可采用单层放置，也采用 2 层或 3 层全阶梯式叠放，以单层对人工授精较方便。

> **提示**
>
> 　　珍珠鸡笼要求结实、耐用、不易变形，笼门关闭牢固紧密，以避免珍珠鸡飞逃，破坏珍珠鸡舍的安静和正常的饲养管理。同时珍珠鸡笼焊接部分要光滑，防止珍珠鸡因受机械损伤而引起疾病或死亡。

二、种珠鸡的选择

1. 选择时间

种珠鸡第 1 次选择一般在 16～17 周龄，一般公种珠鸡是最优秀的个体，作为种珠鸡，选出量占全群的 10%，另留 10% 较优秀的作为后备种珠鸡。母珍珠鸡绝大部分（80％～90％）都可选留作为种鸡，只需淘汰那些体重太轻、体质较差、有明显外伤和畸形的母珠鸡。

2. 种珠鸡的外貌选择

公珍珠鸡要有足够的体重，腿脚粗壮有力，脚趾平直而无弯曲，有雄性特征，肩背部要宽，胸部要宽而深。人工采精时，反应敏感，生殖突起大，一次精液量在 0.08 毫升以上，精子活力强，平均密度在 60 亿/毫升以上。具有以下缺陷的公珍珠鸡不能留作种用：肩窄背长，胸部窄浅；腿长而无力，脚趾弯曲，走路摇晃；表现胆小、爱喘、呼吸负担重，精液品质不良。母珍珠鸡应选择那些羽毛发育良好，背平尾直和地面成 35°～40°角，胸线和背线趋于平行，裆宽，腹部柔软者。

三、创造适宜的环境条件

1. 温度

温度对珍珠鸡的生长、性成熟、受精、产蛋、蛋重、蛋壳重及饲料效率都有影响。据测定，气温低于 10 摄氏度时，种蛋的受精率明显降低，产蛋率也呈下降趋势，而且气温对公珠鸡的影响比对母珠鸡的影响更为突出。因为温度低时，公珠鸡不愿配种，排精量减少，精液浓度变稀，精子活力减弱，即使采用人工授精技术，其受精率也不高。但是高温对珍珠鸡的繁殖率影响不明显，特别是对公珠鸡仍有良好的繁殖性能，甚至气温高达 37 摄氏度时，无论是自然配种还是人工授精，其受精率降低不显著。珍珠鸡产蛋最适宜环境温度范围为 15～28 摄氏度。故产蛋珍珠鸡舍温度至少应保持在 10 摄氏度，这样的舍温尚能维持正常产蛋，当气温超过 25 摄氏度或低于 10 摄氏度时，要相应采取降温和保温措施。

2. 湿度

珍珠鸡适宜饲养在较干燥的环境中，相对湿度 55％～60％。高温高湿和低温高湿对珍珠鸡繁殖力和本身都与非常不利。此外，舍内应有良好的通风条件，保持空气流通新鲜。特别是在夏天，通风即可排出舍内污浊空气，又能缓解高温高湿的严重影响。

3. 光照

种珠鸡的光照十分重要，它不仅影响种珠鸡的性成熟，充足的光照可使珍珠鸡多下蛋，保持产蛋的持续性，而且有助于减弱母珍珠鸡产蛋期的就巢性。应注意的是后备公珠鸡应比后备母珠鸡提早增加光照时间，因为公珠鸡比母珍珠鸡晚1个多月成熟，提前增加光照可加速公珍珠鸡的性成熟，有利于提高种蛋品质。14～20周龄期间，公、母珠鸡可混群饲养，实施统一的光照制度，每天光照时间8～10小时；光照强度为1瓦/平方米。22～25周龄期间，公、母分群饲养，采用不同的光照制度。公珠鸡20周龄开始，实施每天10.5小时的光照，此后每周增加0.5小时，直至25周龄增至13小时，光照强度1.5瓦/平方米；母珠鸡20～23周龄期间，每天光照时间10小时，24周龄为10.5小时，25周龄为11小时，光照强度1.5瓦/平方米；以后公、母珠鸡每周增加0.5小时，增至16小时为止。在开放式鸡舍应充分利用自然光照，以自然光照为主，并用人工光照补充自然光照的不足。人工补充光照时，以每平方米舍内地面4～6瓦的白炽灯泡即可，光线过强会造成珍珠鸡群的不安，易诱发啄癖。

> **提示**
>
> 在产蛋期，母珠鸡的光照时间只能增加，不能减少，否则会出现产蛋下降，甚至脱羽停产现象。

4. 密度

珍珠鸡公、母分开饲养，一般笼养每平方米7～9只。

四、产蛋珠鸡的饲养

1. 目标体重

一般进入22周龄后要特别注意母珠鸡的体重标准，喂以产蛋前期料，使其在26～27周龄达到1800～1850克产蛋体重，以后的产蛋期保证饲料中蛋白质和能量水平，保证母珠鸡体重维持在2000克左右，并于查蛋高峰期来临前1周使用产蛋高峰期饲料。

2. 产蛋珠鸡的营养要求

母珠鸡除满足自身维持需要和适当增重外，还必须供给产蛋的营养。产蛋珍珠鸡营养需求要和一般珍珠鸡相比，对维生素及微量元素需求量高，如锰、烟酸、维生素 E 等，在配制日粮中要特别注意，否则会出现关节疾病，产软壳蛋和受精率低等不良情况。假设珍珠鸡在整个产蛋期，每日营养素需要量相同，这样，每天的采食量不同将使日粮营养浓度发生很大的变化。比如产蛋早期，采食量相对较低，需要提高日粮营养水平。因此，在产蛋期不同阶段应该按照不同的饲养标准给予不同营养水平的饲料。为了合理地、有效地利用饲料，转入产蛋期的珠鸡除改喂产蛋珍珠鸡料外，还要根据珠鸡产蛋性能配合饲料，产蛋率超过 50% 的珍珠鸡群应喂 1 号料，产蛋率低于 50% 的珠鸡群应喂 2 号料（表 7-9）。

表 7-9　珍珠鸡种鸡产蛋期饲料营养成分（每千克饲料含量）

营养成分	1 号料	2 号料	营养成分	1 号料	2 号料
代谢能/兆焦	11.49	11.29	维生素 A/国际单位	15000	15000
粗蛋白/%	17.5	16.5	维生素 D₃/国际单位	3000	3000
赖氨酸/%	0.85	0.80	维生素 E/国际单位	30	30
蛋氨酸/%	0.43	0.36	维生素 C/微克	20	20
蛋氨酸＋胱氨酸/%	0.75	0.65	维生素 K₃/毫克	5	5
粗纤维/%	4	4.2	维生素 B₁/毫克	2	2
钙/%	3.2	3.2	维生素 B₂/毫克	20	20
总磷/%	0.72	0.72	维生素 B₆/毫克	4	4
有效磷/%	0.45	0.45	维生素 B₁₂/毫克	15	15
镁/毫克	100	100	烟酸/毫克	50	50
锌/毫克	80	80	泛酸/毫克	20	20
铁/毫克	40	40	胆碱/毫克	600	600
铜/毫克	12	12	叶酸/毫克	2	2
碘/毫克	2	2	生物素/毫克	0.2	0.5
硒/毫克	0.15	0.15			
钴/毫克	0.25	0.25			

3. 饲喂方法

　　母珠鸡生产性能高，必须喂给全价饲粮，用尽可能少的饲粮全面满足其营养需要，充分发挥其产蛋潜力，达到经济高效的目的。产蛋期的珍珠鸡一般采用喂干粉料。母珠鸡至 22 周龄以后，即可喂给产蛋前期料，使其在 26～27 周龄达到 1.8～1.85 千克的产蛋标准体重。产蛋后期换成产蛋后期料。在产蛋期，每天喂料 3 次，早上开灯后 2

小时内喂第 1 次料，晚上熄灯前 3 小时喂最后 1 次料，中午 1 点前后喂 1 次料，且每次饲喂结束后每半小时匀料 1 次，以确保珍珠鸡采食到足够的养分。表 7-10 为产蛋珠鸡的饲喂量，珍珠产蛋期平均日耗料 105～120 克，实际饲喂中可根据日粮能量水平、环境温度、产蛋珠鸡的体重、产蛋率等进行适当的调整。

表 7-10   产蛋珠鸡日饲喂量   单位：克/只

开产前		开产后		产蛋高峰期	
周龄	饲喂量	产蛋率	饲喂量	产蛋率	饲喂量
25 周龄	85	1%～5%产蛋率	98	80%产蛋率	118
26 周龄	90	5%～10%产蛋率	105	70%产蛋率	115
27 周龄	92	10%～20%产蛋率	110	60%产蛋率	110
		20%～40%产蛋率	115		
		40%～80%产蛋率	120		
		80%以上产蛋率	132		

4. 防止饲料浪费

产蛋珠鸡饲料成本约占总支出的 70%，节约饲料能明显提高经济效益。饲料浪费的原因是多方面的，防止饲料浪费的措施主要有以下几个方面。

① 保证饲料均衡合理，既不缺乏也不多给。

② 饲料保存要避光、防潮、防虫害鼠害。日光直射可使饲料脂肪氧化，破坏维生素；太过潮湿会引起饲料霉变。此外，饲料房和珍珠鸡舍不能有甲虫类和鼠类，否则会被吃掉大量饲料。

③ 料槽的构造和高度要合适。槽底最好是平的，底板与侧板要成直角而不是三角形，槽边沿内卷，防止珍珠鸡将饲料钩到外面去。饲槽高度要与珍珠鸡背高度一致，方便珍珠鸡采食又不致将饲料钩到槽外。料槽有损坏时，要及时修补或更换。

④ 饲料形状和添料方法要合理。粉料不能过细，以珠鸡不挑食为原则，否则易造成采食困难并"料尘"飞扬。每次添料不能超过食料槽容量的 1/3，避免添料过满珍珠鸡出现抛料行为。

⑤ 采用高质量的自动喂料设备。

⑥ 及时淘汰低产珠鸡和停产珠鸡。

⑦ 给珍珠鸡断喙、截翅。

5. 产蛋期的饮水

对珍珠鸡生产具有重要意义。一旦缺水或停水时间稍长，都会严重影响鸡的采食量和产蛋量，特别是在炎热夏季，长期或经常性缺水很容易造成鸡体代谢紊乱而影响其健康和生产，严重者甚至停产。在生产中，饮水尽可能取深井水，并坚持定期对珍珠鸡的饮用水消毒，及时清洗水槽或饮水器，以便有效杀灭和减少水中的病原微生物。

五、产蛋期的管理技术

1. 开产前后的管理

开产前后是指 22～26 周龄这一段时间，这是育成珠鸡从生长期向产蛋期过渡的重要时期，因此饲养管理上需采取一些措施，以利产蛋珠鸡很好地完成这种转变，为今后的高产做好准备。

（1）适时转群 上笼前 2 周对产蛋珍珠鸡舍进行全面清洁消毒。清洁消毒步骤：先清扫，清扫干净珍珠鸡舍地面、屋顶、墙壁上的粪便和灰尘，清扫干净设备上的垃圾和灰尘；再冲洗，用高压水枪把地面、墙壁、屋顶和设备冲洗干净，特别是地面、墙壁和设备上的粪便；最后彻底消毒，如珠鸡舍能密封，可用福尔马林和高锰酸钾熏蒸消毒，如果珠鸡舍不能密封用 5%～8% 火碱溶液喷洒地面、墙壁，用 5% 的甲醛溶液喷洒屋顶和设备，对料库和值班室也要熏蒸消毒，用 5%～8% 火碱溶液喷洒距鸡舍周围 5 米以内的环境和道路。产蛋珠鸡舍经过彻底清洗、修补和消毒后，可以转入 22～26 周龄的育成珠鸡。这时母珠鸡还未开产，有一段适应新环境的时间，对培养高产珠鸡群有利。否则，转群过晚，由于珍珠鸡对新环境不熟悉，会出现中断产蛋的情况，以致影响和推迟产蛋高峰的到来，甚至影响其最终生产成绩。转群前要准备充足的饮水和饲料，使珍珠鸡一到产蛋舍就能正常饮食。转群时要注意天气不应太冷太热。捉珠鸡要轻捉轻放，以防骨折和惊恐。同时，转群过程中要逐只进行选择，严把质量关，把发育不良的、病弱的珍珠鸡淘汰掉，断喙不良的珍珠鸡也要重新修整，并计好珍珠鸡数。转群是一项工作量大、时间紧的任务，可以把人员分成抓鸡组、运鸡组和接鸡组三组，把工作人员基本固定在所管理的珠鸡舍内工作，可以提高工作效率，避免人员交叉感染。转群后，饲喂次数增加 1～2 次，不能缺水。由于转群的影响，珍珠鸡的采食量需4～5天才能恢复正常。转群最好在关灯前或天黑前转完，动作要轻，速度要快，尽量减少外界的刺激。抓珍珠鸡的方法是用一只手快速抓住珍珠鸡双腿的肘关节部位，然后用手提，使珍珠鸡的前胸和嗉子先着地。人工运珍珠鸡时，应该抓住珍珠鸡的双腿，倒提着运到珠鸡舍或车上。转群前后的3天内，在饲料中或在饮水中添加维生素。要勤于观察珍珠鸡群的动态，处理突发事件，特别是笼养珠鸡，防止挂头、别脖、扎翅等伤亡事故跑出笼外的珍珠鸡要及时抓回笼内。

（2）分类入笼，注意卫生　即使育雏、育成期饲养管理良好，由于遗传因素和其他因素使鸡群里仍会有一些较小鸡和较大鸡。如果都淘汰掉，成本必然增加，珍珠鸡舍内笼位也会空余，造成设备浪费。所以上笼时，把较小的鸡和较大鸡分别装在不同层次的笼内，采取特殊管理措施。如过小珠鸡装在温度较高、阳光充足的南侧中层笼内，适当提高日粮营养浓度或增加喂料量，促进其生长发育。过大鸡进行适当限制饲养，为避免先入笼的欺负后入笼的珠鸡。每个笼格内要一次入够。入笼时检查喙是否标准，必要时补断。上笼后，珍珠鸡对环境不熟悉，加之一系列生产程序，对珍珠鸡造成极大应激。随产蛋率上升，机体代谢旺盛，抵抗力差，极易受到病原侵袭。所以必须注意开产前后珍珠母鸡的隔离、卫生和消毒，杜绝外来人员进入饲养区和珠鸡舍。饲养人员出入要消毒。保持珠鸡舍环境、饮水和饲料卫生。定期带鸡消毒，减少或消灭传染源，切断传播途径。生产中开产前后易发生霉形体病和大肠杆菌病，应加强防治。

（3）准备产蛋箱　在平养珠鸡群开产前2周，要放置好产蛋箱，否则会造成窝外产蛋现象。一般每4～5只母珠鸡放1只产蛋箱，可每4～6只产蛋箱连成一组。箱内铺垫草，要保持清洁卫生。产蛋箱的规格不可太小，应能让母珠鸡在内自如地转身，其一般规格为宽30厘米、高40厘米、深40厘米，前门设5厘米高的门栏，箱内垫干草或稻草。产蛋箱应设在离地面1.5厘米处，背面相连，成排地放在舍中央。要训练珍珠鸡习惯在箱内产蛋，减少种蛋破损和被粪便污染的机会。晚上把产蛋箱门关闭，不让珍珠鸡在箱内过夜。

（4）保持珠鸡舍安静　珍珠鸡性成熟时是其新生活阶段的开始，特别是珍珠鸡产头两个蛋的时候，精神亢奋，行动异常，高度神经质，容易惊群，应尽量避免惊扰鸡群。

2. 产蛋高峰期的管理

在产蛋高峰，珍珠鸡群的产蛋率上升很快，要做好以下饲养管理工作。

（1）充分满足产蛋珠鸡的营养需要 在产蛋高峰期前1周，即使用产蛋高峰期饲料，要特别注意供给优良的、营养完善而平衡的高蛋白、高钙日粮，千方百计满足珍珠鸡群对维生素 A、维生素 D_3、维生素 E 等各种营养的需要，并保持饲料配方的稳定。这个阶段应让其自由采食，并随产蛋率的增加逐渐增加喂饲量，饲喂量的增加要走在产蛋量上升之前。当产蛋率下降时，减少饲喂量要缓慢，并走在产蛋下降之后。

（2）加强卫生防疫等工作 处于繁忙生产阶段的珠鸡群，抵抗力较弱，易感染疾病。因此，要特别注意环境与饲养卫生，不使珠鸡群受到病原微生物的侵袭。此期尤其要做好以下工作。

① 减少珠鸡群应激。在产蛋高峰期间，珍珠鸡机体已经受到相当大的内部应激，如再采取能形成外部应激原的措施，如并群、驱虫、防疫等，会使珍珠鸡群处于多重应激下，易使产蛋高峰急剧下降，以后一般恢复不到原来的水平，最多只能回到该周龄产蛋曲线的高限，使产蛋量受到大幅度的削减。

② 要保持各种环境条件（温度、湿度、光照、通风等）尽可能的适宜、稳定或渐变。注意天气预报，及早预防热浪与寒流，采取有效的防寒降温措施。按常规进行日常的饲养管理，使鸡群免受惊吓。

③ 珠鸡群的大小与密度要适当。提供数量足够、放置均匀的饮、喂设备等。

④ 接近珠鸡群时给以信号，轻捉轻放，尽可能在弱光下进行。

⑤ 尽量避免连续进行可引起珍珠鸡骚乱不安的技术操作。

⑥ 杜绝参观者入舍，特别是人数众多或奇装异服者。

⑦ 不喂给影响产蛋的药物（如磺胺类）。

⑧ 预知珍珠鸡处于逆境时，将饲料中的维生素加倍供给。

总之，这个阶段要保证满足珠鸡群高产的营养需要和环境条件，保证珍珠鸡群的健康、高产和稳产，使产蛋高峰能维持得长一些，产蛋率下降得缓慢些。

3. 产蛋后期的管理

（1）产蛋后期及时调整日粮组成　一般可适当降低粗蛋白水平，能量水平不变，适当补充钙质。这样，既可降低饲料成本，又能防止珍珠鸡过肥而影响产蛋。

（2）淘汰不产蛋珍珠鸡　目前，在生产上的产蛋珍珠鸡大多只利用到 66 周龄，这样既便于更新珍珠鸡群和保持连年有较高的生产水平，且有利于省饲料、省劳力、省设备。许多珍珠鸡场（户）也有采用淘汰低产的母珍珠鸡，留下高产母珍珠鸡，再养一段时间或 1 年。

4. 产蛋珠鸡的日常管理

（1）建立日常管理制度　认真执行各项生产技术措施，保证珠鸡群的稳产高产。饲喂、饮水、光照、卫生等制度要严格稳定，不能随意变化，以最大程度的减少应激反应的发生，避免对产蛋的影响。

（2）观察珠鸡群　产蛋珠鸡的日常管理工作除喂料、拣蛋、打扫卫生和生产记录外，最重要、最经常的任务是观察和管理珠鸡群，掌握珠鸡群的健康及产蛋情况，及时准确地发现问题和解决问题，保证珠鸡群的健康和高产。

① 观察珠鸡群的精神状态。清晨开灯后随时注意观察，若发现病珠鸡应及时挑出隔离饲养或淘汰；若发现死珠鸡尤其是突然死亡且数量较多时，要立即送兽医确诊，及早发现和控制疫情。

② 观察珠鸡群的采食和饮水情况。喂料给水时，观察料槽和水槽的结构和数量是否能满足产蛋珠鸡的需要。每天应统计耗料量，发现珍珠鸡采食量下降时，应及时找出原因，加以解决。对饮水量的变化也应重视，往往是发病的先兆。

③ 观察脱肛、啄肛现象。多数珍珠鸡开产后，应注意观察有无脱肛、啄肛现象，及时将啄肛珠鸡和被啄珠鸡分开，并对伤者进行治疗。伤重者进行缝合，伤轻者涂擦碘酒等局部消毒，然后注射青霉素 [2 万～4 万单位/（只·天）]，或口服抗生素，以防感染并消除炎症。

④ 观察有无意外伤害。及时解脱挂头、别脖、扎翅的珍珠鸡，捉回挣出笼的珍珠鸡；发现好斗的珍珠鸡及受强鸡欺压不能正常采食、饮水、活动的弱珠鸡，应及时调整珠鸡笼，避免造成损失。防止飞鸟、老鼠等进入珍珠鸡舍引起惊群、炸群和传播疾病。

⑤ 观察珠鸡群有无生长异常。由于人工调节环境及饲料营养不良等原因，可能引起珠鸡群生长异常，应采取有效措施进行调节。

⑥ 观察珠鸡群健康与否。珍珠鸡是否健康是观察的主要内容，可从精神、食欲、粪便、行为表现等方面加以区别珍珠鸡是否健康。健康珠鸡精神活泼、食欲旺盛、站立有神、行走有劲、羽毛紧贴、翅膀收缩有力、尾羽上翘。病珠鸡精神沉郁、两眼常闭、羽毛松弛、翅尾下垂、食欲差或无；常伏卧，呼吸带声，张嘴伸脖，有的口腔内有大量黏液，有的嗉囊充气，有的腹部肿胀发硬，有的体重极轻，龙骨刀状突起，有的肛门附脏污，粪便稀薄，呈黄绿色或灰白色或带血。

⑦ 观察有无呼吸道疾病。观察珍珠鸡有无甩鼻、流涕行为，倾听珍珠鸡有无呼吸道所发出的异常声响，如呼噜、咳嗽、喷嚏、咯音等，尤其是夜晚关灯后更好。若有必须马上挑出，有一只挑一只，不能拖延，并隔离治疗，以防疾病传播蔓延。

总之，观察管理珍珠鸡的内容很多，在饲养实践中，凡是影响珠鸡群正常生活、生产的情况，均属观察管理的内容。高的产蛋水平来源于细致的观察和精心的管理。

（3）保持稳定良好的环境 产蛋珍珠鸡对环境变化非常敏感。环境的突然改变，如高温、断喙、接种、换料、断水、停电等，都可能引起珍珠鸡群食欲不振、产蛋下降、产软壳蛋、精神紧张，甚至乱撞引起内脏出血而死亡。这些表现往往需要数日才能恢复正常。因此，稳定而良好的环境对产蛋珍珠鸡非常重要。为了创造稳定、安静、卫生的环境，必须严格制订和认真执行科学的珠鸡舍管理程序，保证适宜的环境条件（温度、光照、通风等）和饲喂条件（定时定量喂料、饮水），饲养管理操作动作要轻，人员固定，按作业日程完成各项工作。如定时开关灯、按时喂料、捡蛋、打扫卫生等。接近珠鸡群时给以信号，轻捉轻放，尽可能在弱光下进行，尽量避免连续进行可引起家禽骚乱不安的技术操作。此外，还要保持环境的卫生，进珍珠鸡前，做好珠鸡舍、所有设备、用具及周围环境的消毒。

（4）捡蛋 捡蛋的起止时间必须固定，尤其是截止时间，不可任意推后和提前。捡蛋时要轻拿轻放，尽量减少破损，全年破损率不得超过3%。捡蛋次数每日上午、下午各捡1次（产蛋率低于50%，每日可只捡 1 次)。捡蛋时饲养员一手提篮子,一手拿标有红布条的短木棒,嘴里发出类似口哨样的声音,一次将产蛋箱里的母珠鸡推出产蛋箱,将它们轰远,捡出箱内的珍珠鸡蛋,将珠鸡蛋放入篮中,送往种蛋消毒室。捡蛋时要做好以下工作。

① 把好蛋、沙皮蛋、流清蛋进行分类、计数、记录,有时还需要把好蛋装箱,并标明装箱日期及装蛋人姓名。

② 捡出的破蛋、空壳蛋禁止直接喂产蛋鸡,以免母珠鸡养成偷吃鸡蛋的习惯。

③ 脏蛋要及时处理,但不能用水洗,以免污水渗入蛋壳内不好保存,引起变质。

提示

> 每次捡的种蛋都应及时熏蒸消毒。

(5)减少脏蛋和破蛋 饲养管理过程中常采取以下措施减少脏蛋和破蛋:避免笼内积粪,预防珍珠鸡鸡消化道、生殖道疾病以及传支等呼吸道疾病;保持珠鸡舍环境适宜、安静和渐变;保证饲料中钙、磷和维生素 D_3 的含量及适宜的钙磷比例;改进珠鸡笼结构,减少笼底金属丝对蛋的冲击(如镀塑或铺上一层塑料网垫);保证笼底有必要的倾角,使产出的蛋能及时滚出,防母珠鸡踩坏;在采集、运输时轻拿轻放,防止大的震动。

(6)防就巢 母珠鸡有较严重的就巢性,并能在同一生产周期中反复出现就巢。母珠鸡就巢行为一般每产 10~15 枚蛋就出现 1 次,而停止产蛋。母珠鸡就巢的原因主要是由高温柔软的垫料造成的,在僻静黑暗的地方饲养,母珠鸡更易就巢。为了保证珍珠鸡持续高产,防止母珠鸡就巢的出现,平时饲养中要勤观察,及时发现将要就巢的珍珠鸡。平时要做好以下工作。

① 要注意保持舍内明亮没有死角,光照强度不应低于 50 勒克斯,并保证光线充足地射入产蛋箱内。

② 增加捡蛋次数,缩短母珠鸡在产蛋箱内停留时间。

③ 加强运动,每天驱赶 4~5 次,使其不能长时间停留在角落里。

④ 在产蛋期间应在母珠鸡舍一侧设置几个单独的小圈,每个小

圈可容纳全群母珠鸡的 $1\%\sim1.5\%$。圈内要求光照强度大，光照时间长，周围用遮挡物包围，避免圈内母珠鸡看见其他产蛋珠鸡和产蛋箱。每个小圈只设料盘、水盘，地面可铺上碎石、木条或其他障碍物。

⑤ 为促使抱窝母珠鸡醒窝，可放入公珠鸡，让公珠鸡追逐母珍珠鸡。

⑥ 加强种蛋选择，挑出那些经常抱窝的母珠鸡和其产的蛋。

⑦ 注射黄体酮或其他神经性药物醒巢。

（7）作好生产记录 要管理好珍珠鸡群，就必须做好鸡群的生产记录，如表 7-11 所示。其中，某些项目如死亡数、产蛋量、耗料、舍温、防疫、投药等都必须每天（次）记载。通过这些记录，可以及时了解生产、指导生产，发现问题、解决问题，这也是考核经营管理效果的重要根据。

表 7-11　产蛋珠鸡舍生产情况一览表

珍珠鸡种＿＿＿＿＿＿　第＿＿＿＿＿＿舍　饲养员＿＿＿＿＿＿＿＿　＿＿＿年＿＿＿月

日(周)龄	当日存养/只		减少珍珠鸡数/只						产蛋数	破蛋数	耗料/千克	备注(温度、湿度、防疫等)
	公	母	病死	压死	兽害	啄肛	出售	其他	小计			

5. 产蛋珠鸡的季节管理

（1）春季管理 春季气候变暖，雨水逐渐增加，是微生物大量繁殖的季节。在管理上要加强卫生消毒工作。在气温尚未稳定的早春，要注意协调保温与通风之间的矛盾。每年 5～7 月为珍珠鸡产蛋旺盛期。为了保证产蛋率和提高受精率，在这段时间除增加饲喂量，提高蛋白质和能量比例外，特别需要增加维生素和矿物质的含量，如锰、烟酸、维生素 E 等，以满足其需要。

（2）夏季管理　夏季是珍珠鸡产蛋的季节，必须喂给营养全价的饲料，饮水要充足。夏季气温较高，日照时间长，管理上要注意防暑降温。夏季高温气候中珍珠鸡自身抵抗力低，对外界不良因素反应敏感，易发生应激。夏季尽量避免运输转群、免疫接种等人为应激反应。必要时应选择凉爽时进行，珠鸡群所喂饲料尽可能保持稳定，饲料更换要有 5～6 天的过渡期。不喂霉变饲料，保持珠鸡舍环境安静。在饲料或饮水中加入速溶多维、维生素 C 等。夏季珍珠鸡的饮水量多，粪便稀。舍内温度高，易发酵分解产生有害气体，使舍内空气污浊。因此要及时清粪，最好每天 1 次，保持舍内清洁干燥。此外，要做好经常性的灭鼠和灭蝇工作，减少疾病传播和饲料浪费；要注意防止虱、螨的繁殖和传播。

（3）秋季管理　秋季天气渐凉，昼夜温差较大，日照渐短，要注意补充人工光照。早秋天气闷热，雨多潮湿，白天要加大通风量排湿，饲料中经常投放预防呼吸道病和肠道病的药物，开放式珠鸡舍要做好夜间保温工作，适当关闭部分窗户。

（4）冬季管理　冬季气温低，光照短，要注意防寒保暖。有条件的可加设取暖设备，条件差的要关紧珠鸡舍门窗，在南面留几扇窗户换气，晴天中午换气时间可久些，以免有害气体积留舍内。珍珠鸡的羽毛有较好的保温性，如果淋湿保温性差，极大增加鸡体散热，降低鸡的抗寒能力。要经常检修饮水系统，避免水管、饮水器或水槽漏水而淋湿珍珠鸡的羽毛和料槽中的饲料。此外，还可适当提高日粮能量水平，增加饲喂量，早上开灯后要尽快喂珍珠鸡，晚上关灯前要尽量把珍珠鸡喂饱，缩短产蛋珠鸡寒夜的空腹时间，缓解冷应激。

> 💬 **提示**
>
> 　　冬季到来前，要检修好珍珠鸡舍，堵塞缝隙，进出气口加设挡板，出粪口安装插板，防止冷风对珍珠鸡体的侵袭。

第四节　肉用珠鸡的饲养管理

肉用珠鸡又称肉用仔珠鸡，它具有生长快、耗料少、早熟性好、肉质优良和产肉率高等优点。肉用珠鸡养育期平均为 12～13 周，优良的杂交组合后代体重达 1500～1750 克，每 1000 克增重耗料2750～2800 克。肉用珠鸡饲养管理的主要任务在于缩短饲养期，增加体重，减少耗料，提高成活率和商品合格率；同时，还要特别注意保持珍珠鸡的风味与肉质。

一、肉用珠鸡的饲养方式

饲养商品肉珠鸡比较简单，目前，饲养肉用珠鸡普遍采用平养方式。可在大栏舍内隔成小间饲养，自由采食和饮水。每间不要超过 1000 只，舍内铺一些垫料，在栏舍内设置一些栖架，供珍珠鸡站落或休息。饲养采用"全进全出"制，即每栏或每间应是同一批珍珠鸡，一同进舍，一同出栏。出栏后，进行彻底消毒，闲置 1 周左右，才能进第二批珍珠鸡。这样可以有效地切断循环感染的途径，消灭舍内病原体，使珍珠鸡群生活在一个洁净的环境，保证其健康生长。

提示

  肉用珠鸡公、母最好分开饲养，要求雏珠鸡孵出后即进行性别鉴定。

二、创造适宜的环境条件

1. 温度

肉用珠鸡雏珠鸡对温度反应非常敏感，舍温偏低时，会出现腹泻而死亡数增多。在育雏期（0～6 周龄）舍温开始应为 32～35 摄氏度，随着周龄的增长而逐渐降低。7 周龄至上市期间，舍温维持在 20 摄氏度左右。若舍温偏低，可采用任一种供暖方式为其供暖。

2. 光照

肉用珠鸡对光照要求不太严格，育雏时提供适当的光照，目的是使雏珠鸡有充分的时间采食，使之吃饱以有利于后期发育。后期开放式鸡舍饲养为自然光照，晚上补充 1 次光照。一般 0～3 周龄予以配置 3 瓦/平方米，4～12 周龄予以 0.53 瓦/平方米配置，主要是防环境有突变时珠鸡群受惊拥挤压死或防兽类的侵袭。

3. 通风

在保持舍温的同时，不能忽视舍内通风，否则空气污染，珍珠鸡健康状况下降，死亡率会显著增加。在气温比较高的地区，3周龄以后的雏珠鸡就可以在有运动场的鸡舍地面散养。当珍珠鸡进入运动场时，饲养员将珍珠鸡舍内扫干净，以保持鸡舍卫生。

4. 饲养密度

肉用珠鸡的饲养密度根据气候及棚舍面积大小而定。一般0～3周龄40只/平方米，4～8周龄15只/平方米，9～12周龄6～10只/平方米。如果饲养密度过大，珍珠鸡受到拥挤生长速度会减慢，饲料转化率低，死亡率高，生产升本上升。

三、肉用珠鸡的饲养要点

肉用珠鸡在整个饲养过程不仅需要高蛋白质、高能量的饲料，而且要达到一定标准，其中包括一定量的代谢能、蛋白质、蛋氨酸＋胱氨酸、赖氨酸、钙和有效磷等有效成分（表7-12）。肉用珠鸡宜喂颗粒全价配合料或粉料，颗粒料的增效果要好于干粉料。肉用珠鸡的饲料与种用珠鸡相比，其突出特点是能量需要较高。在育肥阶段每天投喂给肉用珠鸡一些切碎的青饲料，用量为15％左右。为保证肉用珠鸡生长发育整齐，必须供给充足的饲料和饮水，并要求料槽和饮水设备够用。肉用珠鸡一般采用自由采食的方法，不限量。肉用珠鸡耗料与增重见表7-13。此外，每3天加喂砂粒1次。在饲料中加入一些天然色素（黄玉米、苜蓿粉、红辣椒）等，可以使珍珠鸡皮肤变成橙黄色而受消费者欢迎。

表 7-12　肉用珠鸡营养标准

营养成分	0～4周龄 （粉料）	4～8周龄 （粉料）	8周龄～屠宰 （粉料或颗粒料）
代谢能/(兆焦/千克)	12.95	13.37	13.85
粗蛋白质/%	24	22	20～18
蛋氨酸/%	0.60	0.57	0.50
蛋氨酸＋胱氨酸/%	1.00	0.94	0.85
赖氨酸/%	1.35	1.0	0.90
钙/%	1.20	1.00	0.90
有效磷/%	0.50	0.40	0.40
钠/%	0.17	0.17	0.17

表 7-13 肉用珠鸡的耗料与增重

周龄	体重/克	日增重/克	耗料/克	料肉比
1	80	7.3	80	1.08
2	140	8.6	190	1.40
3	240	14	390	1.65
4	350	16	650	1.85
5	490	20	950	1.93
6	630	20	1310	2.08
7	760	19	1680	2.21
8	890	19	2090	2.35
9	1025	19	2530	2.46
10	1165	20	2980	2.57
11	1300	20	3460	2.66
12	1430	20	3940	2.75
13	1525	14	4430	2.90
14	1605	11	4930	3.07
15	1675	10	5460	3.26

四、肉用珠鸡的管理要点

肉用珍珠鸡的育雏条件与种用雏珠鸡基本相同，唯肉用雏珠鸡要求地面垫料更清洁，更松软干燥，温度略高于种用雏珠鸡，以确保肉用雏珠鸡有最快的生长速度，饲养密度也可略大些。育肥阶段光照强度略低些，使珍珠鸡减少活动，吃饱就休息，低光照度还可减少啄癖。肉用珠鸡饲养密度较高，随着体重的增加，需要的氧气增多，而排出的粪便、水汽和二氧化碳也多起来，所以应注意通风，保持舍内空气新鲜，保持干燥。此外，应根据当地兽医部门规定的免疫程序进行新城疫疫苗的预防接种，并做好球虫病、盲肠肝炎、肠道疾病的防治工作。

第五节 珍珠鸡应激及其对策

一、应激的危害

应激，又称紧迫。它不是独立的一种疾病，而是指作用于动物机体的不良环境条件刺激，引起机体内部发生的一系列特异性及非特异性反应或紧迫状态的统称。珍珠鸡机体对不良条件产生应激反应，是为了克服不良刺激带来的危害，以提高自身的适应能力。若应激过强、时间过长，或者多个应激因素同时出现并发生互作，远远超出珍珠鸡机体的调节、适应能力，珍珠鸡机体的适应机能就会很快减弱，甚至衰竭，免疫机能和抵抗疾病的能力下降，从而使内源性病原体乘机泛滥，外源性病原体乘虚而入，造成许多疾患的发生。应激不但可使珍珠鸡的食欲减退、生长发育缓慢、饲料转化率降低、性机能和产蛋水平降低，而且还会使珍珠机体免疫力下降，导致疾病发生，应激往往作为发病诱因，引发许多疾病。例如偏高的温度引起珍珠鸡张口喘息、翅下垂微张；寒冷使雏珠鸡打堆，这些都是特异性作用；但热与冷同时又能促使体内肾上腺皮质激素的分泌，这又是非特异性作用。应激反应对不同品种、不同年龄、性别、生产状态的珍珠鸡影响存在着一定的差异。一般讲，雏珠鸡≥成珠鸡≥老龄珠鸡；产蛋高峰期≥产蛋其他阶段；雌性≥雄性；热应激≥冷应激等。因此要采取一定的防范措施，减轻应激的影响。

二、应激原

一切可以惊扰、刺激或导致珍珠鸡群不习惯，或感到紧张的因素都构成应激原或应激因素。在珍珠鸡生产中，尤其是集约化生产条件下，珍珠鸡体对饲养密度、气候、免疫接种、转舍、分群、捕捉、断喙、光照等因素的刺激有一定的应变和适应能力，如果这些刺激的强度过大或持续时间过长，超过了机体的生理耐受力，则影响珍珠鸡的生长、发育、繁殖和抗病能力，甚至直接引起死亡。

1. 生理性应激

规模饲养的珍珠鸡，均为舍养或笼养，如果饲料的绝对量不足或养分不均衡，就会发生肾上腺皮质激素缺乏，引起应激。雏珠鸡在应激状态时，需要大量维生素，超出正常需要量的1倍以上。例如正常珍珠鸡体能合成部分维生素C，而在应激期，由于合成能力降低，容易引起维生素C在肾上腺的储藏量降低。

2. 饮水与饲料性应激

饮水、饲料质量的骤变和不足，如限制给水，即使只有1～2天，轻则在 7～14 日内使雏珠鸡的生长、增重停滞，若限水持续时间再长一些，可造成生产力显著下降，甚至死亡。因此，让珍珠鸡能够饮到优质的饮水是十分重要的。饲料配方及饲料品种的突然改变，不仅会影响珍珠鸡的食欲和采食量，而且常常引起消化不良和拉稀。当饲料质量骤然改变或有异味时，也能明显地影响到珍珠鸡的采食量。营养缺乏或营养不全是一种长期应激原。常常导致珍珠鸡群整体生产效益下降，甚至生产失败。断料或断水则是强应激原，严重时可引起珍珠鸡群脱羽或死亡。

3. 管理性应激

（1）饲养密度 合理的饲养密度在珍珠鸡的饲养过程中是非常重要的，许多养殖户担心密度小了容易造成珍珠鸡舍的浪费，但对于生长迅速的珍珠鸡来说，合理的饲养密度，更能使珍珠鸡群达到高的均匀度。饲养密度过大不仅会增加珍珠鸡为采食和饮水而发生的争抢和运动困难，而且对通风不利，也会增加病原体接触感染的机会；舍内用具过少，料槽位和饮水位不足，均能引起同样问题。另外，饲养密度大还会由于应激而感染疾病，如葡萄球菌病、胸、腿、爪外伤，发育不良以及啄肛等恶癖。

（2）捕捉、断喙 断喙和捕捉对珍珠鸡来说都是一个很强的应激，能影响其对饲料的利用和增重，为了减轻断喙的应激，要求断喙时的操作要熟练、快速，并尽可能在幼龄时进行。

> **提示**
>
> 有人为了减少一次应激，将免疫接种和断喙同时进行，这是不可取的。

（3）运输 雏珠鸡的运送、移动，都会消耗珍珠鸡的体力和水分，会产生严重的应激。运输时，应尽量缩短时间，到达目的地后给予充足的饮水，在饲料中添加抗菌药物和维生素添加剂。

（4）饲养环境或方式的改变 如从育雏舍突然转入育成舍，或从育成舍突然转入产蛋舍，或从平养转入笼养等，都会造成珍珠鸡群秩位改变而引起强烈应激；饲养员的变换，包括饲养人员工作服颜色的变化；外来参观人员入舍等也可能引起珍珠鸡的强烈应激。

（5）疫苗接种　无论是哪种途径的接种都是一种应激。疫苗接种不仅会因为抓珍珠鸡和注射引起短暂应激，而且疫苗接种后引起的反应和不适（尤其是新城疫、传支、喉气管炎疫苗等），可持续 2～10 天。若雏珠鸡感染霉形体，又用气雾免疫新城疫，则可引起慢性呼吸道病。

4. 环境性应激

（1）温度　正常适温范围内，珍珠鸡的生长速度和产蛋量能发挥最好的水平。气候条件急剧变化，如夏季温度超过 30 摄氏度，冬季温度低于 5 摄氏度，日温差 10 摄氏度以上，则珍珠鸡的生长发育就会受到影响。当环境温度达到 30 摄氏度以上时，除出现应激反应外，还表现在公珍珠鸡精子生成减少，母珍珠鸡性成熟推迟，种蛋受精率明显下降，血钙含量降低，血液酸碱平衡失调，严重者可引起很高的死亡率等热应激反应。寒冷还会使珍珠鸡扎堆，弱小雏珠鸡往往被压伤、压死。温差过大是引起应激的一个重要因素，剧烈温差超过 5 摄氏度以上，就易发生条件性疾病，如大肠杆菌病、沙门菌病，继而引起慢性呼吸道病、腹泻、肺炎、肠炎等。

（2）湿度　育雏期湿度过低会造成雏珠鸡脱水和干爪，脚垫皲裂，腿病增加。

（3）光照　不合理的光照，如光照时间或光照强度的突然改变，能使珍珠鸡尤其是产蛋珍珠鸡生产强烈的应激反应，造成产蛋率的显著下降。照明条件下突然停电或黑暗，或黑暗条件下猛然开灯都会引起惊群。

（4）有害气体　珍珠鸡群密度大、通风不良、珍珠鸡粪堆积受潮的情况下易产生大量氨气。珍珠鸡长期在氨浓度大的环境中生存，不但造成珍珠鸡生长速度变慢、产蛋量下降，还会损害心血管系统，引起呼吸道疾病的感染和腹水症的发生。通风不良、供氧不足会引起珍珠鸡腹水征。氨气过浓必然诱发呼吸道疾病；一氧化碳中毒则很快导致珍珠鸡群死亡。

（5）噪声　若声音超过 45 分贝时，或异常声音、突发声音以及反复出现的其他噪声，对珍珠鸡都十分敏感。如鞭炮、飞机、汽车、火车等发出的噪声都能使珍珠鸡产生应激反应，导致食欲降低和产蛋量下降，甚至死亡。

5. 疾病与药物性应激

慢性或隐性感染某些细菌、病毒或内外寄生虫病时，由于机体与这些病原之间处于相对的平衡，成为慢性或亚临床无症状感染。如果这时再感染其他的疾病，或气候、饲养管理条件恶化，则可表现出严重的临床症状，造成巨大的损失。某些药物，如磺胺类药物、某些抗生素以及痢特灵等药物投服不当、过量或长时间用药，重则中毒，轻则影响肠内维生素的合成，从而引起皮下出血等应激症状。某些消毒剂的选择和使用不当也会造成应激。

三、应激的预防和处理

在珍珠鸡生产的全过程中每个环节都可能会有应激的发生，要以防为主。应激原可分为短暂性和长期性两种。从应激原入手，改善珍珠鸡生活环境与管理，尽力将各种应激强度降低，并将其分散开来，避免几个应激因子同时出现而发生互作，最大限度地防止和克服应激因子的重叠累加。

1. 改善珍珠鸡的饲养环境

针对珍珠鸡饲养密度较大、舍内环境条件差、粉尘、病原微生物、有害气体浓度高等，应采取一切必要的有效手段，创造符合珍珠鸡要求的环境条件。如利用先进机械设备、排风扇、降温水帘、热风炉等，改善饲养环境条件，减轻热、冷应激，改善舍内空气质量。加强舍内生物安全措施，消除病原微生物。

2. 制定严格的操作规程

严格执行每日操作程序，供给营养全面、平衡的饲料并定时、定量饲喂，保证充足清洁的饮水，供给珍珠鸡足够的料槽位。在转群、免疫等工作中，抓珍珠鸡动作要轻巧，尽量避免人为制造的应激。在某些不可避免的应激发生时，如转群、更换饲料、免疫接种、气候突变的情况下，一方面要尽一切可能把应激程度降低，持续时间缩短，避免长期应激的发生；另一方面，在应激发生前后，通过饮水给珍珠鸡群投服多种维生素和电解质，还可适当投服一定量的抗生素，扶正机体的内环境，防止传染因子乘虚而入。

3. 做好珍珠鸡场常规预防保健工作

在尽力采取减轻或消除应激的措施同时，还应加强饲养管理与保健工作。增加饲料中维生素 C 的含量，可以改善应激反应，增加皮质酮的生成和稳定分泌，维持蛋白质代谢和钙平衡，从而减轻产蛋下降，增强珍珠的免疫能力，并改善疫苗接种时的强烈应激。维生素 C 还对热应激的有较明显的预防效果。正确选择疫苗、预防药物、消毒剂，并合理应用。在免疫接种病毒性传染病的疫苗时可以在免疫前 3 天与后 4 天在饲料中添加多种维生素和微量元素。长途运输、转群、拥挤、气候炎热、腹泻等易导致机体脱水，体内酸碱平衡受到破坏，应及时补充电解质，促进营养物质的消化吸收。在珍珠鸡群免疫、断喙、疾病发生时应加强饲养管理，增加营养，添加多种维生素等。

第八章

珍珠鸡疾病防治

第一节　珍珠鸡疾病防治的基本知识

一、疾病发生的原因

诱发珍珠鸡发生的原因主要有两个方面。一是内因，即机体，主要表现在机体营养不良，抗病能力差，对环境适应能力不强；二是外因，即环境和病原体。环境较差，病原体孳生，在机体抵抗能力比较差的情况下病原体会侵入珍珠鸡体内，诱发珍珠鸡病。因此，提高机体免疫力是珍珠鸡疾病防治的前提，改善环境、切断病原传播途径是珍珠鸡疾病防治的基础。

1. 环境

珍珠鸡一生中有卵、雏珠鸡、育成珠鸡和成年珠鸡的改变，还有食性、生活环境的改变，这么多的环节难免会遇到不测。环境条件的不适宜或突然改变，如缺少食物而饥饿、高温酷暑、冰雪霜冻；或受到农药等化学物质的毒害都可使珍珠鸡发生疾病。珍珠鸡生存环境要求适宜的温度，这种环境比较适于各种病原体生长繁殖，因此，要保持珍珠鸡的生活环境的清洁卫生，不受各种污染物的污染，珍珠鸡饲养场地的定期消毒、定期清理工作就显得非常重要。在建场前要对周围环境进行调查，谨防工业粉尘、噪声、农药对珍珠鸡的危害。

2. 内因

珍珠鸡的体重、体质、年龄都和疾病的发生密切相关。一般刚孵出的雏珠鸡和年龄大的成年珠鸡发病率较高，而育成和青年珠鸡发病率较低。在高温、高湿条件下孵化的雏珠鸡体质先天不足，畸形比例高，容易发病。珍珠鸡本身的生理遗传或代谢的缺陷，如遗传性肿瘤、不育基因的突变、内分泌失调等也会导致珍珠鸡产生一系列的疾病。

3. 病原体

病原体侵染可会导致的珍珠鸡疾病，诱发珍珠鸡发病的病原体主要有病毒、细菌、真菌和寄生虫等。珍珠鸡病原性疾病有病毒病、细菌、真菌病和寄生虫病等。吃带菌饲料易感染细菌病、环境过湿易感染真菌病。环境阴湿、闷热、不卫生，寄生虫则易寄生于珍珠鸡体上，引起疾病。

二、珍珠鸡疾病的分类和发病基本规律

珍珠鸡与其他动物一样，易受到各种致病因素作用而发生疾病。

1. 传染病

传染病是指是由致病性细菌、病毒、衣原体、支原体（又称霉形体）、真菌等病原微生物侵袭珍珠鸡机体引起的，具有一定的潜伏期和临诊表现，且具有传染性的疾病称为传染病。传染病的发生传播，必须具备三个相互连接的基本环节：传染源、传播途径和易感珠鸡群。这三个环节只有同时存在并相互联系时，才会造成传染病的发生和蔓延，其中缺少一个环节，传染病都不能流行和传播。

（1）传染源　传染源（传染来源）是指某种传染病的病原体在其中寄居、生长、繁殖，并能排出体外的动物机体。具体来说传染源就是受感染的动物，包括患病（传染病）珠鸡和携带病原的珠鸡。

小经验

携带病原的珠鸡排出病原体的数量一般不及病珠鸡，但因缺乏症状不易被发现，有时可成为十分重要的传染源，如果检疫不严，还可以随动物的运输散播到其他地区，造成新的疫病爆发或流行。

（2）传播途径　病原体由传染源排出后，经一定的方式再侵入其他易感动物所经的途径称为传播途径。直接接触传播是在没有任何外界因素的参与下，病原体通过被感染的动物（传染源）与易感动物直接接触（交配、啄斗等）而引起的传播方式。仅能以直接接触而传播的传染病，其流行特点是一个接一个地发生，形成明显的链锁状。必须在外界环境因素的参与下，病原体通过传播媒介使易感动物发生传染的方式，称为间接接触传播。间接传播主要有经空气（飞沫、飞沫核、尘埃）传播、污染的饲料和水传播、污染的土壤传播和活的媒介物传播。非本种动物和人类也可能作为传播媒介进行传播。从母体到其后代两代之间的传播称垂直传播。珍珠鸡的垂直传播主要经卵传播，即由携带有病原体的卵细胞发育而使胚胎受感染。

（3）易感珍珠鸡群　珍珠鸡对某一病原微生物没有免疫力（亦即没有抵抗力）称为有易感性。病原微生物只有侵入有易感性的机体才能引起感染过程。该地区珍珠鸡群中易感个体所占的百分率和易感性的高低，直接影响到传染病是否能造成流行以及疫病的严重程度。

2. 寄生虫病

在两种生物之间，一种生物以另一种生物体为居住条件，夺取其营养，并造成其不同程度的危害的现象，称为寄生生活，过着这种寄生生活的动物，称为寄生虫。由寄生虫所引起的疾病，称为寄生虫病。寄生虫病的种类很多，分布很广，常以隐蔽的方式为害珍珠鸡健康，不仅影响雏珍珠鸡的生长发育，降低生产性能和产品质量，而且还可造成大批珍珠鸡的死亡，给珍珠鸡养殖生产发展带来严重的危害。珍珠鸡寄生虫的传播和流行，必须具备传染源（包括病珍珠鸡、带虫者、保虫宿主、延续宿主等，在其体内有成虫、幼虫或虫卵，并要有一定的毒力和数量）、传播途径（经口感染、经皮肤感染和接触感染）和易感珍珠鸡群三个方面的条件。寄生虫都在一定的外界环境中生存，各种环境因素必然对其产生不同的影响。有些环境条件可能适宜于某种寄生虫的生存，而另一些环境条件则可能抑制其生命活动，甚至能将其杀灭。外界环境条件及饲养管理情况，对珍珠鸡的生理机能和抗病能力也有很大影响，如不合理的饲养，缺乏运动，珠鸡舍通风换气不良，过于潮湿和拥挤，粪便不经常清除，缺乏阳光照射等，都会降低珍珠鸡的抵抗力，而有利于寄生虫的生存和传播。因此，加强饲养管理，改善环境卫生条件，对控制和消灭珍珠鸡寄生虫病是十分必要的。

3. 营养代谢病

营养物质的绝对和相对缺乏或过多，以及机体受内外环境因素的影响，都可引起营养物质的平衡失调，出现新陈代谢和营养障碍，导致珍珠鸡体生长发育迟滞，生产力、繁殖能力和抗病能力降低，出现病理症状和病理变化，甚至危及生命。此类性质疾病统称营养代谢病。随着规模化、集约化和舍内饲养，珍珠鸡的生产性能大幅度提高，营养代谢病的发生愈来愈频繁，营养代谢性疾病已成为重要的群发病。营养代谢病发生缓慢，从病因作用到临床症状一般都需数周、数月，有的可能长期不出现临床症状而成为隐性型。珍珠鸡营养的来源主要是从植物性饲料及部分从动物性饲料中所获得的，植物性饲料中微量元素的含量，与其所生长的土壤和水源中的含量有一定关系，因此微量元素缺乏症或过多症的发生，往往与某些特定地区的土壤和水源中含量特别少或特别多有密切关系。常称这类疾病为生物化学性疾病，或称为地方病。营养物质的补充可以预防或治疗营养代谢病，缺乏时补充某一营养物质或元素，过多时减少某一物质的供给，能预防或治疗该病。通过对饲料或土壤或水源检验和分析，一般可查明病因。

 小经验

营养代谢病一般体温变化不大，除个别情况及有继发或并发病的病例外，这类疾病体温多在正常范围或偏低，病禽之间不发生接触性传染，这是营养代谢性疾病与传染病的明显区别。

4. 中毒症

某些物质进入珍珠鸡体后，侵害机体的组织和器官，并能在组织和器官内发生化学或物理学的作用，破坏了机体的正常生理功能，引起珍珠鸡机体发生机能性或器官性的病理过程，这种物质被称为毒物。由毒物引起的疾病称为中毒。中毒病通常在采食后成群暴发，如在采食了喷洒农药、腐败、发霉、有毒等不良饲料或药物后发生。

小经验

　　中毒病无接触传染病史，病珠鸡之间不发生接触性传染，这是中毒病与传染病的明显区别。中毒病多是群体发生，且出现相似症状，这类疾病体温多在正常范围内。

三、临床检查的基本方法

　　珍珠鸡病的临床诊断是防制疾病的前提，要克服防制过程中的盲目性，就必须掌握珍珠鸡疾病诊断的基本方法和要点，以便准确地诊断珍珠鸡群各种类型的疾病，制定合理而有效的防控措施。对于出现临床表现的珠鸡群，利用人的感官直接对它们进行客观的观察和检查，结合流行病学调查，即构成了珍珠鸡病诊断的基本方法，主要包括问诊、视诊、触诊、叩诊和嗅诊。

　　1. 问诊

　　问诊的主要内容包括现病史、既往病史、珍珠鸡的平时饮食情况等。

　　(1) 现病史　即关于现在发病的情况与经过。其中应重点了解以下几点。

　　① 珍珠鸡发病的时间与地点。如病珠鸡的来源，饲前或饲后，清晨或夜间，在珠鸡舍内或其他地方，是突然发病还是缓慢发病等，依此可估计可能的致病原因。

　　② 临床表现。指有关人员所见到的有关疾病现象，如食欲不振、下痢、打喷嚏、瘫痪、麻痹、抽搐等，这些内容常为做出准确诊断提供线索。

　　③ 发病的经过。了解珠鸡群的发病时间、发病年龄和传播速度，由此可以推断该病是急性病还是慢性病。如突然大批死亡，可提示中毒性疾病或环境应激性疾病。目前与开始发病时疾病程度相比较，是减轻还是加重；症状的变化，又出现了什么新的病状或原有的什么现象消失，是否经过治疗，用的什么方法和药物，效果怎样等，均可作为疾病诊断的参考。

　　④ 饲养管理人员所估计的致病原因。可作为疾病诊断的参考。

⑤ 珠鸡（群）发病情况。珠鸡（群）食欲、饮欲的变化，精神状态和排粪情况的异常往往是疾病发生过程中首先出现的症状，也是养殖者求医的原因。珍珠鸡（群）中是否发生相同相似疾病，邻近珍珠鸡场是否发生疾病流行，可作为判断是否群发病（如食源性疾病）或疑似传染病的依据。

⑥ 免疫接种情况。病珠鸡是否进行过疫苗接种、接种时间、接种方法，疫苗的种类、厂家、产地、批号等，可作为判断是否为某些传染病感染提供诊断依据。

（2）既往病史　即过去该珠鸡群的病史，其主要内容是病珠鸡与珠鸡群过去患病情况，是否发生类似疾病，发病经过与转归，检疫情况。了解以上情况，对于现病与过去疾病的关系以及对传染性疾病和地方性疾病的分析具有重要意义。

（3）饲养管理情况　即对病珠鸡的平时饲养管理情况进行了解。

① 饲料的种类、数量与质量，饲喂制度与方法。饲料品质不良与日粮配合的不当，通常是营养不良、消化紊乱、代谢失调的根本原因。饲料及饲养管理制度的突然改变又常引起珍珠鸡的胃肠疾病。饲料加工、调制和保管等方法的失当，往往可造成营养的失衡。有时甚至可能形成有毒物质，而引起饲料中毒。

② 珠鸡舍的构造、地理位置和饲养设施。珠鸡舍的地理情况，以及附近厂矿的三废处理等。如珠鸡舍缺乏阳光，寒冷潮湿，常成为珠鸡呼吸道疾病的致病条件，而且珍珠鸡采光不足容易缺乏维生素 D，影响钙、磷的吸收，以致引发多疾病，造成珍珠鸡生长发育受阻。

③ 饲养管理人员不熟练及管理制度混乱等，也可能是引起疾病的因素。

2. 视诊

（1）观察珠鸡群整体状态　如珍珠鸡体格的大小、营养状况、发育程度、体质强弱、肌肉的丰满度、躯体结构及对称性等。

（2）观察珍珠鸡的精神与体态、姿势与运动行为等　如精神是否萎靡，敏感性是否增高，体躯是否匀称，两翼是否下垂，行走是否迟缓，站立姿势及两肢外形和位置正常与否，关节是否肿胀，运动是否协调以及有无神经症状等病理性异常行为。

（3）发现羽毛、皮肤组织的病变　如羽毛状态，皮肤黏膜颜色特征，有无肿胀、疹块、溃疡、损伤及其位置、大小、形状特点等。羽毛生长不良、粗糙、容易脱落，多与日粮中氨基酸（特别是含硫氨基酸）、维生素（如泛酸等）的缺乏有关。亦可能是寄生虫病的一种表现，临床上可见啄羽等症状，但要与正常换羽相区别。颈背部羽毛污脏不洁或黏液、血液黏附，则可能提示为慢性呼吸道疾病、传染性鼻炎等疾病；肛周羽毛污会、黏有粪便，则多为腹泻的指征。禽霍乱及亚硝酸盐中毒时，见肉垂及皮肤发绀；维生素 E-硒缺乏或食盐中毒时，皮下（特别是胸腹部皮下）呈蓝紫色水肿，葡萄球菌病、绿脓杆菌感染等亦有类似的表现；皮下气肿多见于皮下气囊破裂；皮肤干燥、皱缩是脱水的表现；无毛部位的黄棕色痘痂则是禽痘特征性病变。

（4）眼、鼻、会食物状态　健康珠鸡眼睛明亮有神，呈机警样；鼻孔干净、湿润，嘴光亮干净无破损。如发现眼睑下垂、流泪或有分泌物，鼻孔周围有分泌物，喙有破损或分泌物，嘴内有伪膜等均属病态。

（5）注意其生理活动是否异常　如呼吸动作是否正常，有无喘息、呼吸困难、喷嚏、咳嗽，采食、吞咽等动作是否正常，嘴角有无流涎，鼻腔是否清洁，有无鼻液或异物，有无结膜炎、角膜炎、晶状体浑浊，以及有无腹泻，排粪情况有无异常。

3. 触诊

触诊是是以手或借助简单的检查工具接触珍珠鸡的体表及某些器官，根据有无异常来判断疾病的一种检查方法。一般用于检查皮肤温度和局部变化（肿物）的温度、大小、内容物性状、弹性、软硬度、疼痛反应等。如用手触摸珍珠鸡的头部来感觉珍珠鸡的体温是否正常。

（1）检查珍珠鸡的体表状态　如皮肤表面温度、湿度，皮肤与皮下组织质地、弹性及硬度，局部病变的位置、大小、形态及其温度、内容性状、硬度或游动性及疼痛反应等。

（2）检查某些器官组织　感知其生理性或病理冲动，如心脏搏动。健康珠鸡在进食数小时后食物即下移，嗉囊即缩小。如触诊珠鸡的嗉囊内容物坚硬，则提示与嗉囊阻塞有关。产蛋珠鸡的肿物位于腹下，且内容物不定，一般经按压可还原，则提示疝（赫尔尼亚）的可能。又如关节肿大，且有热痛感，则提示关节有炎性肿胀。用手触摸珍珠鸡的胸部也可检查珍珠鸡的营养状况。生长发育良好的珍珠鸡，胸部较平，肌肉丰满；而胸骨如刀脊状，肌肉瘠薄的，则提示可能患有慢性消耗性疾病，或慢性寄生虫病，或是慢性传染病。关节肿大，且有热痛感，则提示关节有炎症。用手指伸进泄殖腔内还可检查触摸有无产蛋及有无产蛋滞留现象，临床上可用于产蛋珠鸡的难产检查。

4. 听诊

听诊是直接通过人的耳朵听声来感觉珍珠鸡体内有无异常的一种诊断方法。主要听取珍珠鸡的呼吸动作中有无异常声音，如珍珠鸡有呼吸道症状则出现甩鼻音、喘鸣音，即呼哧、呼噜、嘎嘎等异常粗糙的呼吸音或啰音。有时临床上还可以通过珍珠鸡的叫声来判断珍珠鸡的健康状况。

5. 嗅诊

嗅诊是应用检查者嗅觉能力嗅闻病珍珠鸡舍内及周围环境中有无有害气体，以及珍珠鸡饲料、垫料、分泌物、排泄物有无异常，以便客观地反映珍珠鸡的饲养管理、环境卫生状况，为诊断珠鸡的群发性疾病提供依据。如珠鸡舍氨味较浓，提示可能珠鸡群患有呼吸道疾病或肠道疾病；饲料、垫料有霉味提示珍珠鸡可能患曲霉菌病；粪便带有腥臭味则提示可能患球虫病。

四、临床诊断技术

在现场进行疫情调查时，一般原则或程序是先检查健康群，后检查发病群；先检查发病群中的健康珍珠鸡，后检查病珍珠鸡；先对病珠鸡作一般性检查，后作各系统的详细检查。

1. 群体检查

珍珠鸡较为神经质，对应激的反应较为强烈，因此为了避免对发病珠鸡群过分惊扰，可先从一定的距离外进行观察。待珠鸡群逐渐适应后，再进一步接近并做进一步的观察和检查。观察珠鸡群内的珍珠鸡是否分布均匀，有无拥挤或打堆现象，采食和饮水状态，粪便情况如何等。凡羽毛松乱而无光泽、羽毛异常脱落或生长异常，精神呆滞或嗜睡，翅尾下垂，呼吸、姿态或动作异常，头颈蜷缩或伏卧不起，颜面肿胀，眼鼻分泌物增多，食欲降低或废绝，粪便异常等表现者均为病象，应逐一挑出和做进一步的检查。

2. 病珠鸡个体的检查

个体检查的内容主要包括病珠鸡的精神、体态、羽毛、营养状况和发育情况，呼吸、目光、食欲、饮欲等及各个系统的功能、结构有无明显的异常。

（1）精神状态和运动行为的检查 大多数疾病都能引起病珠鸡表现精神沉郁、毛松眼闭等症状。如出现昏睡或昏迷，多属于代谢紊乱性疾病、严重传染病后期或某些中毒性疾病，预后多不良。精神兴奋、运动增强、向前冲撞或不断转圈，是大脑兴奋性升高的表现，常见于脑炎初期、毒物中毒或会引起中枢神经系统受损伤之疾病的后遗症。健康珠鸡活动自在，姿势优美。若出现运动障碍、姿势异常，则见于某些传染病、寄生虫病、营养代谢病、创伤以及濒死前全身衰竭。如病珠鸡两肢行走无力，常呈蹲伏姿势，见于佝偻病或软骨症。若行走时有痛感，出现跛行则见于葡萄球菌或链球菌引起的关节炎及痛风等。运步摇摆，两肢呈不同程度的"O"或"X"形外观，或呈劈叉状或运动失调倒向一侧，见于雏珠鸡的营养代谢病，如缺乏维生素 D 或钙磷代谢障碍引起的佝偻病和锰、胆碱、叶酸、生物素缺乏引起的滑腱症以及氟中毒引起的骨质疏松等。

（2）营养状态和发育情况检查 体形瘦削、生长发育不良、矮小均为营养不良的征候，常见于营养缺乏病或慢性消耗性疾病。

（3）羽毛、皮肤及可视黏膜检查 羽毛生长不良、粗糙和容易脱落，多与日粮中氨基酸（特别是含硫氨基酸）、维生素（如泛酸等）、微量无机元素（如锌等）的缺乏有关，也可能是寄生虫病的一种表现，临床可见啄羽等症状，但要与正常的换羽相鉴别。健康珠鸡十分机警，头颈灵活，眼睛明亮有神、干净、无任何附着物表现，眼睑充分扩张。病珠鸡则出现流泪、失神或附有分泌物，甚至眼结膜发炎潮红、眼睑肿胀下垂等症状。健康珠鸡的喙干净明亮，无流涎或附着物；口腔干洁、湿润、无异味。病珠鸡喙上常因鼻孔分泌物而令污秽，常附有黏液、污秽物；口腔潮红或苍白，内有黏液、假膜、溃疡或结节，常有异味。皮下气肿多见于气囊破裂，而皮肤干燥、皱缩是脱水的表现；颜面部肿胀可见于禽流感等。

（4）呼吸系统检查　检查内容包括呼吸的频率、状态、呼吸音和鼻漏等。在正常情况下，珍珠鸡的呼吸频率都有一定的范围。呼吸频率增加，或呼吸急促，或浅频呼吸多见于发热、贫血、胸腔或肺部疾患。呼吸频率减缓，或呼吸深长则多见于昏迷、上呼吸道分泌物增多或异物引起的狭窄等情况。高温中暑时可见张口喘息、呼吸迫伸、两翅张开等症状。

（5）消化系统检查　主要指口腔、舌、咽喉、嗉囊、腹腔脏器、泄殖腔和肛门的检查。许多传染病在发病过程中，常见食欲减少或废绝，而断饲或限饲等长期饥饿后恢复供料，可见食欲亢奋和暴食。高温季节，腹泻，日粮中食盐、钾和镁含量高或食盐中毒，以及发生热性传染病时，珍珠鸡饮水量增加，甚至出现暴饮现象。口腔、舌面、咽喉出现炎症、结节、伪膜可见于维生素 A 缺乏、禽痘、毛滴虫病和念珠菌病等疾病。健康珠鸡进食后触摸嗉囊有食物的自然感，进食 3～4 小时后即出现由于饲料下移，此时嗉囊缩小。如果嗉囊内饲料下移缓慢乃至停止，触之有硬感、膨胀感或波动感，则属病态。硬嗉症时嗉囊膨大硬实，内充满干燥未消化的饲料或羽毛、泥沙等异物；软嗉症时则嗉囊膨胀，柔软下垂，倒提时从口中流出大量酸臭液体，多由食物发霉变质所致。腹部触诊有助于了解腹腔内部的一下情况，如有无肿瘤或异物，母珠鸡是否蛋滞留，肝脏是否肿大及其是否正常，有无腹水等。腹部膨隆下垂、有波动感提示腹水的存在，可见于卵黄性腹膜炎、大肠杆菌病、肝肿瘤、腹水综合征等。许多疾病都会导致腹泻，多可见肛门羽毛污秽和有稀粪，依据粪便的性质、色泽等常能为临床诊断提供有用的信息。

（6）体温测定　一般来说，患急性传染病时，病珠鸡的体温多有不同程度的升高，而临死前则常有体温下降；慢性传染病病便，通常发热不明显；中毒性疾病和营养代谢性疾病，其体温多属正常范围或稍低于正常；热应激（热射病或中暑）时，体温常有明显的升高。

五、病理学诊断技术

通常在通过病理解剖检查可获得对珍珠鸡疾病比较可靠的诊断，并提出比较合理的防治措施；同时，也可提供实验室检查（病原学、免疫学、病理组织学和化学分析）用的病料，有利于对疾病做出确诊。

1. 病理解剖检查的要求

在进行病情、病史的了解和现场调查的基础上，对病（死）珍珠鸡进行病理学的解剖检查十分必要。剖检时应逐只编号，做好记录。

（1）剖检地点　最好在有一定设备的病理解剖室内进行。如必须在野外或临时的场地进行剖检，应选择远离禽场（舍）、水源及人员来往较少的地方。

（2）剖检器械与工具　病理解剖检查时应备必要的器械药品，诸如剪刀、外科镊子、灭菌病料容器、消毒药液、载玻片、酒精灯等。剖检用过的器械与工具、解剖台，以及解剖处的地面应洗涤清洁和消毒。

（3）剖检对象　剖检病例应选择未经治疗的濒死珠鸡或刚死（不超过4个小时）不久的珍珠鸡；剖检最好在进行流行病学调查（或了解）和临床检查（或了解）做出初步（印象）诊断后实行；剖检数量应根据初步的病性诊断、病况和珍珠鸡群结构确定，以获得规律病变结论为准。

（4）正确掌握和运用珍珠鸡体剖检方法　若方法不熟练，操作不规范、不按顺序，乱剪乱割，影响观察，易造成误诊，贻误防治时机。

（5）防止疾病散播　从场（舍）运出病死珠鸡时，应用密闭、不漏水的容器（如塑料袋等）装载，以防病珠鸡的羽毛、粪便或天然孔中的分泌物、排泄物沿途散落而污染场地。剖检地点最好是病理解剖室。病死珠鸡的血液、病理性渗出物和胃肠道内溶物不要随便倒泼，应收集于适当的容器内，然后消毒处理，以免污染周围环境和土壤。如果需要采取病料做实验室（病原学、免疫学或病理组织学）检查，应在打开尸体后在无菌操作下先采取相应病料，然后再进行病理解剖检查。

> **提示**
>
> 剖检后的尸体应深埋或焚化，或用高温处理后作饲料用，但必须保证消毒彻底和安全无害。

（6）做好自身防护　剖检时，剖检人员应穿上工作服和长筒靴鞋，戴上胶手套。剖检完毕，立即洗手消毒，更换工作服和靴鞋。在剖检过程中，手部如损伤出血，应立即停止工作，并用清水把手洗净，伤口处涂上碘酊或用 0.05％的新洁尔灭冲洗消毒，戴上胶手套后再继续工作。解剖完毕后，对伤口再做清洗消毒并做适当处理。

2. 病理解剖检查方法

患各种疾病死亡的珍珠鸡，一般都有一定的病理变化，而且多数疾病具有示病性病理变化。所以，通过病理学检查从中发现代表性的有诊断意义的特征性病变，依据这些病变即可做出初步诊断。但对缺乏特征性病变或急性死亡的病例，需要配合其他诊断方法。剖检时应逐只编号，做好记录。

（1）外部检查　解剖活的病珠鸡前应观察其一般体态情况，包括有无运动失调、震颤、麻痹、肉垂、羽毛、皮肤是否正常，视觉、呼吸有无障碍，以及精神状态和肥瘦。然后将捕杀的病珠鸡或死珍珠鸡放在一个大小适合的方形瓷盘上进行检查。检查时注意口、鼻、眼等有无分泌物，排泄物及其数量和性状；鼻窦有无肿胀，在鼻孔前喙的上颌横向剪断，以手少挤压鼻部，如有分泌物即见流出；检视泄殖孔内黏膜的变化，内容物的性状及其周围羽毛有无粪污等情况。注意头、肉垂及各处皮肤有无痘疹或皮疹、创伤。此外，尚应检查有无趾瘤、肿胀、关节有无肿胀，胸部龙骨有无变形、弯曲等。

（2）体腔检查及内脏的摘出　外部检查后，用消毒水活清水将珍珠鸡羽毛稍为擦湿，以免羽毛飞扬而影响工作和散播病原。将珍珠鸡做仰卧位保定，切开大腿与腹壁间的皮肤和筋膜，用力将两大腿向下得压使两城关节脱臼、两腿外展，使禽体呈背卧位平放于瓷盘上。随后将上述切线分别向上延伸至胸部，再在泄殖腔孔前的皮肤上做一与两侧腹壁切线垂直的横切，然后将横切线切口处的皮下组织稍分离后，把皮肤向前撕拉而使腹部和胸部的皮肤整片分离，使之暴露皮下组织并进行检视。在泄殖孔前的横切线处剪开体腔，沿胸骨两侧之肋软骨连接处，由后向前将肋骨、鹰嘴骨和锁骨剪短，用力将龙骨向上向前翻拉并剪断周围软组织，取出胸骨，暴露体腔。体腔暴露后，检查各部位气囊节各脏器的状态。检查完体腔后，先将心脏、肝脏摘出，然后将腺胃、肌胃、肠、胰，脾脏等一同摘出，最后摘出肺和肾、肾上腺等器官。剖检颈部时，将下颌、食道和嗉囊剪开，观察食道黏膜的变化，嗉囊内容物的数量、性状及嗉囊黏膜的变化。然后将气管剪开，检查其黏膜和管内分泌物的情况。最后剪开头部皮肤，打开脑颅骨，密出硬脑膜、软脑膜和脑组织。

（3）各器官的检查　剖开体腔后，首先检查各部位气囊及体腔各脏器的状态。

① 气囊。正常气囊膜菲薄透明而有光泽。如见浑浊、增厚，或渗出物覆盖，或增生附着，即属异常。胸、腹部气囊混浊，含有灰白色干酪样渗出物，可见于支原体病、大肠杆菌病；雏珠鸡的肺或气囊上生成灰白色或黄白色小结节，常见于曲霉菌病。

② 心脏。主要观察心脏外观、形状、大小、心包液数量及性状，然后检查心外膜和冠状沟有无出血及脂肪状态，然后打开两侧心房与心室，并检查心内膜、心肌的色泽、弹性和质地情况。慢性消耗性型疾病及营养不良，心冠脂肪减少，呈现胶冻状。心包膜纤维蛋白沉着、增厚，心包腔有渗出物时，见于禽白痢、大肠杆菌病与支原体病等；心冠脂肪有出血点或出血斑，见于禽霍乱、新城疫、流感、伤寒等急性传染病和药物中毒。

③ 肺脏。观察其体积大小、颜色、弹性及硬度，指压检查其肺泡的虚实程度及组织内有无结节形成。然后再做切面检查，注意切面是否有多量血液或其他性质的液体流出，切面的颜色和结构有无异常。肺淤血、出血见于急性传染病，如败血型大肠杆菌病、禽霍乱、高致病性禽流感以及棉籽饼中毒等。肺部表面有灰黑色或淡绿色霉斑常见于青年珠鸡或成年珠鸡的曲霉菌病。

④ 肝脏。检查其大小、颜色、硬度及附着物、出血、坏死灶和切面情况等。急性传染病及中毒病，肝切面外翻，质地脆弱易碎，小叶模糊不清。肝脏肿大、淤血，表面有广泛密集的点状灰白色坏死灶见于急性禽霍乱。肝脏肿大、淤血、表面有散在灰白色或灰黄色坏死灶常见于副伤寒、链球菌病、大肠杆菌病等。

⑤ 脾脏。观察其色泽、大小，表面的结节病灶颜色、性质，以及切面情况等。脾脏或肝脏出现多量灰白色或淡黄色珍珠结节，切面呈干酪样，见于禽结核。

⑥ 胃。将腺胃和肌胃一起剪开，注意腺胃、肌胃黏膜及内容物和寄生虫等情况，特别是腺胃乳头有无出血、溃疡灶。肌胃检查时要

剥去角质层后观看。如腺胃黏膜有出血点或出血斑，可能为新城疫、法氏囊病和禽流感等；腺胃壁增厚，腺胃体积增大，可能是腺胃性传染性支气管炎；有肿瘤时，可能为内脏型马立克病。如肌胃角内容物呈深绿色，可能有某种化学毒物；肌胃角质层有溃疡时，雏珠鸡可能为营养不良；角质层有创伤可能有异物穿刺；角质膜萎缩时，多发生于慢性疾病或日粮中缺乏粗饲料；角质膜下黏膜有出血点，则可能是新城疫所致。

⑦ 肠管。检查肠系膜和浆膜充血、出血、结节和溃疡等病以及内容物、寄生虫等，特别要注意盲肠和泄殖腔的变化。如肠壁增厚，肠壁上有许多白色斑点与瘀血斑，可能是小肠型球虫病；肠黏膜层有肉芽肿，见于慢性结核、马立克病和大肠杆菌病；肠道中常有绦虫、蛔虫寄生，盲肠中常有异刺线虫寄生；如盲肠中有血样内容物，可能是盲肠球虫病。雏珠鸡盲肠溃疡或有干酪性栓塞，见于雏珠鸡白痢的恢复期。

⑧ 卵巢。注意检查有无肿胀变形、变色、变硬等，以及母珠鸡的卵黄等的形状、卵黄膜的色泽。

⑨ 肾。检查肾的色泽、质地及有无气肿、水肿、结节和坏死灶。注意肾的色泽、形状大小及充出血、增生或坏死病灶。肾脏肿大，肾小管和输尿管充满白色的尿酸盐，肾表面有石灰样沉着，是痛风。

⑩ 精巢。在检查肾脏时，可同时检查睾丸，观察其大小、颜色、表面及切面的变化。当患大肠杆菌病、沙门菌病、营养代谢病时，可见其肿大、萎缩或有化脓性等。

⑪ 气管。注意检查自鼻腔至气管黏膜的色泽、内容物、黏膜充出血等病变。如咽喉部有大量黏性分泌物，黏膜出血，则与新城疫、霍乱、传染性支气管炎、传染性喉气管炎、支原体病有关；咽喉部有肿块，是黏膜型禽痘的表现。如气管中有大量奶油状或干酪状、样渗出物时，可能与传染性喉气管炎、新城疫有关；器官壁增厚，气管内混油血丝的分泌物，常见于传染性喉气管炎；气管内黏膜上皮脱落或有假膜，可能是禽痘或维生素 A 缺乏症。

⑫ 脑。检查脑膜、脑实质有无充血、出血、水肿等变化。

⑬ 上消化道。检查嘴外形和硬度，口腔、食道和嗉囊黏膜的色泽、附着物、坏死和溃疡病灶，以及嗉囊内容物的性状。如食道黏膜

上生成许多白色小结节，可能是维生素 A 缺乏症或毛滴虫病病灶。

> **提示**
>
> 尸体腐败后，将使深浅的病变发生某种程度的改变，从而影响剖检时的观察和正确判断，此时不宜再用做剖检。剖检病珍珠鸡最好在死后或濒死期进行。如暂时不剖检的，可暂存放在 4 摄氏度冰箱内。解剖活珍珠鸡应先放血致死。

3. 常见的病理学变化

凡珍珠鸡的器官组织受到各种原因（理化学、生物学、辐射等）作用后出现的异常变化（宏观的和微观的）通称为病变，常见的病变有下列几种。

（1）充血　是指器官或局部组织中血管扩张，血液量增多而显现红色的景象。充血有动脉性充血和静脉性充血。后者又称为淤血（郁血）。淤血器官呈紫红色或暗红色，稍肿大，切面常有暗红色血液流出。淤血常见于肺、肝、脾和肾等器官组织。

（2）出血　器官组织内的血管破损、血液流出，呈现红色的区、斑或点，压（刮）而不退，通常称为出血区（弥漫性出血）、出血斑或出血点。如果微血管未破损，仅血管壁的渗透性改变而导致血细胞渗入组织中，称为渗透性出血。

（3）肿大　实质器官的体积超过正常时的称为肿大，通常器官的边缘肥厚，当切开组织时刀口不闭合，如肝脏肿大、脾脏肿大等。

（4）肿胀和水肿　当器官的局部组织内病理性渗出液增加，引起局部凸出、异常时称为肿胀或水肿，通常出现膨大、松软，切开呈胶冻样或有液体流出。

（5）坏死　局部组织细胞死亡、变色称为坏死。局部坏死有块状、斑状和点状之分，常称为坏死块、坏死斑或坏死点。坏死组织失去正常的结构和色泽，质松脆，多呈灰白色或灰黄色。

（6）溃疡　器官组织坏死后，并向深层发展，最后导致细胞崩解、组织溃烂形成污秽、下凹的溃疡。

（7）萎缩　病害器官、组织的体积小于正常的，并导致功能减退或丧失称为萎缩，如法氏囊萎缩、肾脏萎缩等。

（8）炎症　是指机体在致炎引自的作用下的一种防御性反应，其临床特点是红、肿、热、痛和机能障碍。

（9）贫血　全身或实质器官或局部组织中的血液或红细胞明显减少称为贫血，贫血的器官组织通常丧失原来的色泽而呈苍白色。

4. 病理组织学检查

一般包括组织的采集、固定、冲洗、脱水、包理、染色和镜检等一系列过程，通常要在具有一定设备和具有经验的专业人员的实验室内进行。基层单位或饲养场（户）有必要时，可按要求采集有关样品送检。一般来说，不同疾病甚至同一疾病的不同阶段，其各组织器官的组织学变化会有所不同。据此可做出辅助性诊断、假设性诊断或确定性诊断。在剖检过程中，如需做进一步的组织学检查，可在进行上述检查时采集适当大小的组织块，一般为（1～1.5）厘米×（1～1.5）厘米×0.3厘米大小，立即放入预先准备好的固定液中，注明编号、日期等。

六、给药技术

1. 用药的原则

合理用药的基本原则是选药要准，用药要早，剂量要足，疗程要够。有条件的应该根据药敏试验结果选择敏感的药物。

2. 用药的方法

（1）拌料给药　即将药物均匀拌入饲料中，让珍珠鸡在采食时同时吃进药物。使用前要先算出整群珠鸡只的总体重，后算出全部用药总量，并拌入当天要饲喂的饲料中混匀，拌药的饲料量应在当天食完为止。这种方法必须把药物和饲料混合均匀，尤其对某些容易引起药物中毒或则作用大的药物，更需如此。该法简便易行，节省人力，减少应激，效果可靠，适用于长期用药、不溶于水的药物及加入饮水内适口性差的药物。但对于病重珠鸡或采食量过少时，不宜应用；颗粒料因不宜将药物混匀，也不主张拌料给药。

（2）饮水给药　是将药物按一定的浓度溶于水中，让珍珠鸡自由饮用。该法适用于短期投药、紧急治疗投药和珍珠鸡已不吃料但还能饮水等情况。所用药物必须溶于水，且溶解度高。饮水给药应注意药物的溶解度和稳定性。难溶解、易沉淀的药物不作混饮给药，容易失效的药物要控制一定的饮水量。饮水要求清洁、不含杂质。饮水给药时应事先使珍珠鸡停水 2～4 小时，以便珍珠鸡尽量在短时间内（一般要求在半小时内饮完），以免药物效果下降。要注意药物的浓度，应严格按药物使用浓度要求配制，避免浓度过高或过低。药物溶于饮水时，也应由小量逐渐扩大到大量，尤其是不能流动的水。

（3）经口投药　将片剂、丸剂、胶囊剂、粉剂或溶液直接放入（滴入）病珍珠鸡口腔引起吞咽的给药方法。亦可将连接注射器的胶管插入食道后注入药液。此给药法使用的药物既作用于胃肠，亦可经胃肠作用于全身。该法的优点是安全、经济、剂量容易掌握，既适合全身感染治疗，也适合于肠道驱虫或肠道细菌性炎症的治疗。缺点是费时费力，药物吸收较慢，且不规则，吸收时易受酸碱度和消化液的影响。

（4）注射给药　对于难被肠道吸收的药物，为了获得最佳的疗效，常选用注射法。这种方法的特点是药物吸收快而完全，剂量准确，药物不经胃肠道而进入血液中，可避免消化液的破坏。注射给药适用于不宜口服的药物和紧急治疗。注射给药法分皮下注射和肌内注射两种。皮下注射法多用于油乳剂疫苗注射或雏珠鸡期的疫苗接种注射。凡易溶解、刺激性较弱的药物及疫苗、菌苗等，可皮下注射。可在颈背部皮下、胸部皮下或腿部皮下注射。方法是由助手抓住珍珠鸡只并固定确实，术者左手拇指、食指捏住注射部位的皮肤，右手持注射器，沿皮肤皱褶处刺入针头，然后注入药液。肌内注射法操作简便，剂量准确，药物吸收较快，而且肌肉内感觉神经较少，疼痛轻微，故刺激性较强及较难吸收的药液可肌注。注射部位可选在胸肌或翼根内侧及大腿外侧发达的肌肉处进行。胸部肌内注射时，针头宜与体表呈 45°角刺入，不宜刺入太深，以免伤及内脏或注入体腔。肌注时，水溶液吸收最快，油剂或混悬剂吸收较慢。

> **提示**
> 　　在用药时应根据珍珠鸡体生理特点或病理状况，结合药物的性质，恰当地选择给药途径。

3. 用药注意事项

（1）用药要根据疗效高、副作用小、安全、价廉、来源可靠等原

则选择 病情不明时不能滥用抗生素，其他药物可治好的病不用抗生素，能用一种抗生素治好的病，不要同时用多种抗生素，尤其不能滥用广谱抗生素，以免使病原微生物产生抗药性，对以后的治疗不利。

（2）治疗用药剂量一定要准确 剂量大了易发生珍珠鸡中毒，剂量小了达不到疗效，反而使病原体产生抗药性，影响以后的防治效果。

（3）考虑药物的协同和拮抗作用，注意配伍禁忌和遵守停药期等有关规定 通常应在兽医指导下用药。

（4）用药期间应密切注意珠鸡群的状态 密切观察珍珠鸡群用药后的药物疗效、有无不良反应或中毒迹象。发现异常时，应及时向兽医人员报告，分析原因加以处理。

（5）药物浓度均匀 无论饮水或拌料给药，要求浓度均匀，否则易发生有些珍珠鸡吃药多而中毒，有些珍珠鸡吃不够剂量而无效。

（6）精心饲养管理 药物只是防治珍珠鸡疾病的一个重要条件，必须通过珍珠鸡体的内因才能发挥作用。因此在用药的同时更要精心饲养管理，这样有助于发挥药物疗效。

第二节　珍珠鸡场常用药物

一、抗生素类药物

抗生素是指由放线菌、真菌、细菌等微生物产生的代谢物质，在一定浓度下对特异的微生物（如细菌、真菌、立克次体、支原体、病毒等）有抑制生长或杀灭作用的物质。抗生素是从微生物培养液中提取而得，目前有些可人工合成或半合成。由于抗菌药的使用，过去许多致死性的疾病已得到控制，如肺结核等，但随着抗菌药的广泛使用，特别是滥用，给治疗带来了诸如毒性反应、过敏反应、二重感染、细菌产生耐药性等许多的新问题。因此，合理使用抗菌药物日益受到重视。临床选药时要坚持以下原则。

① 严格按照各药的适应证选药。以诊断（临床与细菌学诊断）及体外药敏试验作主要参考，此外根据病珠鸡机体状况，如肝肾功能、感染部位及药动学特点、耐药菌、不良反应和价格等方面因素综合考虑。

② 病毒性感染和发热原因不明者，不宜用抗菌药。否则可使临床症状不典型和病原菌不易检出，延误正确诊断与治疗。感冒、上呼吸道感染等病情严重，并怀疑为细菌感染的除外。

③ 抗菌药剂量要适当，疗程应足够。剂量小无作用，易产生耐药；剂量大造成浪费，产生毒性；用药时间短，疗程不足，易复发或转为慢性。

④ 尽量少预防用药，联合用药谨慎掌握临床指征，权衡利弊。

1. 青霉素类

青霉素为青霉菌属的某些菌种（$P. notatum$，$P. crustosum$，$P. chrysogenum$）产生的，或者说是青霉菌属中的青霉菌所产生是一类抗生素的总称。这类药物包括青霉素 G 钾盐（或钠盐）粉针剂、氨苄青霉素等。主要用于治疗革兰阳性菌、部分阴性菌及各种螺旋体和放线菌引起的感染。

（1）青霉素 G 青霉素 G 为窄谱抗生素，抗菌作用很强，对多种革兰阳性球菌和杆菌，部分革兰阴性球菌，各种螺旋体和放线菌有很强大的杀菌作用，但是，革兰阴性菌对青霉素的敏感度很低。青霉素 G 适用于链球菌病、葡萄球菌病、螺旋体病、李氏分枝杆菌病、丹毒病、坏死性肠炎、坏死性皮炎和禽霍乱等。青霉素 G 钾或钠粉剂、针剂，肌内注射量为一般以每次每只禽 2 万～3 万单位为宜，注射时用生理盐水等稀释，每天 2～3 次，连用 3 天。内服量，雏珠鸡每只每次 2000 单位，混料或混水，1～2 小时内用完。本药能使很多菌产生耐药性，所以使用时，首次采用突击量，而且按时、连续用药。

提示

青霉素 G 可见过敏反应，如关节疼痛、蜂窝组织炎等，如有此现象出现，应停止用药，采取对症方法予以救治。

（2）氨苄青霉素（氨比西林） 氨苄青霉素对革兰阳性和革兰阴性菌均有杀灭作用，抗菌谱广，但对革兰阳性菌效力不如青霉素 G；对革兰阴性菌效力弱于庆大霉素、卡那霉素，强于四环素，常与庆大霉素、链霉素、卡那霉素等合并使用，治疗大肠杆菌引起的腹膜炎、肝周炎、输卵管炎、气囊炎等有效。还可用于治疗禽白痢、禽伤寒。

临床用量每千克体重5~20毫克，内服，12~24小时用药1次。

 提示

青霉素溶液性质不稳定，宜现用现配；青霉素不耐酸，口服易破坏，仅有少量吸收，而且在水溶液中也易分解，故宜用于肌内注射，不宜做饮水口服；长期治疗易产生耐药性，也可用喷雾方法控制和治疗呼吸道感染；青霉素治疗支原体病无效。

2. 先锋霉素类（头孢菌素类、噻孢霉素类）

本品为广谱强杀菌剂。对革兰阳性菌有较强作用，包括对青霉素的耐药菌株；同时对巴氏杆菌、大肠杆菌和沙门菌等革兰阴性菌也有效。但对绿脓杆菌、结核杆菌、真菌和原虫无效。常用于禽葡萄球菌病、大肠杆菌病和沙门菌病的防治。

3. 氨基糖苷类

这类抗素主要有链霉素、卡那霉素、庆大霉素、双氢链霉素、巴龙霉素、妥布霉素、丁氨卡那、奈替米星等。它们的抗菌谱和化学性质都有共同之处，对革兰阴性菌有较强的抗菌的作用。

（1）链霉素　对大肠杆菌、结核杆菌、鸡副伤寒杆菌、巴士杆菌等有抑制作用，对支原体有作用，但极易产生耐药菌株，用量大或持续时间过长会引起严重的毒性反应，内服不易吸收也不易被破坏。链霉素主要用于禽霍乱、伤寒、白痢、传染性鼻炎、大肠杆菌病、慢性呼吸道病的防治。常用硫酸链霉素粉，肌内注射量，1月龄雏珠鸡每次2万~4万单位/只，2~4月龄育成珠鸡每次5万~12万单位/只，成年珠鸡每次10万~20万单位/只。也可饮水0.005%~0.012%，用于治疗肠道感染。

 提示

肌内注射链霉素时，容易造成成禽休克，甚至死亡，体腔内注射时，可引起呼吸困难，甚至窒息死亡。

（2）硫酸庆大霉素（正泰霉素）　本品为广谱抗生素，对葡萄球菌、链球菌等革兰阳性菌有作用，对绿脓杆菌、变形杆菌、大肠杆菌、沙门菌等革兰阴性菌也有杀菌和抑菌作用，对衣原体有较强的抑制作用。链霉素主要用于白痢、大肠杆菌病、葡萄球菌病、绿脓分枝杆菌病、慢性呼吸道病的防治。一般用于肌内注射，口服吸收效果不好。临床用量，按禽每千克体重 2mg 肌内注射，首日 2 次，次日起减半，连用 3～4 天。

（3）卡那霉素　卡那霉素对很多革兰阴性菌，如大肠杆菌、变形杆菌、沙门菌、巴氏杆菌等有强大的抗菌作用，对金黄色葡萄球菌也有作用，但对其他革兰阳性菌则作用较弱。常用于治疗禽霍乱、雏鸡白痢、大肠杆菌病、慢性呼吸道病、卵黄性腹膜炎等。但用量大可抑制呼吸而死亡，不宜与其他抗生素及钙剂配伍。常用硫酸卡那霉素粉剂和针剂，临床用量，肌内注射每千克体重 10～30 毫克；饮水每千克水 30～120 毫克，连饮 3 天。本品内服吸收少。

4. 四环素族

四环素类药物是由放线菌属不同菌种产生的一类广谱抗生素。这类药包括金霉素、土霉素、四环素和强力霉素等。此类药物内服后易被吸收，有广谱抗菌作用，常用于多种疾病的预防和治疗，主要用于禽类的伤寒、白痢、霍乱、传染性滑膜炎、传染性鼻炎、链球菌病、葡萄球菌病及球虫病的防治。土霉素对绿脓杆菌、梭菌作用较强，金霉素对葡萄球菌作用突出，强力霉素对霉形体、大肠杆菌、沙门杆菌效果比其他好。盐酸土霉素临床用量，内服每千克体重 50～100 毫克，拌料浓度为 0.02%～0.05%，肌内注射按每千克体重 0.02 克。强力霉素是土霉素的衍生物，是一种长效与高效的半合成四环素类抗生素，其特点是易溶于水，内服吸收较快，血液浓度维持时间长，临床上常添加在饲料或饮水中治疗疾病。盐酸四环素混料浓度为 0.02%～0.06%，混水浓度为 100 毫克/升。盐酸金霉素混料浓度为 0.02%～0.06%，肌内注射每千克体重 40 毫克。

提示

　　有肾脏病变的珍珠鸡，不可用四环素治疗，因该药损伤肾小管，使尿酸盐沉积，造成肾功能不全代谢障碍，加重病情。

5. 大环内酯类抗生素

（1）红霉素　本品抗菌谱类似青霉素，但能治疗对青霉素已产生耐药性的金黄色葡萄球菌和链球菌感染的疾病，另外还常用于家禽慢性呼吸道疾病。主要用于葡萄球病、呼吸道病、传染性鼻炎、溃疡性肠炎、坏死性肠炎、传染性滑膜炎、链球菌病、丹毒病及呼吸道炎症的防治。肌内注射按 4～8 毫克/千克体重，混料按 10 毫克/千克体重。缓解应激反应用 5～10 毫克/千克。预防霉形体病需要浸泡种蛋时，用 0.15％～0.2％的浓度浸泡种蛋。

（2）泰乐菌素　对大肠杆菌、金黄色葡萄球菌、化脓链球菌、肺炎链球菌、化脓棒状杆菌等有抗菌作用，对支原体有特效，对螺旋体也有效。主要治疗慢性呼吸道病、传染性鼻炎、金黄色葡萄球菌感染、链球菌感染、肺炎双球菌感染，也可治疗坏死性肠炎、溃疡性肠炎、慢性呼吸道病、大肠杆菌病等，并能缓解应激反应，增加产蛋率及提高孵化率的部分。泰乐菌素常用其酒石酸盐。

（3）北里霉素　对大多数革兰阳性菌、部分阴性菌、霉形体、螺旋体、立克次体及衣原体有效。临床主要用于禽类的慢性呼吸道病。用量，饮水以 0.05％连用 5～7 天；混料以 0.03％～0.05％，连用 1 周。预防量均减半。小剂量长期添加有促进生长和提高饲料利用率的作用。使用时注意，在屠宰前 3 天停药，产蛋期禁用。

6. 多肽类抗生素

（1）杆菌肽　对革兰阳性菌杀伤力强，常用于治疗耐青霉素的葡萄球菌及链球菌疾病，与青霉素、链霉素有协同作用，临床常用其锌盐作饲料添加剂，促进生长发育。杆菌肽锌用量，雏珠鸡拌料每 1000 千克饲料添加 20 万～200 万单位（约 4～40 克）。

（2）多黏菌素　对革兰阴性菌有良好的效果，与杆菌肽锌协同使用可增强抗菌力，同时可促进家禽生长和提高饲料利用率。用量，以每千克饲料 5～20 毫克拌料。

7. 其他抗生素

（1）螺旋霉素　对革兰阳性菌、部分阴性菌有效，对支原体、螺旋体和立克次体等也有效。临床常用的是乙酰螺旋霉素，其特点是在体内维持时间长、毒性低，主要用于耐青霉素菌的防治，尤其是防治禽类的慢性呼吸道病、葡萄球菌病和各种肠炎（弧菌性或链球菌性肠炎）。但效力不如红霉素，对霉形体感染不如泰乐菌素强。

（2）林可霉素　对金黄色葡萄球菌、链球菌、肺炎双球菌和霉形体有效，临床常用防治葡萄球菌病、链球菌病、慢性呼吸道病、坏死性肠炎等，并可作为肉鸡的生长促进剂。用量，肌内注射按每千克体重 20～30 毫克；饮水用 0.02%～0.03% 的浓度，连用 3～5 天。

> **提示**
>
> 　　林可霉素最好与其他抗菌药物联合使用，以减缓耐药性产生，不能与多黏菌素、卡那霉素、新霉素、青霉素G、链霉素、复合维生素B等药物配伍使用。

（3）泰牧菌素　对革兰阳性菌、多种霉形体、某些螺旋体和嗜血杆菌有较强作用。临床常用于治疗霉形体病、家禽伴发的慢性呼吸道病和葡萄球菌性滑膜炎及大肠杆菌病。用量，以 0.025%～0.03% 饮水，连用 3 天；预防剂量为 0.0125% 饮水，连用 3 天。

（4）新生霉素　用于对其他抗生素耐药的葡萄球菌、链球菌等引起的感染，适用于其他抗生素治疗无效的病例。临床用量，以 0.026%～0.035% 浓度拌料，连用 1 周；饮水以 0.028%～0.033%。

（5）氟哌酸（诺氟沙星）　常用于治疗禽白痢等沙门菌感染及肠道感染。内服剂量常用 0.01% 拌料喂饲。

（6）环丙沙星　用于治疗鸡白痢等沙门菌感染、大肠杆菌感染、肠道感染、霉形体病、传染性鼻炎。用量，每千克饲料 200 毫克拌料，饮水 50～100 毫克，连用 3～5 天。

（7）大观霉素　主要治疗鸡慢性呼吸道疾病、大肠杆菌病、禽霍乱、禽出败、沙门菌病、伤寒、副伤寒，还用于治疗肺炎、滑膜炎等。

二、磺胺类药物与抗菌增效剂

1. 磺胺类

磺胺类是人工合成的抗菌药物，品种很多，临床应用的有 20 多种。磺胺类的抗菌谱较广，能抑制多种革兰阳性菌及一些革兰阴性菌。敏感菌有链球菌、肺炎球菌、沙门菌、化脓棒状杆菌、大肠杆菌；对葡萄球菌、产气夹膜杆菌、肺炎球菌、巴氏杆菌、炭疽杆菌、绿脓杆菌及少数真菌如林氏放线杆菌也有抑制作用；个别磺胺还能选择性地抑制某些原虫，如磺胺喹用于弓形病等。磺胺类药物对螺旋体结核杆菌完全无效，还对立克次体有刺激生长的作用。

（1）磺胺嘧啶（SD） 主要治疗禽霍乱、禽伤寒、禽白痢、传染性鼻炎、大肠杆菌病、卡氏住白细胞虫 病和球虫病等。临床上常与碳酸氢钠等量混用，可增加药效。用量，拌料浓度 0.2%，连用 3 天；混水浓度 0.1%～0.2%，连用 3 天。

（2）磺胺脒（SG） 内服后有 2/3 会停留在肠道。主要治疗肠道疾病，如球虫病、细菌性肠炎等，临床应用时常加等量碳酸氢钠。用量，拌料浓度 1%。

（3）磺胺喹恶啉（SQ） 抗菌作用比磺胺嘧啶强，主要用于治疗禽霍乱、伤寒、鸡白痢、大肠杆菌病、葡萄球菌病、球虫病和卡氏住白细胞虫病。用量，按 0.1%～0.2%混料或 0.03%～0.05%饮水。

（4）磺胺氯吡嗪 主要用于治疗禽类球虫病。用量，按每千克饮水 75～600 毫克，混入饮水中给药，连用 3 天。可用于治疗暴发性球虫病。

（5）磺胺甲基嘧啶（SM1）和磺胺二甲基嘧啶（SM2） 此两种药物是禽病防治中常用的磺胺药，内服后可被迅速吸收，其吸收率好于其他磺胺药，而且毒性低、中毒剂量范围较宽。临床应用时常与磺胺增效剂等配合使用，主要治疗禽霍乱、鸡白痢、禽伤寒、禽副伤寒和传染性鼻炎等疾病。在预防和治疗球虫病时，需连续使用，其基本原则是连用 3～5 天，停 1 周，反复 2～3 次。用量，SM1 或 SM2 拌料浓度为 0.2%～0.5%，饮水浓度为 0.1%～0.2%。

（6）磺胺甲基异恶唑（新诺明、SMZ） 抗菌作用类似磺胺嘧啶，主要用于预防和治疗球虫病、禽霍乱、慢性呼吸道疾病、禽伤寒、禽副伤寒、卡氏住白细胞虫病等。临床用药常与磺胺增效剂配合使用。用量，拌料浓度为 0.05%～0.1%；肌内注射按每千克体重 20～30 毫克，连用 3 天。治疗禽传染性鼻炎时，每 100 千克水或饲料中加本品 250 克，治疗球虫病时，每 100 千克水或饲料中加本品 250 克，均是连用 5 天，首次用量均加倍。预防时，每 100 千克水或饲料中加本品 25 克，可长期使用。该药作用时间长，每天只需用 1 次即可。

> **提示**
>
> 　　磺胺甲基异恶唑在尿中具有溶解度低、血尿等不良反应，在临床应用时应与灯亮碳酸氢钠配合使用为好。对产蛋高峰期的珍珠鸡使用后，可使产蛋率下降，应谨慎用。

　　（7）磺胺间甲氧嘧啶（SMM、长效磺胺）　是一种较新而有前途的磺胺药，具有抗菌力强、吸收良好、血中浓度高的特点，主要用于鸡传染性鼻炎、支原体病等呼吸道感染、大肠杆菌、球虫病、卡氏住白细胞原虫病（白冠病）等。本品与增效剂（TMP）合用，具有作用强、用量少、副作用轻的效果。本品有饮水剂和预混剂两种制剂。治疗不同的疾病，其用量不同。

> **提示**
>
> 　　对磺胺类药物敏感的细菌，都可以产生耐药性。为了防止耐药性的产生，应用磺胺类药物时，必须有针对性选药，避免滥用，并给予足够剂量。发现耐药性细菌时，应立即改用抗生素。

　　2. 抗菌增效剂

　　抗菌增效剂是指一类新型广谱抗菌药物，本类药对多数革兰阳性和阴性菌有作用，与磺胺类药及抗生素合用，效果可增强数倍或数十倍。抗菌增效剂多属于苄氨嘧啶类化合物。国内应用有三种：二甲氧苄氨嘧啶（DVD）、二甲氧甲基苄氨嘧啶（DNP）、三甲氧苄氨嘧啶（TMP）。临床上常用于与磺胺类药或抗生素按 1∶5 的比例配合，具有作用强、用量少、副作用轻等优点。若单独使用，细菌易对其产生耐药性。

　　三、驱虫药

　　1. 驱线虫药

　　（1）左旋咪唑（左咪唑、左噻咪唑）　对禽类多种线虫有驱除作用，如蛔虫、异刺线虫、裂口线虫、毛细线虫、气管线虫等。特别对蛔虫不同发育阶段虫体均有效。临床用量，按每千克体重 20～30 毫克浓度拌料。肉用珠鸡应在屠宰前 7 天停药。

（2）丙硫咪唑（丙硫苯咪唑，抗蠕敏）　广谱驱吸虫、绦虫和线虫，内服吸收快。临床用量，按每千克体重 10～20 毫克拌料。本药适口性差，拌料给药时应少添多喂。

（3）哌嗪　包括枸橼酸哌嗪（驱蛔灵）和磷酸哌嗪。常用于驱除禽蛔虫的成虫，毒性小、安全。临床用量，按每千克体重 0.1～0.25 克拌料。

（4）伊维菌素（艾佛麦菌素、艾美汀）　为新型高效、广谱驱线虫药，对蜱、蝇、螨、虱类也有驱杀作用，对吸虫和绦虫没有驱除作用。拌入禽类饲料中，既可驱除禽体内线虫，通过粪便排出后，也可防止苍蝇孳生。

2. 驱吸虫、绦虫药

（1）氯硝柳胺（灭绦灵）　本品对多种绦虫和吸虫有效，尤其是对绦虫效果显著，使用前空腹一夜，驱虫效果更佳。临床用量，按每千克体重 50～60 毫克拌料。

（2）吡喹酮（环吡异喹酮）　为高效广谱驱吸虫、绦虫药。驱绦虫效果最佳，且价廉、毒性低。临床用量，按每千克体重 10～15 毫克拌料。

3. 抗球虫药

（1）盐酸氯苯胍（罗苯尼丁）　是一种毒性低、作用强的抗球虫药，对多种球虫有效，但连续长期使用会增加肉和蛋的异味。临床用量，预防量以 0.01% 浓度拌料，治疗量以 0.02%～0.04% 浓度拌料。产蛋期禁用，屠宰前 7 天停止给药。

（2）二硝基苯酰胺　对多种艾美耳球虫有效，特别对于小肠的毒害艾美耳球虫效果更好。临床也常用于治疗暴发性球虫病。用量，预防量为 0.0125% 浓度拌料，治疗量以 0.025% 浓度拌料。

（3）氨丙啉　为较好的抗原虫药，对柔嫩艾美耳球虫和堆型艾美耳球虫杀灭力较强，需注意该药是维生素 B_{12} 的拮抗剂。用量，预防用 0.01%～0.15% 浓度拌料，治疗剂量加倍。

四、维生素类药物

1. 浓鱼肝油

一般每克含维生素 A 5 万国际单位，维生素 D 5000 国际单位以上，用于维生素 AD 缺乏症时的补充，一般用量为常用量的 3～5 倍拌料或饮水。

> **提示**
>
> 浓鱼肝油在储存时要避免光照、日晒和高温，拌入饲料后应注意保管，防治发热、发霉和氧化，使用时不可过大剂量，以免中毒。

2. 维生素 E（生育酚）

维生素 E 能调节珍珠鸡食欲、促进雏珠鸡生长发育，提高种珠鸡繁殖能力和种蛋孵化率。用于维生素 E 缺乏时，可在日粮中直接添加 0.5％的植物油；对脑已发生软化的病禽，每只内服 2～3 毫克；对皮下有渗出性素质的病禽，应用维生素 E 的同时，需补给微量元素硒。生产中有直接制成维生素 E-硒粉的，可直接按说明使用。

3. 维生素 K

常用于断喙时预防出血过多。常用维生素 K_3 片剂或粉剂，用量为 220 毫克/千克体重。

4. 维生素 B_1

用于患维生素 B_1 缺乏症的病禽，内服量为 2.5 毫克/千克体重，肌内注射量为 0.1～0.2 毫克/千克体重。应用时应避免与碱性药物合用，不可与氨苄青霉素、邻氯青霉素、头孢菌素（Ⅰ、Ⅱ）、制霉菌素、多黏菌素等混合注射。

5. 维生素 B_2

用于患维生素 B_2 缺乏症的病禽，每只鸡内服 0.1～0.2 毫克，成鸡 1～2 毫克。

6. 维生素 B_{11}（叶酸）

用于叶酸缺乏症的病禽，雏珠鸡每只肌内注射 50～100 微克，育成鸡每只注射 100～200 微克。

7. 维生素 B$_{12}$

用于维生素 B$_{12}$缺乏症的病禽，按 10 毫克/吨饲料混料。

8. 维生素 C

主要用于防治坏血病、痛风和腹水症等，也用于防治中毒性疾病和抗应激。按 250～500 克/吨饲料混料。

> **提示**
>
> 维生素 C 易溶于水，性质不稳定，在碱性溶液或金属容器内加热容易被破坏，容易被氧化剂破坏，在空气中易被氧化失效。

9. 干酵母

用于消化不良和 B 族维生素缺乏症的防治。按 0.1 克/只内服。

10. 氯化胆碱

用于促生长、提高产蛋率、防治脂肪肝综合征等，按 1～2 克/千克饲料混料。

五、消毒药

消毒药是指能杀灭病原微生物的药物，主要用于环境、珍珠鸡舍、珍珠鸡排泄物、用具和器械等非生物表面的消毒。它与抗生素和其他抗菌药物不同，消毒药没有明显的抗菌谱。

1. 影响消毒药作用的因素

（1）药物的性质与微生物种类　一般消毒药对繁殖型细菌的效果较好，而对芽孢型作用较差。碘、醛对芽孢型效果好；碘类对病毒效果好，病毒对酚类耐药。

（2）药物浓度　3%～5%来苏儿可用于环境和用具消毒；而 1%来苏儿可内服驱风制酵。

（3）作用时间　如 2%来苏儿，3～6 分钟杀死金黄葡萄球菌，6 天可杀死炭疽芽孢。

（4）药的温度　如 5%氢氧化钠杀死炭疽芽孢，在 15 摄氏度时需要 11 小时，55 摄氏度时需要 1 小时，75 摄氏度仅需 6 分钟。

（5）环境中有机物的存在量 一方面有机物可以掩盖细菌，对其起着保护作用，影响药物与细菌接触；另一方面有机物中的蛋白质等可以与消毒药发生结合反应，消耗药量，使效力下降，以重金属盐类消毒药较为明显，如升汞可与蛋白质结合而降低效力等。

（6）药物的相互影响 如有的两种药合用，常会降低药效，主要是由于它们之间存在物理、化学、药理的配伍禁忌，产生的相互对抗现象，如阴离子肥皂洗涤剂与阳离子表面活性剂共用，可产生化学反应而使作用减弱（如新洁尔灭与洗必泰），乃至消除。

（7）药物的溶媒 药物的溶剂不同其作用也不同，如苯酚的水溶液有强大的杀菌作用，可杀灭葡萄球菌、链球菌等，而油溶液作用就很弱。

2. 常用消毒药

（1）苯酚（石炭酸） 有杀菌作用，但对细菌芽孢和病毒无效。多用于车辆、鸡舍、墙壁、运动场地和用具消毒。用法为配成 3%～5% 的浓度喷洒。

（2）来苏儿（煤酚皂液） 对大多数病原体的杀灭作用很强。主要用于环境、用具及手臂的消毒。手臂消毒用 1%～2%，环境、用具消毒常用 3%～5%。

（3）复合酚（菌毒敌、农乐） 为新型、广谱、高效消毒剂，能杀灭细菌、病毒和霉菌，对多种寄生虫卵也有杀灭作用，也能抑制蚊、蝇等昆虫孳生。主要用于环境、珍珠鸡舍、笼具的消毒。通常用药 1 次，药效可维持 7 天 。常用浓度，珍珠鸡舍、环境、笼具等消毒用 1：300 喷雾消毒；对球虫、线虫污染的舍或场地用（1：100）～（1：200）喷雾消毒。

（4）过氧乙酸（过氧醋酸） 对细菌、细菌芽孢、病毒和霉菌等均有杀灭作用。主要用于禽舍、墙壁、场地、料槽用具等消毒，也可带鸡消毒。一般用 0.2%～0.3% 浓度进行常规消毒。也可按 5～10 毫升/立方米，配成 3%～5% 浓度，加热熏蒸消毒室内空气，消毒时密闭门窗 1～2 小时。带鸡消毒用 0.2%～0.5% 溶液消毒。

（5）醋酸 生产中常用含纯醋酸 5.7%～6.3% 的稀醋酸或含纯醋酸 2%～10% 的食用醋。可做带鸡消毒，每 100 立方米空间用 40～100 毫升加热蒸发，用于空气消毒，预防感冒及流感的发生。

（6）高锰酸钾（灰锰氧、过锰酸钾）　本品为强氧化剂，具有杀菌、收敛作用。将本品配成 0.1％浓度可用于饮水、肠道黏膜和皮肤创伤的冲洗。其水溶液放置过久易失效，故应现用现配。禽场常与甲醛合用进行禽舍的熏蒸消毒。

（7）氢氧化钠（烧碱、苛性钠）　本品杀菌力很强，对细菌、病毒、芽孢、寄生虫卵均有杀灭作用，但对金属笼具有腐蚀作用，也能腐蚀皮肤。常用 2％溶液泼洒环境、道路和做消毒池消毒液。3％～5％溶液用于炭疽芽孢污染的场地消毒。其粗制品即为烧碱，因价格低廉，生产上使用广泛。使用时须注意，高浓度的氢氧化钠溶液可灼伤组织，对铝制品、毛织物、漆面有损坏作用。

（8）生石灰（氧化钙）　本品遇水即形成强碱性的氢氧化钙，并解离出氢氧根离子而呈现良好的杀菌作用。石灰粉常用于禽场地面消毒池和粪便的消毒。加水配成 10％～20％石灰水用做墙壁、畜栏的消毒。生石灰极易吸收水分，在空气中则吸收二氧化碳，逐渐变成碳酸钙而失效，故应选择新鲜的应用，

（9）漂白粉（含氯石灰）　其有效成分为次氯酸钠，在酸性环境中杀菌力最强，易受环境中有机物的影响，对皮肤和金属有刺激和腐蚀作用。对细菌、芽孢和病毒有杀灭作用，主要用于饮水、鸡舍、用具、车辆及排泄物的消毒。以每立方米水中加入 6～10 克粉剂，30分钟后可供饮用。1％～3％溶液可用于消毒饮水器、料槽和非金属用具。可将干粉与粪便以 1∶5 比例混匀进行粪便消毒。亦可用 10％～20％乳剂消毒珍珠鸡舍。

（10）次氯酸钠　本品有强大的杀菌作用，对组织有较强的刺激性，常用 0.01％～0.02％水溶液用于用具、器械的浸泡，0.3％溶液可做禽舍带鸡消毒，1％溶液可用于禽舍及周围环境的喷洒。

（11）新洁尔灭　有杀菌和去污两种效力。0.1％溶液用于消毒手，或浸泡 5 分钟消毒皮肤、器具和玻璃用具，种蛋浸泡，喷雾消毒，禽舍的喷雾等。但注意禁止与碘、碘化钾、过氧化物等配伍。不可与普通肥皂配伍。浸泡器具时应加入 0.5％亚硝酸钠，以防生锈。不适用于消毒粪便、污水、皮革等。

（12）甲醛　其 40％水溶液为福尔马林。本品为强力广谱杀菌剂，对细菌、芽孢、霉菌和病毒均有杀灭作用。2％福尔马林可用于

器械消毒，10％的福尔马林用做固定标本。生产上应用最广的是和高锰酸钾配合做熏蒸消毒。

（13）草木灰水　本品是一种碱性溶液，杀菌力较强，在农村被广泛使用。做法：取 2 千克草木灰，加水 20 千克，混合，加热煮沸 1～2 小时，澄清后，取上部清液，用于珠鸡舍、用具、污染场所的消毒。用热草木灰水效果较好。

（14）聚甲醛　本品为甲醛的聚合物，为白色疏松粉末，不溶或难溶于水。靠加热后释放出甲醛气味进行熏蒸，而呈现强大的杀菌作用。使用时对室温和湿度无特殊要求，故近年使用较多。在加热时应使用电熔锅或电炉和供熔化用的锅，但电炉开关应设在室外，熔完后切断电源，其作用和用途同甲醛。

（15）碘酊　常用 5％的碘酊，用于注射部位和外科手术部位的消毒。本品对组织毒性小，穿透力强，是最常用的皮肤消毒药。

（16）酒精　常用 75％的酒精，将脱脂棉制成酒精棉球，用于消毒手指、皮肤、注射器针头等。本品具有溶解皮脂、清洁皮肤、刺激性小、杀菌快等特点。

（17）甲紫（龙胆紫）常用 1％～2％的溶液，用于脓肿排出之后的脓肿消毒、感染皮肤和溃疡的消毒灯。本品毒性小、有收敛作用。

第三节　珍珠鸡疾病的综合防治技术

近年来，我国珍珠鸡养殖业的规模化、集约化经营迅速发展，珍珠鸡养殖数量逐年增大，但随之而来的多种疾病也使得养殖环境被病原污染的程度愈来愈严重。另外，受防疫观念不强，客观条件有限以及片面追求经济效益等因素的影响，广大农村养殖珍珠鸡的死淘率普遍偏高，珍珠鸡疾病时有发生，间或有流行疫情，从而导致生产水平不高，这又反过来又影响珍珠鸡养殖业的经济效益，形成恶性循环。由此可见，搞好珍珠鸡场的综合防疫十分重要，一定要强化防疫观念，坚持"预防为主，防重于治"的原则，决不可掉以轻心。

一、科学的饲养管理

1. 建立健康种群

俗话说"好种出好苗"，要使珠鸡群健康无病，首先要引进品质优良、抗病力强的种珠鸡，建立健康的种群，以保障珍珠鸡的正常生产经营。种珠鸡场（群）应淘汰垂直传染性疾病，如沙门菌病、大肠杆菌病、支原体病等。还应无巴氏分枝杆菌病、痘等水平传染性疫病。珍珠鸡寄生虫病，如球虫病、蛔虫病、螨虫病等应严格控制。

2. 改善饲养管理，提高珠鸡群的一般抗病能力

科学的、合理的饲养管理条件是提高珍珠鸡非特异性抵抗力的基础，不断改善、强化饲养管理条件，特别是根据大环境的变化及时改善饲养小环境的条件，是防治珍珠鸡疾病发生的重要措施之一。

（1）合理配制全价饲料，使保持珍珠鸡良好的营养状况　防止发生珍珠鸡营养代谢病疾病的发生与发展，与珍珠鸡群体质强弱有关，而珍珠鸡群体质强弱，与珍珠鸡的营养状况有着直接的关系。在饲养管理过程中，要根据珍珠鸡的品种、大小、强弱不同，分群饲养，按其不同生长阶段的营养需要，供给相应的饲料。对珍珠鸡饲料的具体要求是储存时间不长，无污染，无霉变腐烂，饲料多样及全价营养；饲喂要充分满足珍珠鸡的需要，以满足其生长发育快、繁殖力强和能量消耗大的要求。

（2）科学供水，适当运动　水约占珍珠鸡体重的 60%，若饮水不足或缺水，则会引发食欲下降，生长停止甚至危及生命。通常供珍珠鸡饮用的水以自来水或井水为宜，污秽的河水、塘水禁止使用。在夏季为了预防传染病和寄生虫病的发生，可在水中加入 0.01% 高锰酸钾。除供给足够的卫生饲料、清洁饮水外，要经常注意珍珠鸡体的体质锻炼，适当增加珍珠鸡的运动量，提高珍珠鸡群的健康水平。

（3）要创造良好的环境条件，减轻各种不良应激影响　适宜的饲养环境对珍珠鸡养殖生产十分必要。适宜的温度、湿度、光照能更好地发挥种珠鸡的生产性能，保持珠鸡舍清洁舒适，通风良好，冬天能保温防寒，夏天凉爽防暑，舍内合理空气流通，降低病原微生物及有毒有害气体的含量，更有利于珠鸡的健康生产。珠鸡舍应经常清除舍内粪尿污物，实行合理的饲养密度，以维持有害气体不超限。舍内的温度应维持适当，不可骤变。如果舍内湿度过高或过低，都会招致体质衰弱，发育不良，抵抗力降低，对疫病的易感性增高。通常舍的湿度也可利用通风换气和调整饲养密度进行调节。应尽量保证饲养放牧环境的安静，尽量减少各种应激反应，防止惊群的发生。管理程序也

要符合珍珠鸡的不同生长阶段的生理特点，以满足珍珠鸡的生长发育需要。

3. 实施自繁自养

珍珠鸡传染病的暴发流行和寄生虫病的不断发生，几乎都是由于频繁引进或串换种珠鸡将病原带入引起的，据此在一定规模的珍珠鸡场应尽力在自养珠鸡群中选育留种，做到自繁自养，以防止外源疫病发生的危险。对于规模较小、尚无自繁自养条件的珍珠鸡养殖户，在必须采购引进或串换种珠鸡时，首先应从无传染病的珍珠鸡场引种，种珠鸡引进后要隔离饲养，观察检疫 1 个月，并进行免疫接种，经确认无病后再经消毒方可进入生产区或合群饲养。

4. 做好日常观察工作

逐日观察记录珍珠鸡群的采食量、饮水表现、粪便、精神、活动、呼吸等基本情况，统计发病和死亡情况，对疾病做到"早发现、早诊断、早治疗"，以减少经济损失。

二、合理的卫生防疫制度

兽医卫生防疫制度措施是一项系统工程，从种群引进、饲养、繁育、管理到卫生、防疫、防病治病都应制定一系列的科学而又严密的标准和制度，这是预防、控制、消灭珍珠鸡疾病的基本手段，也是影响珍珠鸡养殖成败的关键。

1. 严格执行检疫制度

利用各种诊断方法揭发动物群中的感染者或免疫状态称为检疫，检疫是整个动物防疫措施中的重要内容之一。

（1）入场检疫　引进的种雏和种珠鸡，必须来自于健康和高产的种珠鸡群。外来珍珠鸡隔离观察 20 天后，未发现疾病的才允许混入原来的珍珠鸡群或珍珠鸡场，以保证珍珠鸡场的安全生产。对引入种蛋的，为防止疾病垂直传播，除做好孵化消毒外，孵出种雏也要隔离观察。

（2）定期检疫　规模化珍珠鸡场应定期对珠鸡群进行某些传染病的检疫。并采取相应措施，如扑杀、隔离治疗等，防止其在珍珠鸡群中扩大传播。凡在检疫中检出的有临床症状和剖检变化的病死珠鸡应扑杀、焚烧；血清抗体阳性的可隔离治疗或扑杀处理；对尚无临床表现、血清学检查阴性的假定健康群，则进行紧急免疫接种或药物防治；对污染或感染的种群，不论其污染或感染程度如何，一律全群淘汰处理。

2. 做好卫生管理工作

珍珠鸡场的环境卫生好坏，与疫病的发生有密切关系。环境污秽，有利于病原体孳生和疫病的传播。因此，珍珠鸡舍、场地及用具等应保持清洁、干燥，每天清除圈舍、场地的粪便及污物。为防止环境污染，对珍珠鸡场的粪便污水应进行无害化处理。污水的处理可化学药品处理法。珍珠鸡每天都需要大量的饮水，水的需要量与饲料性质、气候条件不同而不同。因此，有条件时，应设置自动给水装置，保证珍珠鸡饮用水清洁无污染，满足珍珠鸡的饮水量，保证珍珠鸡正常代谢，维持健康水平。老鼠、蚊、蝇等是病原体的宿主和携带者，能传播多种传染病和寄生虫病。日常要严防野禽、鼠、猫、狗等飞蹿入场舍内而传播所携带的病原体。职工家中严禁饲养家禽和玩赏鸟，不许将禽产品或鸟禽私自带进场内。及时清除珠鸡舍附近的垃圾堆、乱杂草丛等；定期洗、冲、消毒污水沟；适当使用灭鼠、灭蚊蝇的工具和药械，搞好环境卫生，防止疫病发生和流行。

3. 严格的消毒制度

消毒是指利用各种方法和手段清除、杀灭传染源排放于外环境中（场地、植被、水源、饲料、空气、房舍、用具、动物等）的病原体（菌、毒、虫等）的一种综合性措施，也是切断疫病传播途径、阻止病的扩散蔓延的重要手段，是疾病综合性防治措施中的重要组成部分。

（1）消毒设施　在珍珠鸡场大门及各区域和各排珠鸡舍入口处，应设消毒设施，如车辆消毒池、脚踏消毒池、喷雾消毒室、更衣换鞋间等。装设紫外线灯，应强调安全时间，以 3～5 分钟为宜。大型集约化珍珠鸡场，卫生防疫制度更应严格。进入生活管理区的外来人员，先在大门入口处的消毒通道进行 1∶800 的强力克毒威或 0.01% 百毒杀喷雾消毒，再到更衣室用肥皂水洗手后，换上珍珠鸡场提供的防疫服及胶靴、戴上帽子，再次经消毒通道消毒后才允许进入场内。

本场人员经 2 次喷雾消毒后才允许入内，休假返场人员还应将所带物品立即入库熏蒸消毒。凡进入生产饲养区的人员，必须在生活管理区隔离缓冲 2 天，经洗澡、消毒、换上本场提供的工作服后，才允许入内，其在生活管理区所穿衣服不允许带入生产区。一般场外运行的车辆不准进入生产区，场内应有自备的车辆，如场外车辆必须进入生产区时，车轮一定要在消毒池内滚动一周以上。

（2）珍珠鸡舍消毒 消毒的步骤一般为清除污物、彻底清洗、喷洒消毒药液三个程序。消毒前须彻底清扫场、舍内外的环境卫生，空珠鸡舍消毒时，先将舍内粪便、垫料、尘土、污物等全部清扫干净，然后用水冲洗附着在墙壁、地面上的有机质，再用 $10\%\sim20\%$ 石灰乳或 $2\%\sim3\%$ 的热火碱水进行喷洒消毒。一般先进行机械清扫，彻底清除污物后，再用清水冲洗干净，干燥后喷洒消毒药液，如已知舍内珍珠鸡有传染性疾病，则首先应使用消毒药液进行洗刷，然后用高压动力喷雾器喷射高强力药液，此法迅速可靠，可省去清洗过程。带鸡消毒时，要尽量选用无刺激性气味、无残毒、无腐蚀性的消毒剂进行消毒，如 $0.2\%\sim0.5\%$ 过氧乙酸，0.1% 的新洁而灭，$0.5\%\sim1\%$ 漂白粉溶液等，每种消毒剂在连续使用 $2\sim3$ 周后要进行更换，以免病原微生物产生耐药性而降低消毒效果。

> **提示**
>
> 机械性清扫必须在能防止传染源散布的条件下进行。当发生传染病时，清扫前，必须用消毒剂或烧碱水（5%）将污物湿润后，再进行清扫。对可疑为传染病的珠鸡粪便和垫料等污物，应立即集中火烧或深埋。

（3）地面和运动场消毒 平时应随时清除地面、运动场地的粪便，地面可用 10% 漂白粉溶液、4% 福尔马林或 10% 氢氧化钙溶液消毒。运动场消毒前铲除表层土 $5\sim10$ 厘米，然后用药液喷洒（$10\%\sim20\%$ 漂白粉溶液），再加净土压平。运动场围栏，以 $15\%\sim20\%$ 石灰乳刷拭达 1 米高度。

（4）珍珠鸡场（舍）进出口消毒 车辆出入口大门处设一消毒池，内盛 $2\%\sim4\%$ 氢氧化钠液让车轮消毒通过，车体可用 $3\%\sim5\%$ 福尔马林喷雾消毒；大门口人员出入口处设置脚踏消毒池，内盛 5%

来苏儿液，让出入人员踏踩消毒，人体可用 0.1％新洁尔灭喷雾消毒。有条件的珍珠鸡场应在大门口处设喷淋装置，用 0.3％的过氧乙酸或 0.2％的次氯酸钠对来往车辆、器具等进行喷雾消毒，或用紫外线灯照射消毒。在珠鸡舍进出口处常设消毒池。池内常用 3％～5％煤酚皂液、2％烧碱液、10％～20％石灰乳。亦可用草席或麻袋等浸湿药液后置于进出口处，应注意药效，定期更换药液。尤其要时常更换脚踏消毒槽内的消毒液及易受有机物、紫外线影响的药液。

（5）用具消毒 珍珠鸡场的用具消毒包括对珍珠鸡场内刀、盆、盘、桶、饲槽、水槽、蛋巢、清扫用具等定期进行清洗消毒。通常先洗刷干净、晾干，然后浸泡在 0.05％～0.1％新洁尔灭液或 0.1％高锰酸钾液内 2～3 小时，取出用清水冲洗干净、晾干后使用。

（6）垫料和粪便消毒 清除的垫料和粪便应集中堆放，如无传染病可疑时，可用生物自热消毒法。即距珍珠鸡场 100～200 米以外的地方设立堆粪场。将清理的珍珠鸡粪便集成堆是处理珍珠鸡粪便经济而实用的方法，同时也是进行粪便生物消毒的一种方法。这种方法可使珍珠鸡粪发酵熟化，温度高达 70 摄氏度以上，并能维持数天，能杀灭各种病原菌、寄生虫卵及蝇蛆等。整个发酵过程夏天 10 天左右，冬天 2 个月左右，堆积发酵后的珍珠鸡粪便是上好的农田优质肥料。此种方法处理粪便量大，适应性强，基本没有设备投资，成本较低，而且减少了恶臭的生成。如确认某种传染病时应将全部垫料和粪便深埋或焚烧。病料、病尸采用焚尸炉、火炉、大锅进行焚烧、煮沸或化制处理；或采取消毒药物浸泡、生物热发酵或深埋处理。

> **提示**
>
> 珍珠鸡场经营者应严禁销售死珠鸡，场内要有专门的不漏水的袋、桶装死尸，并移出生产区外处理，对死珠鸡应依患病性质分别采取高温、深埋处理，必要时焚烧。被死尸污染的场所要彻底消毒。

（7）污水消毒 最常用的方法是将污水引入污水处理池，加入漂白粉或其他氯制剂进行消毒，一般 1 升污水用 2～5 克漂白粉。

消毒剂的商品名称极复杂，有些消毒药有效成分基本相同，而商品名称因厂家而异，选择消毒剂时应了解其有效成分，再依消毒目的及消毒对象选择。

三、免疫接种和药物预防

1. 免疫接种

免疫接种又称预防接种，俗称打防疫针，是一种特异性免疫预防和治疗的方法，也是预防疾病发生和控制流行的重要手段。给正常的动物定期接种相应的疫苗、菌苗、类毒素或免疫血清等生物制剂，使其获得特异性免疫力，以达到预防或治疗传染病的目的。免疫接种的途径很多，免疫效果也与接种途径有关。通常选择与病原体感染（侵入）动物机体相应的途径较好。对珍珠鸡免疫接种的途径，通常采用饮水、滴鼻、点眼、气雾和肌肉注射，一般弱毒活疫苗还可用于皮下、刺种（新城中等毒力疫苗和低毒力疫苗）接种，但灭活疫苗只能用于注射途径。通常免疫接种可分为预防接种和紧急接种两种。

（1）预防接种程序的制定 在珍珠鸡的疾病中，传染病是最重要一类，目前为止许多传染病尚无有效的药物治疗，但一部分疫病已有较好的预防疫苗。因此，在整个饲养管理过程中，除做好日常卫生工作外，还应制定和实施一个科学的免疫程序，其目的在于用最少的人力、物力，收到最理想的免疫效果，以全面提高珍珠鸡群抗传染的免疫水平，达到控制和消灭相应传染病的目的。免疫程序内容包括疫苗的选择、接种途径、接种时间、接种次数和接种方法等（表8-1）。生产中，可根据当地的疫病流行情况、雏珠鸡母源抗体水平、前次免疫接种的残余抗体水平、免疫应答能力、采用疫苗类型、疫苗接种方法等实际参考实施。

表8-1 珍珠鸡常见传染病免疫程序

日龄	免疫程序	方法
1	马立克氏病弱毒苗	皮下注射
4	传染性支气管炎弱毒苗（H_{120}）	点眼滴鼻

日龄	免疫程序	方法
5	传染性法氏囊病弱毒苗	点眼滴鼻
8	新城疫弱毒苗	点眼滴鼻
8	新城疫、肾传支二联油剂乳灭活苗	肌内或皮下注射
14	鸡痘疫苗	刺种
14	传染性法氏囊病中毒力疫苗	饮水
28	传染性法氏囊病中毒力疫苗	饮水
30	新城疫、肾传支二联油剂乳灭活苗	肌内或皮下注射
120	新城疫、肾传支二联油剂乳灭活苗,鸡痘苗	肌内或皮下注射,刺种
150	传染性法氏囊病油剂乳灭活苗	肌内或皮下注射
150	减蛋综合征、新城疫、肾传支三联油剂乳灭活苗	肌内或皮下注射

注：120 天以后免疫仅用于种鸡

（2）紧急接种　指在疫病发用时（后），为了迅速控制和扑灭疫病的流行，对疫区（场、户）、受威胁区（场、户）的未发病禽进行的一种免疫接种。从理论上讲，紧急接种应先接种免疫血清或卵黄抗体（被动免疫），经 1～2 周后再接种疫苗（主动免疫）。但在实践中，由于血清供应受到限制、价格高，卵黄抗体在现阶段又均属非正规产品等原因，故一般都选择毒力弱或无毒力株的、免疫产期短（不超过 7 天）的疫苗直接接种免疫，对控制疫情扩大、减少经济损失的效果比较确实。在紧急接种中，对珠鸡群的年龄和体况强弱组成，以及病的流行动态和疫苗、血清、卵黄抗体的性质等都要有所了解，并在接种后要密切观察反应，对发病（潜伏感染而应激发病）禽要及时采取隔离扑杀等措施，并作严密的消毒处理。

（3）免疫接种的注意事项　近年来，屡次出现了免疫效果不佳或免疫失败，其原因主要如下。

① 珍珠鸡的专用疫苗较少，主要使用鸡的疫苗，其中一些是非规程的中试产品，由于国家部门监督不力、生产和质量检验个规范，故质量得不到保证。

② 免疫程序不合理，加上图省事一味追求多联疫苗，有可能导致机体免疫应答失调。

③ 通常雏禽的免疫功能较弱，而潜在感染因素也很复杂，故免疫效果欠佳就比较多见。

④ 多年来，由于国家"畜禽防疫法"贯彻不力，疫病蔓延，加上乱用疫苗成风，有可能引发病原的变异而出现免疫效果不全乃至新毒株的出现。实践证明，预防接种只是防止疫病发生的重要手段之一，绝非是唯一办法。

免疫接种时注意以下事项。

① 接种前应根据本场实际情况，结合当地疫情，制定一个经济而有效的免疫程序，不宜机械照搬他人的免疫程序。

② 保存和运输疫苗的适宜温度为 2～10 摄氏度，活苗冻结保存更好，而死苗适于冷藏不能冻结。不论死苗或活苗都要避免高温和阳光直接照射。稀释后弱毒活苗应放在冰壶中，必须在 1～2 小时尽快用完。

③ 免疫接种前，核对疫苗标签或使用说明书提供的疫苗名称、批号、有效日期、用法、用量及注意事项，检查疫苗瓶有无破损，疫苗的色泽、性状（如油乳剂菌苗有无分层和絮状物）等都符合要求时才能使用；预防接种所需的用具，要进行调试、清洗和消毒。

④ 首先出厂质量要高，其次必须按规定条件运输保存。禁止使用过期疫苗。

⑤ 只有珍珠鸡群健康、饲养管理和环境卫生条件良好，才能保证接种安全并产生理想的免疫力。对有病或不健康的珍珠鸡群接种，可能出现不良免疫反应，产生的免疫力也较差。接种前，应对珍珠鸡群进行健康状况检查。

⑥ 给雏禽首次免疫接种（简称"首免"）时，必须考虑到母源抗体的效果。一般而言，在母源抗体水平较低的情况下接种效果较好，某些弱毒苗和灭活苗同时使用也可消除母源抗体的影响。

⑦ 接种弱毒活菌苗前后各 3～5 天，停止使用抗菌药物，以免影响免疫效果；接种病毒疫苗时，前 2 天和后 3 天的饲料或饮水中添加抗菌药物，以预防细菌感染；接种活疫苗的当天及前后各 1 天，停止鸡体消毒。

⑧ 接种前，必须对接种用具进行严格消毒，但不应留下任何消毒剂的痕迹。接种后，对接种用具必须灭菌消毒，剩余的疫苗液要进行灭活处理。

⑨ 免疫剂量要准确，一方面应考虑到浪费量；另一方面不要随

意加大剂量。除有些疫苗需专用稀释液外，活苗一般用生理盐水稀释（气雾免疫用蒸馏水或去离子水稀释）。稀释后的疫苗液应在规定时间内用完。

⑩ 免疫接种时要防止惊扰珍珠鸡群，减少应激反应。

⑪ 免疫接种期间和接种后，注意观察免疫反应，如有不良反应或发病，应及时采取相应措施。为了减轻免疫应激反应，提高免疫接种效果，免疫接种期间可在饲料或饮水中添加多种维生素和免疫增强剂。对有些疫苗还应进行抗体监测，检查接种效果。

⑫ 接种后应做好免疫记录，内容包括日期、品种、日龄、疫苗种类、生产厂家、批号、失效期、接种方法、接种剂量、接种人员等。

> **提示**
>
> 各种疫（菌）苗要科学存放，在使用时如发现疫（菌）苗瓶破损，瓶签不清或没有瓶签，过期失效，制品的色泽和性状与说明书不符的均不能使用。在接种前注射器和针头应进行煮沸或高压消毒。做到注射一只换一个针头，避免通过针头传播病原体。

2. 药物预防

药物预防是利用特定的药物进行动物群体预防特定疾病的发生与流行的一种非特性方法，这在养禽业中经常使用，也是疾病防治的重要措施之一。实践证明，药物对有些肠道疾病（下痢）、寄生虫病和细菌性传染病（大肠杆菌病、沙门菌病、巴氏分枝杆菌病等）的预防有明显的效果；配制成药物饲料添加剂定期补给，还可获得增重和增产的效果。在饲料中添加抗生素预防疾病时，应同时减少饲料中的钙含量。在珍珠鸡疾病的药物预防中，通常采取于饲料、饮水中加入某种特定的安全药物进行群体预防，以达到在一定时间内使受到威胁的易感珍珠鸡受不到疾病的危害。如在易受到球虫感染的雏珍珠鸡和育成珍珠鸡饲料中添加适量的抗球虫药，就可防止球虫病的发生。定期在饮水中加入适量的恩诺沙星、氟哌酸等抗菌药物，可有效地防止珍珠鸡腹泻、禽霍乱等疾病的发生。

应该明确的是，在使用药物添加剂预防疾病发生中应绝对禁止乱用药和烂用药，其理由有两个：一是在长时间使用后特别是在屠宰前使用后，产品中药物残留量超限，从而会影响人的健康和出口及国内市场销售；二是长期使用特别一种药物持续使用，很容易引起体内一些病原性细菌、寄生虫形成耐药性菌株或虫株，从而导致影响防治效果，而耐药性菌株和虫株也会严重危害人类健康。

> **提示**
>
> 任何一种药物或同一类型的药物的不得长期使用或使用过量。

四、驱虫

药物驱虫是珠鸡群保健工作不可或缺的一部分。为了预防珍珠鸡寄生虫病，应给珍珠鸡群进行预防性驱虫。驱虫前应做流行病学调查，弄清珍珠鸡体内外寄生虫的种类和为害的程度，以便有的放矢地选择驱虫药。后备种珠鸡应在进行体内、外寄生虫驱虫处理后，再转入种珠鸡舍使用。优良的驱虫药具有广谱、高效、安全、持效时间长且使用方便等优点，常用的驱虫药有左旋咪唑、丙硫苯咪唑、硫苯咪唑等，均是较理想的驱除内寄生虫药物，但对外寄生虫无效；阿维菌素、伊维菌素、多拉菌素等是较理想的驱除体内外寄生虫药物。驱虫工作应注意以下几点。

① 驱虫应在隔离条件的场所进行，以便于粪便收集和清扫，防止虫体和虫卵污染珠鸡舍。

② 珍珠鸡驱虫要有一定的时间间隔，直到被驱出的病原体排完为止。因驱虫药物不同，珍珠鸡用药后的排虫时间也不同。

③ 驱虫后的粪便应集中处理，做到"无害化"。否则现有的驱虫药只能驱除虫体，不能杀灭虫卵，珍珠鸡驱虫后排出的虫卵会污染珍珠鸡舍称为新的污染源。

④ 为提高驱虫效果，要正确使用驱虫药，一般在第1次用药后1周再用药1次。

五、珍珠鸡场扑灭疫病的措施

尽管珍珠鸡场采取了严格的综合性防疫措施，但各种疫病还是有可能发生。这是因为病原微小无法看见，发病原因相当复杂，各种因素的相互影响难以控制。当爆发疫病时，从各方面采取应急措施，无疑能够减少疫病所造成的损失。

1. 尽快诊断和上报疫情

当饲养员发现珍珠鸡突然死亡或怀疑发生传染病时，应立即报告技术人员，场部应及时组织专家会诊并作出正确诊断。当发生烈性传染病时，一定要迅速诊断并上报疫情。

2. 全面封锁

经确诊为烈性传染病时，对珍珠鸡场应立即封锁，严禁人员、车辆来往，停止雏珠鸡、种蛋的引进、出售或外调，以防扩大疫情。若发生重大疫情，则由政府有关部门发布封锁令，公布封锁的范围和采取的措施。病珠鸡的用具、饲料、粪便等，未经彻底消毒处理不得运出，以防病原扩散。

3. 迅速隔离病珠鸡，加强消毒

根据病情，场内迅速隔离病珠鸡和可疑珠鸡，不得再与健康珠鸡接触。隔离群或隔离舍应设专人管理，禁止无关人员进入，工作人员应严格遵守消毒制度。对疫区内的珠鸡舍、环境、车辆、用具、人员、衣物和污染地等进行彻底消毒，粪便进行无害化处理。对没有发病的珠鸡群也应增加鸡体消毒的次数。疫情结束后，全场应彻底消毒，经检测合格后方可结束封锁，重新进鸡。

4. 妥善处理病珠鸡与病死珠鸡

患传染病的珍珠鸡随分泌物、排泄物不断排出病原体污染环境，病死珠鸡尸体也是特殊的传染媒介，对其必须严格管理并妥善处置，禁止将患传染病的珍珠鸡及其尸体流入市场或随意抛弃。对于重病珍珠鸡和病死鸡，应在严格防止扩散的条件下进行深埋或焚烧。对治疗有望的轻病珍珠鸡，及时进行对症治疗。

5. 紧急免疫接种

紧急免疫接种就是在珍珠鸡场或珍珠鸡场邻近地区发生传染病时，为了迅速控制和扑灭疫病，对疫区和受威胁区尚未发病的珍珠鸡群进行紧急性免疫接种。一般在疫区使用疫苗，有些病也采用相应的高免蛋黄液进行紧急免疫接种，效果不错。或使用免疫血清进行紧急免疫接种，安全有效，但来源不足、代价高。可根据情况，选择传染病病原体敏感的药物进行药物预防。在实行紧急免疫接种或药物预防过程中，要特别注意工作人员及所用器械的消毒。

6. 药物治疗

药物治疗的重点是病珠鸡和疑似病珠鸡，但对假定健康珍珠鸡的预防性治疗也不能放松。治疗的关键是在确诊的基础上尽早实施，这对消灭传染来源和阻止疫情蔓延方面作用较大。

> **提示**
>
> 　　在疫区或疫群应用疫苗作紧急接种时，必须对所有受到传染威胁的珍珠鸡群进行观察和检查，对正常无病的珍珠鸡进行紧急接种时，对病珍珠鸡和可能已受到感染的潜伏期病珍珠鸡必须在严格消毒的情况立即隔离，观察或淘汰处理，不宜再接种疫苗。

第四节　珍珠鸡常见病的防治

一、常见病毒性传染病

1. 新城疫

新城疫最早在英国新城发生，所以叫鸡新城疫，也有人称其为亚洲鸡瘟、伪鸡瘟，我国民间俗称鸡瘟，是由新城疫病毒引起的一种急性、热性、败血性、高度接触性传染病，对养禽业危害极大。本病的主要特征是呼吸困难、严重拉稀，神经紊乱，黏膜和浆膜出血。

（1）病原　新城疫病毒属副粘病毒科，副黏病毒属 Ⅰ 型，单股RNA。新城疫病毒对外界的抵抗力相当强，能在自然界中顽强生存。但该病毒对一般消毒药的抵抗力弱，在 75% 酒精中 3 分钟内可被杀死，来苏儿、酚和甲酚等配成 2%～3% 溶液，在 5 分钟内可杀死该病毒，大多数去污剂也能迅速地杀死该病毒。人接触大量病毒时，能发生轻度的眼结膜炎。

（2）诊断要点

① 流行特点。鸡、珍珠鸡、野鸡、榛鸡、火鸡、鸽、鹧鸪、鹌鹑、孔雀、鹰、鹦鹉及燕雀等多种禽类对本病都有易感性。病禽和带毒禽是主要的传染来源。本病一年四季均可发生，但以寒冷季节易流行。幼龄珍珠鸡较成年珍珠鸡易感，发病率和死亡率较高。病原主要经呼吸道和消化道感染。珍珠鸡新城疫在不少情况下是由鸡传染的，人员和运输工具的流动、污染的场地、野鸟的侵入等在本病的播散和发生中也具有重要作用。试验证明，珍珠鸡对鸡新城疫病毒有较高敏感性，且其敏感性有逐年增高的趋势。据黄汝溙等报道，广州某场1985 年开始饲养引进的东欧系珍珠鸡，发生新城疫的死亡率为30％～40％，而到 1988 年时已达 85％～90％。

② 临床症状。病珠鸡精神委顿，食欲下降或废食，体温升高，可达 42.5～43℃，下痢，排黄色稀粪。随着病情的发展，出现步态不稳，侧身倒地，单侧性腿麻痹等神经症状，部分出现头颈或全身性震颤，3～5 天内死亡。

③ 剖检特征。肌肉暗红，肝脏瘀血肿大；脑膜血管树枝状充血，小点出血，脑实质水肿，质脆，大、小脑一侧或两侧有针尖大小的灰黄色坏死灶；而其他器官未有明显眼观异常。

（3）防治措施　目前，尚无有效的药物用于本病的防治。发病早期使用高免血清或高免蛋黄抗体有一定的疗效，某些中草药制剂（如抗囊疫）亦有较好的辅助治疗作用。对发病群用新城疫系疫苗做紧急免疫接种，同时在日粮或饮水中添加多维生素和一些抗生素，一般可在 3～5 天内控制疫情。

采取综合兽医卫生防疫措施，对杜绝本病的传播非常重要。为控制本病流行应坚持不到疫区引进种蛋和雏珠鸡，日常须加强饲养管理，经常保持珍珠鸡舍及运动场清洁卫生，坚持定时消毒，定期预防接种。珍珠鸡对鸡新城疫疫苗反应较大，第 1、第 2 次免疫应避免使用毒力较强的疫苗，建议的免疫接种程序是，15 日龄时用新城疫Ⅱ系苗 1∶1000 稀释后，2 毫升/只，饮服；30 日龄时用上法第 2 次免疫；50 日龄时用新城疫Ⅰ系苗 1∶1200 稀释后，1 毫升/只，肌内注射。有条件的珍珠鸡场，最好进行新城疫抗体的监测，根据抗体高低确定免疫时机。试验证明，群体抗体水平达 2^6 倍以上时可望获得理想的保护。

2. 传染性法氏囊病

传染性法氏囊病又称传染性腔上囊病或甘布罗病，是由传染性法氏囊病病毒引起的一种急性、高度接触性、主要危害幼禽的一种高度接触性传染病。主要特征是发病突然，羽毛竖起，恶寒颤抖，水样腹泻，胸肌和腿肌呈斑块状出血，法氏囊等淋巴系统严重受损。

（1）病原 传染性法氏囊病病毒属于双股 DNA 病毒科。该病毒专门破坏免疫系统，可导致免疫抑制。该病毒对理化因素的抵抗力非常强，耐热性强，对乙醚、氯仿和胰蛋白酶有耐受性，普通消毒药对其无效，但对甲醛敏感。

（2）诊断要点

① 流行特点。鸡是最重要的自然宿主，易感染发病，特禽中的珍珠鸡、藏马鸡、雉鸡和孔雀也易感。各种年龄的珍珠鸡都可感染，但以 2～6 周龄最易感。病禽和带毒禽是主要传染源。该病不仅能通过消化道和呼吸道传染，还可以通过蛋传染。通常禽群突然发病，发病率可达 100%，发病后 3～5 天后出现死亡，并达到高峰，1 周后逐步减少，并停止死亡，呈尖峰式曲线。死亡率差异较大，少的 3%～5%，严重的可达 60% 以上，平均 15%～20%。

② 临床症状。病禽精神沉郁，拒食、拒饮水，头垂闭眼，步态不稳，不喜运动；下痢，排白色或绿色水样稀便，或黏液性下痢而使肛门周围污染。后期脱水明显，全消瘦衰弱，伏卧嗜睡，致使泄殖腔上缘明显突出，终至死亡。

③ 剖检特征。病禽严重脱水肌肉色暗，两腿及胸部肌肉常有出血；腺胃和肌胃交界处带状出血，肠黏膜增厚；肾不同程度肿胀，因尿酸盐潴留肾小管及输尿管扩张；脾脏稍肿大，表面常散有灰白色小坏死灶；法氏囊肿胀、清亮，黏膜有点状或斑状出血点，腔内含有白色黏液或血性渗出物，随病情发展法氏囊体积逐渐萎缩。

（3）防治措施 本病无特效治疗方法。早期使用高免血清、健康血清或高免蛋黄抗体，投以适当的抗生素、补液盐、维生素 A 和维生素 C，适当提高育雏温度和降低日粮中的蛋白质水平，能有效降低病死率。此外，据报道国内研究开发克囊灵、复方喹诺酮以及一些中草药制剂，用于早期治疗，也有一定疗效。

预防本病，平时要坚持综合性防疫措施，加强珍珠鸡舍卫生消毒，严格检疫，保持珍珠鸡舍通风，加强饲养管理，饲喂全价饲料。疫苗接种是防治本病的一个重要手段。根据本地区、本场的疫病流行和发生情况，选用合理的弱毒疫苗和（或）灭活疫苗进行有计划的免疫接种，可有效地预防本病的发生。

3. 珍珠鸡传染性肠炎

珍珠鸡传染性肠炎是由一种披膜样病毒引起的急性、高度接触性传染病。

（1）病原　一种披膜样病毒。该病毒具有宿主特异性，人工感染鸡、山鸡和鹌鹑均不引起发病。

（2）诊断要点

① 流行特点。各种龄期的珍珠鸡都有易感性，但对幼龄珠鸡的为害较大，临诊发病最早可见于 7 日龄。本病主要以横向传播方式播散，一旦发生，可迅速波及全群，感染发病率可高达 100%，而死亡率则随龄期的增长而下降，幼龄者发病死亡率为 80% 以上，成年珠鸡则约为 30%。

② 临床特征。病珠鸡食欲废绝，弓背呆立，或蹲伏于地，羽毛松乱，颈毛竖起，精神委顿，对外界反应迟钝。严重腹泻，排黄白色或绿色水样稀便，脱水消瘦，最后衰竭死亡。死亡常发生于出现腹泻症后第 2 天，群体腹泻约可持续 10～14 天。耐过幸存者，往往因极度消瘦而失去继续饲养价值。

③ 剖检特征。发病早期急性死亡者，体况良好，肌肉丰满。剖检可见肠炎，肠道黏液增多，盲肠肿胀，偶有盲肠芯子、盲肠扁桃体小点出血；胰腺色淡，散布针头大小灰白色病灶；脾轻度萎缩，肾稍肿大。发病后期死亡者，明显消瘦、脱水；剖检可见嗉囊内出现假膜，脾脏显著萎缩，小肠黏膜充血、出血。

（3）防治措施　本病无特效治疗方法，亦无商品性的疫苗可供防治。一旦暴发本病，应对发病群实施严格的隔离，并进行对症治疗。在饮水中添加口服补液盐，并投服抗生素如恩诺沙星、培氟沙星等以预防和治疗继发性感染，同时加强饲养场地及其周围环境的清洁卫生和消毒。

预防本病的发生和流行可试用以分离自本场的病毒制备的灭活疫

苗进行预防接种，并加强包括检疫、清洁卫生和消毒等在内的各种生物安全性措施，采用全进全出的饲养方式。

4. 病毒性肠炎

珍珠鸡病毒性肠炎是指由多种病毒引起的，以腹泻为主要临诊症状的一类传染性疾病。

(1) 病原　本病病原比较复杂，主要有呼肠孤病毒、Ⅱ型腺病毒、轮状病毒、肠道病毒等。在现场病例中，上述病原往往同时存在，相互作用，使病情复杂和多变。

(2) 诊断要点

① 流行特点。呼肠孤病毒主要为害幼龄珍珠鸡，5～6天龄即可感染发病，发病率和死亡率分别可达50％和14％。Ⅱ型腺病毒主要侵害产蛋珍珠鸡，但幼雏者亦会感染发病。

② 临床特征。呼肠孤病毒感染的病雏精神沉郁，食欲不振或废食，羽松呆立，主要症状是腹泻，排黄色至黄绿色水样或黏液样稀粪。耐过珠鸡生长发育严重受阻，头部初羽换毛明显延迟，脸不变蓝，喙、脚色泽变黄。幼雏感染Ⅱ型腺病毒的主要临诊症状是持续性腹泻，排绿色稀粪，有些可见呼吸道症状，病程较长，可达20多天，死亡率为2％～10％，生长发育不良。产蛋珠鸡主要表现为产蛋明显下降，降幅可多达50％，且可见间歇性下痢和死亡增多。轮状病毒和肠道病毒等也是引发珍珠鸡，特别是幼龄珍珠鸡下痢的病原之一。感染发病珠鸡表现不同程度的腹泻和衰弱，生长不良等症状。

③ 剖检特征。呼肠孤病毒感染时，剖检可见病珠鸡腺胃增大，肌胃萎缩，卡他性、出血性肠炎，肠腔内充满酸臭消化不全的内容物；胰腺初期水肿及出血性坏死，后期萎缩，苍白，质硬实。Ⅱ型腺病毒感染的眼观病变主要是肠道黏膜充血，卡他性肠炎；肺瘀血、水肿，肝、脾大，腹水形成。

(3) 防治措施　同传染性肠炎。

5. 包涵体肝炎

包涵体肝炎又称腺病毒感染或传染性贫血、出血综合征，是由包涵体肝炎病毒引起的以严重贫血、黄疸、肝大出血及细胞核内包涵体为特征的一种急性传染病。

（1）病原　包涵体肝炎病毒属于禽腺病毒属成员。该病毒对热和紫外线比较稳定，能抵抗乙醚、氯仿和酸，也能抵抗其他多种消毒剂；对福尔马林和碘制剂敏感。

（2）诊断要点

① 流行特点。本病在自然条件下，珍珠鸡、火鸡、鸽、鸡、鸭、鹅等均易感，3～9周龄珍珠鸡更易感，几乎100％感染，病死率40％。日龄较大的珍珠鸡多呈隐性感染，从而成为最危险的传播者。发生过传染性法氏囊病的禽容易发生本病。本病毒随病禽粪便排出，通过直接和间接接触感染，另外还能经蛋垂直传播。本病以春、夏两季发病比较多；病愈禽能获得终生免疫。

② 临床特征。本病的潜伏期很短，一般不超过4天。往往是在生长良好的禽群中发病迅速，常突然出现死亡。病禽精神沉郁、食欲减退或不食、羽毛蓬乱、翅膀下垂、双脚麻痹等，多数贫血，肉髯、面色苍白；少数病禽呈现黄疸。多数呈急性死亡，往往在表现症状后的几个小时内即可死去。临死前有的发出鸣叫声，并出现角弓反张等神经症状。发病率可高达100％，死亡率为2％～10％，有时可高达30％～40％。

③ 剖检特征。肝脏病变最为明显，肝大、退色、质脆、脂肪变性，有许多点状或斑状出血点，在出血点之间常散在有灰黄色坏死灶，使肝脏外观呈斑驳状色彩。全身性浆膜、皮、肌肉等处出血，尸体表现贫血、黄疸。骨髓退色，呈灰白色或黄色，血液稀薄如水。严重病例的肾脏肿大，呈灰白色有尿酸盐沉积。脾脏轻度肿大，有白色斑点状或白色环状病灶。

（3）防治措施　由于目前尚无有效的免疫预防措施。因此，预防本病只能通过加强饲养卫生管理，防止和消除一切应激因素，如寒冷、过热、贼风和断喙过度等。用碘制剂和次氯酸钠对禽舍和用具消毒。对可疑感染本病毒的种蛋所孵化出的雏珍鸡，可将庆大霉素2万～4万单位溶于1升水中，让鸡自由饮用，连饮3天。重症病珍鸡在混饮同时，肌内注射庆大霉素2毫克，早晚各1次，或用病毒速克、感康，并加护肝宁、鱼肝油，治疗效果较好

6. 马立克氏病

马立克氏病又名神经淋巴瘤病，是一种由细胞结合性疱疹病毒引

起的世界性传染性肿瘤病。其主要特征是外周神经、性腺、虹膜、各种内脏器官、肌肉和皮肤的单个或多个组织器官发生淋巴细胞浸润和形成肿瘤。

（1）病原 本病病原属于疱疹病毒的 B 亚群（细胞结合毒），共分三个血清型，其中血清 3 型，对鸡无致病性，但可使鸡有良好的抵抗力，是一株珍珠鸡疱疹病毒株（HVT-FC126 株）。完整病毒的抵抗力较强，在粪便和垫料中的病毒，室温下可存活 4～6 个月之久。细胞结合毒在 4 摄氏度可存活 2 周，在 37 摄氏度存活 18 小时，在 50 摄氏度存活 30 分钟，60 摄氏度只能存活 1 分钟。

（2）诊断要点

① 流行特点。鸡最易感，珍珠鸡、山鸡、鸽、天鹅、鹌鹑、金丝鸟也可感染，哺乳动物不感染。病禽和带毒禽是传染来源，尤其是这类禽的羽毛囊上皮内存在大量完整的病毒，随皮肤代谢脱落后污染环境，成为在自然条件下最主要的传染源。本病主要通过空气传播经呼吸道进入体内，污染的饲料、饮水和人员也可携带毒传播。孵化室污染能使刚出壳雏珍珠鸡的感染性明显增加。大多数鸡群开始暴发本病是从 8～9 周龄开始，12～20 周龄是高峰期。但也有 3～4 周龄的幼鸡群和 60 周龄的鸡群暴发本病的事例。

② 临床症状。可分为神经型（古典型）、内脏型（急性型）、眼型和皮肤型四型。各型混合发生也时有出现。神经型常侵害周围神经，以坐骨神经和臂神经最易受侵害。当坐骨神经受损时病鸡一侧腿发生不全或完全麻痹，站立不稳，两腿前后伸展，呈"劈叉"姿势，为典型症状。当臂神经受损时，翅膀下垂；支配颈部肌肉的神经受损时病鸡低头或斜颈；迷走神经受损鸡嗉囊麻痹或膨大，食物不能下行。一般病鸡精神尚好，并有食欲，但往往由于采食困难，饥饿至脱水而死。发病期由数周到数月，死亡率为 10%～15%。内脏型常见于仔鸡，病禽精神委顿，食欲减退甚至废绝，羽毛松乱，腹部膨大、下垂，行动迟缓，突然死亡。眼型可见病禽单眼或双眼发病，虹膜颜色异常，呈现同心环状或斑点状以至弥漫性青蓝色到弥散性灰色，一般称之为"鱼眼""灰眼"。其视力减退或消失，瞳孔边缘不整齐，严重的只剩一个似针头大小的孔。皮肤型以皮肤毛囊形成小结节或肿瘤为特征，最初见于颈部及两翅皮肤，以后遍及全身皮肤。

（3）防治措施　本病目前尚无特效疗法。根据本病感染的原因，应将孵化场或孵化室远离珠鸡舍，定期严格消毒，防止出壳时早期感染。育雏期间的早期感染也是暴发本病的重要原因，育雏舍应远离珠鸡舍，放入雏珠鸡前应彻底清扫和消毒。珠鸡群应采取全进全出制，每批珍珠鸡出售后空舍 7～10 天，进行彻底清洗消毒，然后再饲养下一批珠鸡。马立克疫苗在控制本病中起关键作用，应按免疫程序预防接种马立克疫苗，防止疫病发生。发生本病时，应按《中华人民共和国动物防疫法》规定，采取严格控制、扑灭措施，防止扩散。病珠鸡和同群珠鸡应全部扑杀并无害化处理。污染的场地、珠鸡舍、用具、粪便等严格消毒。

7. 禽痘

禽痘是由禽痘病毒引起的一种急性、热性、接触性传染病。本病的特性是在皮肤和黏膜出现斑疹、丘疹、水疱等变化。在口腔和食道黏膜的纤维素性坏死性假膜增生。

（1）病原　禽痘病毒对外界自然因素抵抗力相当强，上皮细胞、屑片和痘结痂中的病毒，可抗干燥达数日不死，阳光照射数周仍保持活力。病毒随上皮细胞屑片和痘痂排于外界，变为尘埃后仍具有传染性。1% 火碱、1% 醋酸于 5～10 分钟内杀死。

（2）诊断要点

① 流行特点。鸡对禽痘最易感，尤其是雏鸡。珍珠鸡、鸽、鹌鹑、金丝雀、麻雀、鹦鹉和多种野鸟也可感染。已在分离 20 个科的 60 多种野鸟中有自然感染的报道。水禽对该病有抵抗力。本病主要发生于鸡和珍珠鸡，不分年龄、性别和品种都能感染，但以雏鸡和育成鸡常发病，冬末春初易流行。病禽是该病的传染源。皮肤黏膜损伤，吸血昆虫的叮咬，在传播中起重要作用。痘病毒主要通过皮肤和黏膜伤口侵入体内，也可经毛囊感染。健康珠鸡和病禽直接接触，或含有病毒的尘土接触皮肤和黏膜的微小伤口即可引起感染。

② 临床症状。潜伏期约 4～10 天。病禽食欲不佳，精神萎靡；痘疹发生于头部、腿脚及肛门内侧的无毛区。痘疹形成的过程：开始为圆形红点，1～2 天后形成丘疹，随之变成淡灰色半隆起的结节，之后结节变成水疱，水疱内的淋巴液逐渐变成脓性，经过几天行程结痂，结痂脱落遗留一块瘢痕。整个病程约 2～3 周。病变发生于口腔、

咽喉和气管等黏膜表面时，病禽初为鼻炎症状，2～3天后在黏膜上生成一种黄白色的小结痂，逐渐增大并形成假膜组织和炎性渗出物，很像人们的"白喉"，故称白喉型。病禽采食困难，呼吸不畅，发生嘎嘎的声音，体重迅速减轻，窒息死亡，死亡率高达40％。

（3）防治措施　本病没有治疗特效药，一般只采取对症治疗，以防发生并发症，可用1％高锰酸钾溶液洗涤痘疱及口腔，在涂以鲁格溶液或稀碘酊；白喉型的可用镊子剥离后涂碘甘油（碘酒1份、甘油3份），饮电解多维。本病的控制主要靠接种疫苗和改善环境来预防，如减少饲养密度，消灭蚊蝇及吸血昆虫，加强通风等措施。

8. 禽轮状病毒感病

禽可轮状病毒病是由轮状病毒引起的一种雏珠鸡肠道传染病。本病特征为水样下痢、脱水和泄殖腔炎。

（1）病原　轮状病毒，属呼肠孤病毒科、轮状病毒属。

（2）诊断要点

① 流行特点。珍珠鸡、火鸡、鸽、鹌鹑等珍禽和鸡、鸭等家禽均感染，病的分布极广。年龄越小易感性越高，症状也越重，6日龄左右的幼雏最易感，在新生或雏鸡的感染率高达90％～100％。病禽和带毒禽随粪便排毒污染环境、用具、蛋、饲料和水等，直接或间接地经消化道水平传染和经蛋垂直传染。本病多发生于晚秋、冬季和早春季节，寒冷、潮湿、不良的卫生条件、喂不全价饲料和其他疾病的侵袭等应激因素都能诱发、加重本病及增加病死率。

② 临床症状。潜伏期2～4天。精神不振，食欲减少，消化机能紊乱，腹泻，排水样稀粪，严重脱水，泄殖腔炎，体瘦贫血，生长发育缓慢，最后常因衰竭而死亡。

③ 剖检特征。小肠和盲肠内有大量混有气泡的液体，肠黏膜出血、水肿，泄殖腔有炎性变化，肌胃内偶见垫草。

（3）防治措施　本病目前尚无有效的防治法，治疗可饮用食盐水以防止脱水，同时饮水中加抗菌药物，以防止混合或继发感染，可减少死亡。预防坚持执行综合性卫生防疫措施，据报道可用感染的鸡胚和细胞培养物制备疫苗进行预防接种。

二、常见细菌性传染病

1. 禽白痢

禽白痢病是由鸡白痢沙门杆菌引起禽类的一种以拉白痢为特征的常见性、多发性传染病。

（1）病原　鸡白痢沙门杆菌为革兰阴性小杆菌，对外界环境如日光、寒冷、干燥等有抵抗力，而对消毒药敏感，对各种抗菌、消炎药物敏感，但易产生耐药性。

（2）诊断要点

① 流行特点。鸡最易感，鸭、火鸡、雉鸡、鹌鹑、麻雀等亦可自然感染，但无长期感染的表现，亦未见其能传至后代。珍珠鸡、雉鸡、鹌鹑、麻雀、金丝雀、有时也感染发病。康复鸡终生带菌。病禽和带菌禽是主要传染源，其排泄物以及病死禽内脏、尸体、羽毛及其污染的用具均可成为传播媒介。感染的种蛋是传播感染的主要途径。感染的母珠鸡有 1/3 的蛋带有禽白痢沙门菌，主要是排卵后卵子污染所致，因此是真正的经蛋传播。虽然产蛋后禽白痢沙门菌可以穿入蛋壳，但这一感染途径仅有次要意义。本病的发病率和死亡率与饲养管理和孵化、环境条件等有密切关系。在孵化过程中从感染雏到未感染雏的感染传播可导致广泛散布，出雏器的熏蒸只能起部分防治作用。随着病雏胎绒的飞散、粪便的污染，使孵化室、育雏室内的所有用具、饲料、饮水、垫料及其环境都被严重污染，造成群内感染的散布。啄蛋、啄食癖和存在伤口也有利于群内传播。同群未发病的带菌雏，在长大后将有大部分成为带菌珠鸡，产出带菌蛋，又孵出带菌的雏珠鸡或病雏。因此有禽白痢的养禽场，每批孵出的雏均有禽白痢，常年受本病困扰。

② 临床症状。蛋内感染雏常死于壳内或出壳即死。病初精神不振，食欲废绝，羽毛松乱，畏寒颤抖，翅膀下垂，离群呆立，下痢，粪便呈绿色或白色水样，恶臭，肛周羽毛黏附粪污；有些病禽排粪困难，偶见眼球发炎、发生失明，呼吸困难，关节炎、跛行。成年珠鸡基本不显症状；但有时表现精神不佳，食欲减少，体热喜饮，缩头垂翼，肉冠发绀，粪便泥土状，产卵减少等症状。

③ 剖检特征。病雏肝脏肿大，表面有白色坏死小点；脾大，质

变脆；肺呈现褐色肝样肺炎；心外膜有白色隆起；肌胃、肠管的浆膜也有白色隆起，盲肠黏膜增厚，肠内有豆腐渣样粪便，并混有血液；心包液浑浊、量增加；腹膜浑浊并有干酪样附着；关节充血肿胀，内有奶油样物质。成年珍珠鸡剖检可见肝稍肿大，散布灰白色小坏死灶，心肌色淡、柔软、脾大、质脆；卡他性肠炎，盲肠肿胀，肠壁增厚、黏膜充血、出血和脱落；卵巢和输卵管萎缩，卵泡血管充血扩张，内容物变性。

（3）防治措施　理论上对革兰阴性菌有效的氨基糖苷类（硫酸链霉素、硫酸卡那霉素、硫酸庆大霉素、庆大-小诺米星、硫酸新霉素、丁胺卡那霉素、硫酸妥布霉素）、多肽类（多黏菌素）、广谱的四环素因（土霉素、四环素）、酰胺醇类（甲砜霉素、氟甲砜霉素）抗生素及合成抗菌药磺胺类（磺胺-6-甲氧嘧啶、磺胺-5-甲氧嘧啶、复方新诺明等）、喹诺酮类（诺氟沙星、恩诺沙星、环丙沙星、氧氟沙星、沙拉沙星、二氟沙星等）对本病都有防治作用，但由于近年来抗菌药物的普遍使用，一些病菌出现了耐药性，临床选用药物最好能做药敏试验，选择高敏药物使用。目前临诊使用效果较好的药品有头孢噻呋（速解灵）、氟苯尼考、安普霉素、安普霉素、二氟沙星又名双氟沙星等。为保证疗效，有条件时最好先做药敏试验，并依据其结果选用敏感药物，联合或交替使用两种或两种以上的药物。治疗时隔离病禽，舍内用 0.3% 的过氧乙酸作带鸡喷雾消毒。

药物治疗虽可减少雏珠鸡的死亡，但愈后仍带菌。长期使用药物不仅增加成本，而且易于产生耐药菌株。采用不断检疫种珠鸡群和淘汰阳性珍珠鸡的方法，建立和保持无白痢珍珠鸡群是控制本病最有效的措施。建立无白痢种珠鸡群，在不与感染鸡或珍珠鸡发生直接与间接接触的条件下孵化和饲养后代是取得成功的关键。只能从确知无白痢病的珠鸡群引进种蛋或珠鸡苗。任何时候都不能把无白痢病禽与未确知无白痢的珍珠鸡混群饲养。要抓好种珠鸡检疫，每隔 2～4 周检疫 1 次，直到 2 次连续为阴性，2 次之间的间隔不少于 21 天。发现阳性带菌鸡，立即扑杀。每次孵化前后，都应对孵化器、蛋盘、出雏器、出雏盘等用具进行彻底消毒，并及时清除死胚、破蛋、粪便、蛋皮和羽毛等污物。加强日常饲养管理，保证饲料和饮水的新鲜、卫生，搞好舍内外的环境卫生和消毒，于好发日龄期间，在饲料或饮水中添加半量的治疗药物以预防。

2. 禽巴氏分枝杆菌病

禽巴氏分枝杆菌病又称禽霍乱、禽出败，是由禽多杀性巴氏杆菌所引起的一种急性传染病。主要特征是发病急，流行快，剧烈腹泻，粪便呈黄绿色，死亡率高。

（1）病原　禽多杀巴氏杆菌为两端钝圆、中央微凸的短杆菌，革兰染色阴性。本菌对物理和化学因素的抵抗力比较低。普通消毒药常用浓度对本菌都有良好的消毒力。日光对本菌有强烈的杀菌作用，薄菌层暴露阳光 10 分钟即被杀死。

（2）诊断要点

① 流行特点。各种观赏禽类、野生珍禽类、鸟类、家禽等均易感，珍珠鸡也不例外。各种龄期的珍珠鸡都有易感性，但临诊发病多见于 3 月龄以上的珍珠鸡。禽霍乱造成珠鸡的死亡损失通常发生于产蛋群，因这种年龄的珍珠鸡中较幼龄鸡更为易感。慢性感染禽被认为是传染的主要来源。细菌经蛋传播很少发生。大多数农畜都可能是多杀性巴氏杆菌的带菌者，康复禽仍带菌。污染的笼子、饲槽等都可能传播病原。多杀性巴氏杆菌在禽群中的传播主要是通过病禽口腔、鼻腔和眼结膜的分泌物进行，这些分泌物污染了环境，特别是饲料和饮水。粪便中很少含有活的多杀性巴氏杆菌。病原一般通过气管、上呼吸道黏膜侵入组织；也可通过眼结膜或表皮伤口感染。本病高温潮湿季节易于流行。

② 临床症状。潜伏期一般为 1～2 天。一般分为最急性、急性和慢性三种病型。最急性型常见于流行初期以产蛋高的家禽最常见。病禽无前期症状，晚间一切正常，吃得很饱，次日发病死在鸡舍内。急性型最为常见，病禽主要表现为精神沉郁、羽毛松乱、缩颈、闭眼、头缩在翅下、不愿走动、离群呆立。病禽常有腹泻，排出黄色、灰白色或绿色的稀粪。体温升高到 43～44 摄氏度，减食或不食，渴欲增加。呼吸困难，口、鼻分泌物增加。产蛋禽停止产蛋。最后发生衰竭昏迷而死亡，病程短的约半天，长的 13 天。慢性型由急性不死转变而来，多见于流行后期。病禽精神委顿，体况消瘦，冠髯苍白，过水肿变硬，有些病鸡一侧或两侧肉髯显著肿大，随后可能有脓性干酪样物质或干结、坏死、脱落，鼻窦肿大，鼻孔分泌物增多，有臭味，经

常腹泻。有的病鸡有关节炎，常局限于脚或翼关节和腱鞘处，表现为关节肿大、疼痛、脚趾麻痹，因而发生跛行。病程可拖至1个月以上但生长发育和产蛋长期不能恢复。

③剖检特征。最急性型死亡的病鸡无特殊病变，有时只能看见心外膜有少许出血点。急性型皮下组织、腹膜、心外膜及心冠脂肪有小出血点，十二指肠和肌胃黏膜有点状、块状出血，盲肠有溃疡灶；肝轻度肿大，表面表面弥漫性散布针尖大小的灰白色坏死点；肺充血并有出血点。慢性型肺炎病变明显，肝有灰黄色干酪样病灶，心包水肿，母禽卵巢充血、出血。局限于关节炎和腱鞘炎的病例主要见关节肿大变形，有炎性渗出物和干酪样坏死。

（3）防治措施　禽群发病应立即采取治疗措施。肌内注射硫酸庆大霉素，每次每只2万单位，每天2次，连用3天，同时配合口服补液盐饮水，在饲料中补加氟哌酸，每只每天10毫克。或肌内注射青霉素，每天每只5万单位，连续注射3天，同时以0.05％金霉素混饲，连用3～5天。或每千克饮水中加入5％恩诺沙星，连饮3～5天；或每千克体重肌注5％恩诺沙星0.1～0.2毫升。在治疗过程中剂量要足、疗程合理，当死亡明显减少后再继续投药2～3天以巩固疗效，防止复发。有条件的地方应通过药敏试验选择有效药物全群给药。

加强珠鸡群的饲养管理，平时严格执行珍珠鸡场兽医卫生防疫措施，以栋舍为单位采取全进全出的饲养制度，预防本病的发生是完全有可能的。一般从未发生本病的珠鸡场不进行疫苗接种。现已有禽霍乱弱毒菌苗和灭活菌苗可供预防接种，但因其血清型较多，且免疫期较短，故免疫保护可能不甚理想。以本场分离菌株制备的灭活菌苗进行接种，免疫效果常较理想。

3. 大肠杆菌病

大肠杆菌病是由多种血清型的埃希大肠杆菌引起幼禽及部分成禽以败血症、腹膜炎、纤维素性渗出物、输卵管炎、气囊炎、化脓性关节炎为特征的一种非接触性传染病。

（1）病原　病原菌致病性大肠埃希杆菌（通称大肠杆菌）为革兰阴性短杆菌，一般消毒药液均能杀死本菌，甲醛和烧碱杀菌效果更好。

（2）诊断要点

①流行特点。珍珠鸡、火鸡、野鸭、鹌鹑、鸵鸟、鹌鹑、鹧鸪、

雉鸡等多种珍禽类均易感。各种龄期的珍珠鸡都有易感性，其中以幼鸡和育成鸡发病较为严重，有时可引发严重的死亡。大肠杆菌在自然界分布很广，病鸡和带菌鸡是主要的传染来源，主要经消化道和呼吸道侵入易感珍珠鸡而引发感染。蛋污染粪便也是重要的传染源，母禽产蛋含菌也是常引起病的传播。饲养管理不良，珍珠鸡舍潮湿，卫生水平低，气候骤变，营养不良等因素或其他疾病导致珍珠鸡机体抵抗力降低时，可诱发或促进本病的发生。

② 临诊特征。潜伏期 1～3 天。以败血症型为常见。多发生在 4～10 周龄的雏。急性病例基本不显症状，突然死亡，死亡率高达 50%。一般病禽精神不振，食欲减退或废绝，嗜饮；鼻分泌物增多，气囊发炎，常伸颈张口呼吸，并发出"吐吐"声；腹泻，排黄棕色、黄白色或绿色稀粪，有时呈水样，味恶臭。腹膜炎型部分病禽，特别是产蛋珍珠鸡，腹部膨大下垂，触之有波动感。本病常并发病毒性感染，使之病情加重，死亡增多。本病常继发或并发于其他疾病，此时病情更为复杂，死亡增多。

③ 剖检特征。雏禽剖检可闻到一种特殊的臭味，最常见的眼观病变是纤维素性心包炎、肝周炎和气囊炎。还可见卡他性肠炎，小肠肠壁变薄，肠腔内含恶臭之水样内容物；腹水形成，产蛋珍珠鸡常有卵黄性腹膜炎。常见在肝、肠、肠系膜、肺等脏器浆膜上出现结节性肉芽肿性病变。

（3）防治措施　多种抗菌药物对本病都有治疗效果。氟哌酸，按 0.02% 混饲，连用 3～5 天；或复方泰乐菌素（泰乐加），按 0.1%～0.15% 混饮，连用 3～5 天；或呼拉杀星溶液，按 0.1% 混饮，连用 3 天。此外，亦可参考防治副伤寒的药物。因大肠杆菌极易形成耐药性，为保证疗效，最好通过药敏试验和结合用药史，选用高敏药进行治疗，且剂量要足，并要有一定的疗程。也可选用本场不经常使用的药物，达到理想目的。

> **提示**
>
> 大肠杆菌极易产生耐药性，通过药敏试验选择敏感药物是防治本病的最佳选择。另外，高敏抗菌药物长期滥用将导致耐药性的产生。

预防本病需采取加强种珠鸡场的饲养管理和兽医卫生防疫工作，避免垂直传播与环境污染，保证雏珠鸡健康；日常要加强饲养管理，注意改善卫生条件，定期清洗、消毒珠鸡舍和用具，禁止其他动物进入等综合性防疫，并保持室内通风干燥，以及做好新城疫、传染性支气管炎、组织滴虫病等防制的基础上，选取本地区流行血清型制备灭活菌苗进行接种，能收到良好的防治效果，如适当结合药物预防则效果更佳。

> **提示**
>
> 　　大肠杆菌不同血清型之间无交叉免疫力，所以，任何一种菌苗用来免疫，保护力均不理想。最好的办法是本场自己分离菌株，自制菌苗，应用于本场，如果没有另外因素干扰时，能达到100％的保护作用。

　　4.溃疡性肠炎

　　珍珠鸡溃疡性肠炎是由鹌鹑梭状芽孢杆菌引起的一种急性传染病。本病以患病后突然死亡、拉水样白色粪便及肠黏膜溃疡和肝出现坏死小区为特征。

　　（1）病原　鹌鹑梭状芽胞杆菌为厌氧菌，革兰染色阳性的大肠杆菌，呈直杆状或稍弯曲，两端钝圆。本菌抵抗力很强，尤其耐热，并能形成芽孢，一般的消毒药不易将其消灭。珍珠鸡场发生本病后，至少二三年要注意本病的发生。

　　（2）诊断要点

　　① 流行特点。自然感染情况下，鹌鹑易感性最高。4～12周龄的鸡和鹌鹑，3～8周龄的火鸡易发生本病。珍珠鸡亦有自然发病的报道。如广东顺德某场饲养的1600只3月龄珍珠鸡暴发本病，发病率为10％。病禽和带菌禽从粪便排菌，污染环境、饲料、饮水、垫料和用具，经消化道传染。本病可单独发生，但多与球虫病并发或球虫病后继发，在饲养管理不良，条件恶劣的情况下，也可诱发。一旦发病，场地、土壤、珠鸡舍即被芽孢污染，导致年复一年发生，呈地方性流行。

　　② 临床症状。急性病例基本不显症状即死亡。病珠鸡精神不振，

毛松弓背，闭目呆立；食欲下降或废食，有白色水样下痢，如并发球虫病可见血性下痢。病程较长者，贫血消瘦，冠髯苍白。病程约 3 周，死亡主要发生在发病后 5～14 天，死亡率为 2％～10％。

③ 剖检特征。剖检可见肠黏膜脱落，如淡白色芝麻或白瓜子状的溃疡灶；出血性溃疡性肠炎，肠黏膜脱落，如淡白色糊状的血性假膜，散在性分布圆形或椭圆形溃疡灶，溃疡可深达肌层，甚至穿透肠壁，并引发腹膜炎。肝大，脾极度肿大，偶亦见坏死灶。

（3）防治措施 一旦发生本病，及时隔离病禽，粪便及时清理并进行消毒，死禽深埋或烧毁处理。链霉素、杆菌肽、丁胺卡那霉素（阿米卡星）对本病有较好的预防和治疗作用。但磺胺类药则对本病无效。一旦发生疫情，首选药物为链霉素、杆菌肽，可经饮水及混饲给药，其混饲浓度链霉素为 0.006％，杆菌肽为 0.005％～0.01％；链霉素饮水浓度为每千克链霉素加水 4.5 千克，连用 3 天。喹诺酮类药物对本病也有较好的治疗效果，可用 0.008％～0.01％环丙沙星饮水，连用 4～5 天。在投药的同时，彻底清除和更换被粪便污染的垫料和表土，认真全面消毒；最好改地面平养为网上饲养，以减少与粪便接触的机会。

预防本病需加强饲养管理，注意禽舍的卫生和环境消毒工作，避免应激因素的发生，在 3 周龄后要注意驱球虫。据报道，禽溃疡性肠炎乳剂灭活苗具有 98％～100％的保护率，免疫期可达 6 个月以上。

5. 绿脓分枝杆菌病

绿脓分枝杆菌病是由绿脓杆菌引起的雏禽以下痢、排黄绿色粪便、肝水肿、并有黄色化脓灶为特征的一种急性疾病。

（1）病原 绿脓杆菌，又称假单胞菌，属于假单胞菌属，是一种能运动的革兰阴性杆菌，大小为 (1.5～3.0)微米×(0.5～0.8)微米，单在或成双，有时呈短链。

（2）诊断要点

① 流行特点。绿脓杆菌在自然界中分布广泛，土壤、水、肠内容物、动物体表等处都有本菌存在。自然情况下，鸡、珍珠鸡、山鸡、鹌鹑、鸽及火鸡均易感。浸蛋溶液中可能也会污染此菌。腐败禽蛋在孵化器内破裂，可能是雏禽暴发绿脓杆菌感染的一个来源。本病一年四季均可发生，但以春季出雏季节多发。不但幼龄珠鸡易发生本

病，3月龄以上者亦可发生，且死亡率较高，可达30％以上。绿脓杆菌为一种条件性致病菌，饲养管理不善，环境卫生不良，强烈应激，皮肤、黏膜损伤等都易诱发本病。本病发病无明显季节性。

② 临床症状。病禽精神委顿，食欲减少或废绝；体温升高，体表有热感；羽毛粗乱，拱背毛松，闭眼呆立，运动失调；严重下痢，初排黄白色稀粪，后转为褐色或绿色。病程较短，通常在腹泻症状出现后1～3天内死亡。有的病例出现眼球炎，表现为上下眼睑肿胀，一侧或双侧眼睛不开，角膜白色浑浊，膨隆，眼中常带有微绿色的脓性分泌物。时间长者，眼球下陷后失明，影响采食，最后衰竭而死亡。死亡率1％～90％。若孵化器被绿脓杆菌污染，在孵化过程中会出现爆破蛋，同时出现孵化率降低，死胚增多。

③ 剖检特征。剖检可见肝大或不肿大，质脆，表面布满突出、绿豆大小的黄白色化脓性灶，并附有绿色素，个别病灶周边如葵花状。脾大，散布针尖大小的灰白色坏死点；肾肿大，肾小管尿酸盐沉积。卡他性-出血性肠炎，间可见溃疡形成，盲肠胀满，含黄色干酪样物质。死胚表现为颈后部皮下肌肉出血，尿囊液呈灰绿色，腹腔中残留较大的尚未吸收的卵黄囊。

（3）防治措施　庆大霉素和卡那霉素都有相当好的疗效，分别按6000～1万单位/千克体重和1万～1.5万单位/千克体重，肌注，或分别一加倍量混饮，连用3～5天。此外，新霉素、多黏菌素等抗生素亦可酌情选用。

防治本病的发生，重要的是搞好孵化的消毒卫生工作。孵化用的种蛋在孵化之前可用福尔马林熏蒸（蛋壳消毒）后再入孵。熏蒸消毒时，每2.83立方米空间用福尔马林120毫升及高锰酸钾60克，密闭熏蒸20分钟，可以杀死蛋壳表面的病原体。防止孵化器内出现腐败蛋。绿脓杆菌对多数抗菌药物极易产生耐药性，有必要开发研制生物制品。但至今尚未见有以高免血清或疫苗来防治该病的报道。然而我国流行的主要绿脓杆菌血清型的定型，为今后生产高免血清或研制疫苗提供了科学依据。

6. 传染性鼻炎

传染性鼻炎是由副鸡嗜血杆菌引起的一种急性呼吸道传染病，临床上以鼻腔和鼻窦发炎、流鼻涕、打喷嚏和脸部肿胀为特征。

（1）病原　副鸡嗜血杆菌为两端钝圆的短小杆菌，革兰染色阴性、亚甲基蓝染色呈两极浓染，病灶或新分离的菌有荚膜。本菌抵抗力弱，在环境中只能存活 4.5 小时。

（2）诊断要点

① 流行特点。病禽及隐性带菌禽是传染源，而慢性病禽及隐性带菌禽是禽群中发生本病的重要原因。其传播途径主要以飞沫及尘埃经呼吸传染但也可通过污染的饲料和饮水经消化道传染。流行常发生于秋冬季。在饲养密集、通风不良、营养不足、寄生虫侵袭及其他疾病如禽痘、传染性支气管炎等混合感染等因素存在时，可加重病情、增加死亡率。本病多发生于鸡。近年来珍珠鸡也时有发生，虽死亡率不高，但患病珠鸡生长发育迟缓，淘汰率升高，繁殖力下降，而且一旦发生则不易在短期内清除，加之药物及人力的耗费往往给正常生产带来较大的经济损失。

② 临床症状。各种龄期的珍珠鸡都有易感性，但以开产前的后备种鸡及开产种鸡最常发生。损害在鼻腔和鼻窦发生炎症者，仅表现鼻腔流稀薄清液。一般常见症状为鼻孔先流出清液，以后转为浆液黏性分泌物，有时打喷嚏，脸肿胀或显示水肿眼结膜炎、眼睑肿胀。食欲及饮水减少或有下痢体重减轻。病禽精神沉郁，面部水肿，缩头呆立。如炎症蔓延至下呼吸道则呼吸困难，病禽常摇头欲将呼吸道内的黏液排出，并有啰音。在本病流行中由于继发症致死的鸡中常见慢性呼吸道疾病、大肠杆菌病、禽白痢等。

③ 剖检特征。鼻腔和鼻窦黏膜充血肿胀，并有大量黏液、凝块及干酪样坏死物。结膜肿胀，内有干酪样物，严重的眼瞎。咽喉亦可积有分泌物的凝块。面部和肉髯皮下水肿。有的发生肺炎和气囊变化。

（3）防治措施　多种磺胺类和抗生素类药物对本病都有疗效。副鸡嗜血杆菌对磺胺类药物非常敏感是治疗本病的首选药物。一般用复方新诺明或磺胺增效剂与其他磺胺类药物合用或用二三种磺胺类药物组成的联磺制剂均能取得较明显效果。具体使用时应参照药物说明书。如若珠鸡群食欲下降，经饲料给药血中达不到有效浓度，治疗效果差。此时可考虑用抗生素采取注射的办法同样可取得满意效果。一般选用链霉素或青霉素、链霉素合并应用。由于本病原菌易形成抗药性，因此用药剂量要足和疗程要够，最好联合用药或交叉用药。在用药治疗的同时，应加强消毒和清洁卫生工作，可每天带鸡消毒1次，以净化饲养环境。因病禽虽临诊康复，但常成为带菌者，故不要留作种用，可从隔离孵化的1天龄雏珠鸡中，于隔离饲养条件下培育新的种群。

提示

磺胺类药和氯霉素对种珠鸡产蛋有影响，应慎用。

预防本病需加强日常的饲养管理，搞好清洁卫生，定期带鸡消毒，防止引进病珍珠鸡及野鸟侵入，不要同场饲养鸡等家禽。使用传染性鼻炎多价油乳剂灭活苗进行免疫接种，能有效地控制本病的发生和流行。

7. 禽副伤寒

禽副伤寒是由鼠伤寒等沙门杆菌所引起的一种以下痢和各器官灶状坏死为特征的急性败血性肠道疾病。

（1）病原　本病病原为多种禽副伤寒沙门菌，其中最常见的是鼠伤寒沙门杆菌。副伤寒病菌的抵抗力不强，60摄氏度温度15分钟即死亡。一般消毒药物都能很快杀死病菌。甲酚、碱和酚类化合物常用作鸡舍的消毒，甲醛常用于种蛋、孵化器和出雏室的熏蒸消毒。

（2）诊断要点

① 流行特点。除鸡易感外，鸭、珍珠鸡、火鸡、鹌鹑、雉鸡、鹧鸪等多种家禽、珍禽都具易感性，且能相互感染，并能传染给人，是引起人类食物中毒的主要原因之一。本病主要发生于2月龄以上的珍珠鸡，发病率和死亡率分别为30％以上和10％～15％。病禽和带菌者是本病的传染源，带菌排菌老鼠也是重要传染源。本菌传播非常迅速，主要经消化道感染，鼠类和苍蝇等在本病的传播上也具有重要的作用。也可通过种蛋传播，但这种传播主要是在产蛋过程中或产出后蛋壳被产窝、地面或孵化箱内粪便中的沙门菌所污染，并穿透蛋壳进入蛋内繁殖所致。雏禽也可经污染的孵化器或育雏器传播而感染。

② 临床症状。病禽群通常首先出现水样下痢，1～2天后即出现侧卧到底、一侧瘫痪，行走摇摆等神经症状，并出现死亡一般病雏精

神倦怠，体温升高，呼吸增数，饮欲增加，羽毛逆立，恶寒发抖，翅下垂，呆立一角；下痢，粪呈灰黄色，糊肛，排便困难；关节发炎、肿胀；结膜发炎，眼睛失明（单侧性多见）。个别还出现神经症状，有的突然倒地，头向后伸，出现间歇性痉挛等。成禽呈隐性感染，基本不显症状。

③ 剖检特征。肝大郁血，色泽变深；心尖变圆，心肌变性、色淡；肾稍肿胀或不肿胀，肾小管有尿酸盐沉积；小肠黏膜充血，卡他性肠炎；脑组织轻度水肿和灶性软化。

（3）防治措施　禽场发生本病以后，应及时隔离病禽，尽快清除病死禽，进行焚烧或深埋等无害化处理。每天用聚维铜碘对禽消毒1次，禽舍外运动场用石灰水或氯捷（三氯异氰尿酸粉）消毒，每2天1次。患禽注射头孢噻呋钠冻干粉针，按每千克体重5～6毫克，每天1次，连用2～3天。料槽、饮水器都用聚维铜碘按1∶1000稀释浸泡消毒后再用，有较好的防鼠效果，防治老鼠污染饲料及饮水。中药治疗可用白头翁酊（白头翁、炒槐末、鸦胆子、黄芩、苦参、黄连、黄柏、罂粟壳、马齿苋、甘草、大蒜等）饮服。

目前尚无有效菌苗可资利用，故预防本病重在严格实施一般性的卫生消毒和隔离检疫措施。可参考禽白痢的防治措施。治愈后的病禽很可能成为长期的带菌者，因此不能用治愈的病禽作种禽。为了防止本病从畜禽传染给人，病畜禽应严格执行无害化处理。加强屠宰检验，特别是急宰病畜禽的检验和处理。向群众宣传，肉类一定要充分煮熟，家庭和食堂保存的食物注意防止鼠类窃食，以免其排泄物污染。饲养员、兽医、屠宰人员以及其他经常与畜禽及其产品接触的人员，应注意卫生消毒工作。

8. 葡萄球菌病

葡萄球菌病是由金黄色葡萄球菌引起禽类急性或慢性非接触性传染病，也是一种环境性传染病。本病以败血症、化脓性关节炎为特征。

（1）病原　金黄色葡萄球菌也称化脓性球菌，该菌的抵抗力极强，对干燥、热、9%氯化钠有相当大的抵抗力。在一般消毒药中，以石炭酸的消毒效果较好。3%～5%石炭酸10～15秒可杀死本菌，0.3%过氧乙酸也有较好的消毒效果。金黄色葡萄球菌对不同抗生素敏感性有差异，且易产生耐药性。

（2）诊断要点

① 流行特点。各种年龄的禽均可感染发病，但以40～60日龄的中雏发病最多。本病一年四季均可发生，但以雨季和潮湿季节多发，我国北方地区以7～10月发病最多。葡萄球菌在自然界分布广泛，主要通过损伤的皮肤黏膜和开张的脐孔（刚出壳的雏珠鸡）而感染，也可通过直接接触及空气传播。因此，凡能造成体表创伤的因素，如笼网刺伤、剪趾、断喙、刺种疫苗、啄食癖等均为本病的感染提供侵入门户。葡萄球菌病常继发或并发禽痘、缺硒症、再生障碍性贫血、坏疽性皮炎等。另外，饲养管理差，如环境污浊、营养缺乏等，均可促进本病的发生和流行。

② 临床症状。临床上常见的有以下几种类型。

a. 急性型（即败血型）：病禽体温升高，精神倦怠，食欲降低，缩颈呆立，双翅下垂，呈嗜睡状。胸腹部、翅下、腿部和肉髯皮肤呈紫黑色水肿，触摸有明显波动感，随后皮肤破溃，流出紫红色血样液体，患处羽毛易脱落，病禽在数日内死亡。

b. 关节炎/滑膜炎型：病禽足、翅关节发炎，膝、胫、跖、跗关节呈现红、肿、热、痛反应，运动障碍，跛行，患肢不敢着地、单肢跳跃，影响病禽摄食，逐渐衰弱，最后死亡。

c. 趾瘤病型：脚部形成大小不等的肿胀疙瘩，状似肿瘤，初期触之有波动感，后期变硬实。病禽行走困难、跛行。

d. 脐炎型：发生于刚出壳的雏珠鸡。病雏精神不振，脐带部潮湿，发炎肿胀，腹部膨大，局部水肿，呈蓝紫色，俗称"大肚脐"。病雏一般于2～5天后死亡，很少存活或正常发育。

e. 眼型：发生于急性败血型病例的后期，也可单独出现。常为单侧眼，主要为左眼，患病眼上下眼睑肿胀、结膜红肿、眼睛突出。黏液性分泌物将上下眼睑粘连而导致失明，病禽最终饥饿而死。此外，葡萄球菌感染还可引起耳炎、水肿性化脓性皮炎、腱鞘炎、胸囊肿和心内膜炎等多种病型，并常见同一病例表现两种以上的病型。

③ 剖检特征。急性型（败血型）病例胸腹部、腿部、翅下和肉髯皮下组织有弥漫性紫红色胶冻液，肌肉有出血斑点；肝脏和脾脏肿大，有散在的白色坏死点。心包液增多，肠黏膜有弥漫性点状出血。

关节炎/滑膜炎型病例关节内有淡黄色的浆液或干酪样渗出物，腱鞘和滑膜增厚、水肿，软骨糜烂易脱落，脱落后关节面有灰色粗糙的溃疡灶。趾瘤病型病例早期形成的趾瘤内有脓液，后期脓液凝固成黄色干酪样。脐炎型病例剖检感染局部皮下有黄褐色液体流出，脐孔不闭合，卵黄囊增大或吸收不良，内积有脓血样物。葡萄球菌引起鸡胚死亡时，可见枕下部皮下水肿，胶冻样浸润，色泽不一，呈杏黄或黄红色，甚至粉红色；严重者头部及胸部皮下出血；卵黄壁充血或出血，内容物稀薄，混有血丝；少数脐部发炎，肝见有出血点，胸腔积有暗红色液体。

（3）防制措施　金黄色葡萄球菌对药物极易产生耐药性，在治疗前应做药物敏感试验，选择有效药物全群给药。实践证明，庆大霉素、卡那霉素、恩诺沙星、新霉素等均有不同的治疗效果。卡那霉素肌注 5000 单位/只，每日 1 次；或饮水 1 万单位/只，每日 1 次，连用 3 天。庆大霉素肌注 4000～5000 单位/只，每日 1 次；或饮水 5000～7000 单位/只，每日 2 次，连用 3 天。青霉素发病成年珠鸡肌注（3～4）×10^4 单位/只，每日 2～3 次，连用 2～4 天。新霉素每千克饲料或饮水加入 0.5 克，先将药片研碎，再用少量水溶解，然后拌入饲料或饮水，连用 5 天。对关节炎型病禽可用红霉素，每只每天 40 毫克，肌注或饮水，连用 5 天。

预防本病的发生，要从加强饲养管理，搞好珍珠鸡场卫生防疫措施入手，尽可能做到消除发病诱因，认真检修笼具，切实做好禽痘的预防接种是预防本病发生的重要手段。在常发地区，可考虑使用菌苗接种控制本病，国内研制的葡萄球菌多价氢氧化铝灭活苗可有效地预防该病发生。

9. 禽支原体病

禽支原体病是由禽支原体引起的禽的一种慢性呼吸道传染病，其临床特征为咳嗽、流鼻液。呼吸时发生啰音和窦部肿胀。在鸡通常称为鸡慢性呼吸道病，在火鸡则称为火鸡传染性鼻窦炎。该病在病禽中感染率极高，虽病死率不高，但可引起幼禽生长迟缓，成禽产蛋减少，造成重大经济损失。

（1）病原　禽支原体多呈细小球杆状，有多种血清型，最常见的是鸡败血性支原体。鸡败血性支原体抵抗力不强，一般消毒药都能很快杀死；对热敏感，45 摄氏度 1 小时或 50 摄氏度 20 分钟即能灭活。

（2）诊断要点

① 流行特点。本病既可水平传播，又可垂直传播，死亡率不高，感染率很高，且常诱发或并发禽大肠杆菌病、传染性鼻炎、传染性支气管炎、传染性喉气管炎、新城疫、禽流行性感冒等疫病，致使损失加重。本病一年四季均可发生，以寒冷季节流行严重。各种年龄的禽均可感染发病，但以 4～8 周龄的幼禽多发，在成年禽中多为散发。

② 临床特征。病禽表现为喷嚏、咳嗽、气管啰音、呼吸困难。特征性症是当受刺激后头部仰起，左右摇动。当有并发症时，病禽衰弱、呼吸道症状严重，死亡率增加。有的病禽眼睑和面部肿胀，眼眶内积有干酪样渗出物。成年禽的产蛋率降低。

③ 剖检特征。剖检主要见鼻道、气管、支气管和气囊内有透明或混浊黏稠渗出物，严重者气囊壁明显浑浊增厚，上有淡黄色干酪样渗出物。当并发感染大肠杆菌和传染性支气管炎病毒时，可见纤维素性肝周炎、心包炎和气管炎。

（3）防治措施　许多抗生素对该病都有治疗效果。一般用法用量，泰乐菌素 0.1％拌料或 0.05％加入饮水中，连用 1 周；支原净 0.025％浓度饮水 3 天，价格比泰乐菌素便宜；链霉素早期治疗，成禽一次肌内注射 200 毫克，5～6 周龄幼鸡每只 60～100 毫克，连用 3～5 天；大观霉素按每千克体重肌内或皮下注射 0.1～0.2 毫升，连用 3～5 天；北里霉素预防量每吨饲料加 20 克，治疗量每吨饲料加 50 克。从药源和价格考虑，大群预防时，可在每吨饲料中加入 50～100 克土霉素连喂 1 周（治疗量加倍）。对混合或继发感染还需采取其他相应措施。

> **提示**
>
> 鸡败血性支原体对新霉素、多黏菌素、醋酸铊、磺胺类药物有抵抗力，对链霉素、四环素族、氯霉素、红霉素和泰乐菌素敏感。

预防本病的关键是在加强综合防治的基础上控制垂直感染和进行免疫预防。

① 控制垂直感染。建立无支原体珠鸡群可用平板凝集试验对珠

鸡群进行检疫并淘汰支原体阳性病禽，对剩余的阴性禽口服或肌内注射1～2个疗程的抗生素，然后再血检，淘汰阳性禽，再进行投药预防。产蛋后，种蛋需经热蛋法或浸蛋法处理后再孵化，孵出的雏珠鸡继续用药物预防，每月做1次血检，发现阳性禽的禽群立即淘汰，保留阴性禽群，一般经过1～2代的这样严格的处理后都可以建立无支原体的种禽群。种禽产蛋后要及时收集种蛋，并用甲醛蒸气消毒后保存于储蛋室内，入孵前再进行1次甲醛蒸气消毒，然后再用热蛋法或浸蛋法进行处理。种蛋经热蛋法或浸蛋法处理，对减少或杜绝支原体感染具有重要的作用，是防治支原体病的一项基本措施。但是，种蛋经处理后，孵化率及出壳的雏鸡活力均受到一定的影响；浸蛋法还会增加某些病毒性、细菌性疾病的扩散机会带菌种珠鸡的处理；由于特殊原因不能淘汰带菌种禽时，对这些种禽在开产前和产蛋期用普杀平或链霉素进行肌内注射，每月1次，同时在饮水中加入红霉素、北里霉素等或在饲料中拌入土霉素等，可减少种蛋带菌。

② 免疫接种。目前我国主要用油乳剂灭活苗对商品禽群进行免疫接种。其方法是对7～15日龄雏禽颈背皮下注射0.2毫升，成年禽颈背皮下注射0.5毫升，平均预防效果达80％左右。

③ 药物预防。由于本病可垂直传播，因此，在育雏的早期就应用药物进行预防本病。雏珠鸡出壳后用红霉素、福乐星、普杀平及其他药物混入饮水中饮用，连用5～7天。

三、常见真菌病

1. 禽曲霉菌病

禽曲霉菌病又称曲霉菌性肺炎，是由曲霉菌引起的一种以呼吸道（尤其是肺和气囊）发生炎症和形成小结节呼为特征的霉菌性传染病。

（1）病原　引起珍珠鸡曲霉菌病的两个主要病原为烟曲霉和黄曲霉，另外还有黑曲霉、土曲霉、灰绿曲霉等。曲霉菌分布广泛，常见于腐烂植物、土壤以及谷粒饲料中。烟曲霉是需氧菌，孢子对外界环境（干燥、日光等）抵抗力很强，在珍珠鸡养殖环境中能存活很长时间。常用的消毒剂有5％甲醛、石炭酸、过氧乙酸和含氯消毒剂。

（2）诊断要点

① 流行特点。在自然条件下，鸡、鸭、珍珠鸡、火鸡、雉鸡、

鹌鹑、鸽、鹦鹉等均可感染曲霉菌病。珍珠鸡和鹌鹑比鸡更易感。幼禽易感性高，成年禽类仅为散发，4～9 日龄是本病的最高峰，至 2～3 周龄时基本停止。曲霉菌的孢子广泛存在于自然界。通常因健康禽接触污染的饲料或垫料经呼吸道和消化道感染。若种蛋表面污染霉菌，孢子可侵入蛋内，使胚胎感染，造成雏珠鸡出壳后几天内死亡，日龄越小，病死率越高。育雏阶段的不良环境条件是引起本病爆发的诱因。

② 临床症状。1 月龄以内雏珠鸡呈急性经过。潜伏期一般 2～7 天。病初精神萎靡，食欲减少，频频饮水，羽毛松乱，两翅下垂，呆立一角，闭眼无神。呼吸气喘、频数，呈腹式呼吸，两翼煽动。冠和及口腔黏膜为青紫色。有的病例鼻流浆液性、黏液性分泌物，结膜发炎、眼睑肿胀。有的病例皮肤呈现黑褐色坏死。慢性型幼雏发育缓慢，体况消瘦，闭目呆立，步态不稳，口腔黏膜溃疡，时有腹泻。成禽多呈慢性经过，母禽产蛋停止或减少。

③ 剖检特征。特征性病变在呼吸系统。肺部形成黄白色粟粒大小（1～3 毫米）的小结节均匀分散，部分肺区见淤血。气囊浆膜全部变厚，表面有黄白色小结节，气囊内有黄白色渗出物。鼻腔有黄白色脓性分泌物，气管或支气管中有淡黄色渗出物。部分病珠鸡发生眼炎，一侧或两侧眼球发生灰白色浑浊。

（3）防治措施　目前尚无特效治疗方法，可试用制霉菌素，按5000 单位/只，混入饲料饲喂，连用 5 天；或 1/2000～1/3000 硫酸铜溶液连饮 3～5 天，停 3 天后，再用一疗程，可控制疾病。此外两性霉素、克霉唑等也有一定的疗效。对发病鸡群立即更换垫料，换掉发霉饲料，清扫和消毒育雏室。每 50 千克饮水中添加环丙沙星 4 克或恩诺沙星 5 克让禽饮服，可防止继发感染，以降低发病和死亡率。

提示

　　使用硫酸铜时，应注意其对金属有腐蚀作用，必须用瓷器或木器装盛。

不使用发霉的垫草和饲料，是预防本病的主要措施，育雏室进雏前要彻底熏蒸消毒，育雏期要合理通风换气，加强孵化厅的卫生管理。垫料要经常更换，尤其在梅雨季节，防止霉菌生长繁殖以免污染环境而引起该病的传播。每批饲料应随机取样测定饲料中的含霉菌数，如饲料中含烟曲霉菌孢子量超标时，应经过高温处理或经加工调制后再投喂。

2. 禽念珠菌病

禽念珠菌病又名禽口疮或霉菌性口炎，是白色念珠菌引起的珍珠鸡和其他家禽消化道的一种霉菌病。其特征是在口腔、食道、嗉囊及腺胃黏膜形成白色的假膜和溃疡。

（1）病原　白色念珠菌是念珠菌属中的一种类酵母菌，在自然界广泛存在，健康家禽及人的口腔、上呼吸道及肠道中亦常有本菌存在。

（2）诊断要点

① 流行特点。各种年龄的鸡、珍珠鸡、鸽、火鸡、鹌鹑等均易感，主要发生于3~5周龄的幼禽。幼禽的易感性比成年珠鸡高，发病率和死亡率也高；成年禽发生本病，主要与使用抗菌药物有关。病禽粪便中含有多量病菌，可污染饲料、垫料、用具等环境，通过消化道传染，黏膜损伤有利病菌侵入。也可通过蛋壳传染。饲养管理不良，环境卫生不好，可促进本病的发生。

② 临床症状。病禽精神倦怠，食欲不振，羽毛粗乱，怕冷，不愿活动，眼睑、口角出现黄白色的痂皮，空腔黏膜灰黄色的干酪样伪膜，伪膜下为溃疡出血面。嗉囊膨大，胃肠道发炎，后期排灰黄色稀软粪便。发生慢性泄殖腔炎，肛周围有灰白色炎性分泌物。体况消瘦，贫血。重症病例呼吸困难。

③ 剖检特征。病死幼禽尸体消瘦，口、鼻腔常有分泌物。口腔黏膜有乳白色伪膜，食道膨大部黏膜增厚呈灰白色，有的有溃疡，表面为黄白色伪膜覆盖，少数病例食道中也能见到相同病变。重症病例心、肝、肺、肾有黄白色念珠菌菌台生长或粟粒状脓肿，常引起气管、肺炎及胸腔粘连等。

（3）防治措施　发现病禽后，应及时隔离、消毒和治疗，防止饲料、饮水及环境污染。对发病禽群，常采用药物治疗。制霉菌素按每千克体重用药30万单位，加少量酸奶，1日2次，连服10天。也可使用0.05％硫酸铜溶液饮水，连喂7天。

本病的发生与环境卫生条件密切相关，因此应注意加强幼禽饲养管理，保持环境的清洁、干燥；注意珠鸡舍的通风换气，同时控制密度，避免拥挤。可定期用 1∶（2000～5000）倍稀释的百毒杀消毒。避免长期或过量使用抗菌药物，防止消化道的正常菌群失调，引起二重感染。此外，育雏期间应补充多种维生素。

提示

石炭酸、煤焦油衍生物等消毒剂对白色念珠菌消毒效果甚微，应选择碘制剂、甲醛或氢氧化钠等消毒剂，效果佳。本病可感染人，饲养人员要注意个人防病，一旦发现本病要严格消毒，用消毒药水洗手，工作时戴上口罩，穿好工作服，戴上工作帽，进出禽舍要更衣、换鞋、消毒。

四、常见寄生虫病

1. 球虫病

球虫病是由艾美尔属的各种球虫寄生于珍禽类肠道所引起的一种以下痢排血便、肠道高度肿胀出血为特征的原虫病，是生产中重要和常见的一种疾病，几乎所有的珍禽在任何饲养条件下都能感染，以幼禽和青年禽较为严重。

（1）病原 艾美尔属腺艾美耳球虫、分散艾美耳球虫、珍珠鸡艾美耳球虫、珍珠鸡和缓艾美耳球虫等球虫在肠管内繁殖，引起组织损伤，导致摄食和消化道或营养吸收的紊乱、脱水、失血，以及增加其他病原的易感性。病原为球虫卵囊，卵囊随禽粪排出体外。卵囊在外界合适的条件下开始发育，最终形成感染性卵囊，珍珠鸡只有吃了感染性卵囊才被感染。

（2）诊断要点

① 流行特点。病禽和带虫禽是本病的传染源。自然发病多见于育雏后期及青年禽，有时成年产蛋禽也大群发病。各种年龄和品种的珍珠鸡均易感，主要为害 3 月龄内的幼雏，死亡率高达 80%。在严重污染的旧垫料上平养的珍珠鸡群，5 日龄即可出现拉血症状；在梅雨高温季节，15 日龄即有发病禽；在垫料较干爽且有一定管理水平的珍珠鸡场，21 日龄开始发病；药物控制下的珍珠鸡场，发病日龄与抗球虫药的效果有关。球虫病很少发生于产蛋珠鸡和种珠鸡，这是

因为它们预先已接触过球虫而产生免疫力，在较少情况下，某一群珍珠鸡可能没有接触过某一种球虫，或因其他疾病而丧失了免疫力，在产蛋期对该种球虫仍然敏感。

② 临床症状。急性盲肠球虫病病例多发生于 3～6 周龄的雏珠鸡，感染后有 4 天的潜伏期，从第 4 天末到第 5 天，雏珠鸡突然排泄大量的鲜血便，呈明显贫血。多数于排血便后 1～2 天死亡。如果不发生死亡，尚存活的雏珠鸡，如管理良好即转向康复。急性小肠球虫病病例潜伏期 4～5 天。然后突然排出大量的黏稠血便，严重感染病例在发病后 1～2 天死亡。临床症状与急性盲肠球虫病相同，病初呈现一般症状，后期由于自体中毒而呈现共济失调、两翅下垂、麻痹、痉挛等神经症状。即使在发病几天内存活者，也不能很快康复。病禽表现衰弱，多数因并发细菌或病毒性传染病而死亡。慢性球虫病病例症状比较轻，主要症状是刚开始排水便，有时稀便中混有未消化的饲料，后期为黏液便，粪便呈细长条有黏性，一般情况下无血便。

③ 剖检特征　由不同种类球虫感染引起的球虫病，其主要病变肠段有所不同。患急性盲肠球虫病病例盲肠肿胀并充满大量血液或血凝块、乳酪状血染的渗出物。此外，遭受极严重感染时，直肠可见灰白色环状坏死灶。急性小肠球虫病例小肠黏膜有无数粟粒大小出血斑与灰白色坏死灶，小肠大量出血并滞留干酪样坏死物。最显著的病变在小肠中段。本病的最大特征是与正常肠道相比，小肠的长度约缩短一半，而体积增大 2 倍以上。由于小肠出血被带到盲肠，经常可到见盲肠内血液充盈。尽管小肠的病变极为显著，但在其他脏器几乎看不到病变，只是因贫血而颜色变淡。慢性球虫病病禽小肠肿胀，有很多点线样或环状的灰白色坏死灶，或直肠和盲肠发炎。

(3) 防治措施　对球虫病的治疗，目的在于缓解症状，抑制球虫发育，使珍珠鸡迅速产生免疫力，对重症病禽未必能挽救其生命。在改善饲养情况下，可选用以下药物，但应在最初症状（粪中带血）出现时及时应用。对鸡球虫病有效的药物对珍珠鸡通常也是有效的。必须进行治疗时，首选药物是氨丙啉，按 125～240 毫克/千克混入饲料或 60～240 毫克/千克饮水投服，连续 7 天，以后半量饲喂 14 天。氯苯胍按 100 千克饲料 15 克混合饲料，连用 7 天；但连续应用该药可使禽肉和禽蛋带有臭味，必须在宰前 5～7 天停止给药。中药可用柴胡、常山、苦参、蛇床子、旱莲草、贯众、白茅根、白头翁、仙鹤草、地榆各等份，混合粉碎，按 2%～3%混于饲料中饲喂。

由于卵囊对普通的消毒药有极强的抵抗力，在生产上无法对珠鸡舍进行彻底的消毒，再者无卵囊的环境对平养珠鸡不能较早地建立免疫力。因此，采用环境卫生和消毒措施并不能控制球虫病。而药物防治对于控制球虫病的暴发和流行，减少珍珠鸡养殖业的经济损失起着十分重要的作用。药物预防大多数生产者采用在饲料中连续使用抗球虫药至少 8 周时间，直至雏珠鸡自育雏舍转群至放牧区或其他鸡舍。使用的药物有氨丙啉、磺胺喹噁啉＋二甲氧甲基苄氨嘧啶、莫能菌素、常山酮和拉沙洛菌素等。除药物预防外，还可用球虫疫苗预防本病。国外已有卵囊混悬液的疫苗出售，即在 3 日龄雏禽饲料或饮水中添加 4～7 种精确计量的活卵囊，使禽群轻度感染而产生免疫力，以后再借助球虫的正常生活周期以增强免疫力。目前国内有不少学者进行了禽胚传代和早、中、晚熟育技术培育出了多种禽球虫的致弱虫疫苗，但都未进入大范围实地使用阶段。

> **提示**
>
> 　　球虫很容易产生抗药性，故应有计划地交替使用或联合应用数种抗球虫药，以防抗药性的产生。

2. 组织滴虫病

珍珠鸡组织滴虫病又称黑头病、传染性肝炎或盲肠肝炎，是由组织滴虫寄生于珍珠鸡的肝脏和盲肠所引起的一种寄生虫病。该病的主要特征是盲肠发炎和肝脏表面产生一种具有特征性的坏死性溃疡病灶。

（1）病原　本病病原体是组织滴虫，寄生于禽的盲肠和肝脏，可随肠内容物排出体外。本病原体对外界抵抗力很弱，在外界很快死亡。但如禽体内有异刺线虫寄生时，病原体可被异刺线虫食入体内，最后转入其卵内，随禽的粪便排出体外。几乎所有的异刺线虫卵内都带有这种原虫，在外界，由于组织滴虫有异刺线虫虫卵的保护，故能较长时间地生存，本病主要靠此种方式传播。

（2）诊断要点

① 流行特点。珍珠鸡、鸡、雉鸡、火鸡、孔雀、鸭、鹧鸪、鹌鹑均易感。雏禽易感性强，主要感染 4～6 周龄的雏禽，而成年禽多为隐性感染，能够传播和携带病原。本病通过消化道感染，寄生于禽类盲肠中的鸡异刺线虫及土壤中的蚯蚓是重要的媒介。蚯蚓摄食鸡异刺线虫的幼虫和虫卵，而其幼虫又能在蚯蚓体内生存。当珍珠鸡吃了这种蚯蚓后，鸡异刺线虫幼虫体内的组织滴虫逸出，致使禽类感染。此外，蚱蜢、土鳖虫及蟋蟀等节肢动物亦能充当机械性媒介。本病发病无季节性，但在温暖潮湿的夏季发生较多。卫生管理条件差，禽舍过于拥挤、通风不良、光线不足、饲料质量差、维生素缺乏等因素，都可诱发本病的流行。

② 临床症状。潜伏期为 7～12 天，病禽沉郁嗜睡，食欲减退或废绝，口渴，羽毛松乱，尾翅下垂，恶寒，头颈贴背或蜷缩翅下。下痢，粪便淡黄色或淡绿色，严重者粪便带血。体温偏高，后期头部皮肤变暗蓝紫色，故称黑头病。病程 1～3 周。

③ 剖检特征。典型病变是盲肠溃疡，肝形成坏死灶。剖检可见一侧或两侧盲肠肿胀、肠壁肥厚，有溃疡灶，肠腔内充满干酪样渗出物或坏疽块，间或盲肠穿孔。肝脏出现黄绿色、圆形坏死灶，直径可达 1 厘米，在肝表面者，明显易见，可单独存在，亦可相互融合成片状；坏死灶中心凹陷，呈淡绿色。

（3）防治措施　珠鸡群一旦发生该病，应立即将病禽隔离治疗。重病禽宰杀淘汰，珠鸡舍内地面用 1％氢氧化钠溶液消毒。治疗可选用卡巴肿（预防剂量是 150～200 毫克/千克饲料；治疗浓度为 400～800 毫克/千克饲料，7 天一个疗程）、二甲硝咪唑（以 0.04％～0.05％拌料或以 0.05％饮水，连用 6～7 天）、甲硝唑（灭滴灵，按每千克体重 400 毫克混入饲料，连用 5～7 天）等。中药可用常山 2500 克、柴胡 900 克、苦参 1850 克、青蒿 1000 克、地榆炭 900 克、白茅根 900 克，加水煎煮 3 次，浓缩至 2800 毫升，按每 15 千克饲料中加入 4000 毫升稀释药液，拌匀，连喂 8 天。

由于本病的主要传播方式是通过异刺线虫卵进行，所以定期驱除禽体内的异刺线虫是预防本病的关键。此外还应加强饲养管理，搞好环境卫生，保持禽舍的干燥、清洁、通风和光照良好。珠鸡群不能过于拥挤，饲料的营养要平衡。在同一个饲养场，不能既养珍珠鸡，又养鸡，鸡和珍珠鸡必须分场饲养。

五、常见普通病

1. 蛋白质与氨基酸缺乏症

（1）病因　配合饲料中的蛋白质含量过低，特别是动物性蛋白质，不能满足珍珠鸡生长发育的需要，或是所喂蛋白质中缺乏必需氨基酸，都会引起该病。

（2）诊断要点　蛋白质或必需氨基酸缺乏，珍珠鸡生长缓慢，体重、脂肪增加，生产性能下降。各种必需氨基酸有不同的营养功能，缺乏时引起不同的反应。珍珠鸡最容易缺乏赖氨酸，缺乏时雏珠鸡生长停滞，皮下脂肪减少、消瘦、骨的钙化失常。蛋氨酸缺乏时，珍珠鸡发育不良，肌肉萎缩，羽毛变质，肝肾机能破坏，使胆碱或维生素 B_{12} 缺乏症加剧。甘氨酸缺乏时，出现麻痹现象，羽毛发育不良。缬氨酸不足生长停滞，运动失调。苯丙氨酸缺乏时，甲状腺和肾上腺机能受破坏。精氨酸缺乏时，体重迅速下降，雄珠鸡精子活性受到抑制，翅膀羽毛向上翻卷，使雏珠鸡呈现明显的羽毛蓬乱。色氨酸、苏氨酸、亮氨酸、组氨酸等缺乏都能引起生长停滞、体重下降。

（3）防治措施　平时合理搭配饲料，在配合饲料时，既要注意蛋白质的数量，也要注意蛋白质的质量，同时也应注意蛋白质的来源，最好用全价饲料喂珍珠鸡。一般地，由玉米和大豆作为蛋白质来源组成的日粮，通常需要添加蛋氨酸，对于雏珠鸡还应加上赖氨酸；以禾本科谷物诸如棉籽饼、葵花籽饼或花生饼等作为蛋白质来源组成的日粮，则需添加赖氨酸和蛋氨酸；当使用不常用的蛋白质饲料或日粮蛋白质水平降低时，除添加赖氨酸和蛋氨酸外，还应添加苏氨酸、色氨酸、精氨酸和亮氨酸等必需氨基酸。在饲养管理中，应细心观察珠鸡群，尽早发现，及时补充蛋白质饲料和必需的氨基酸。

> 💬 **提示**
>
> 　　饲料中蛋白质严重超标时，则会引起血尿蛋白过多和关节痛风。

2. 维生素 D 缺乏症

（1）病因　维生素 D 缺乏症主要见于笼养珍珠鸡和雏珠鸡。因为它们缺乏日光照射，如果饲料中维生素 D 含量又不足，当体内的维生素 D 储量消耗到一定程度后，即出现钙磷代谢障碍为主要特征的代谢病。

（2）诊断要点　病雏缺乏维生素 D，一般是在 1 月龄左右出现症状，最早在出壳后 10～11 天就会出现症状。病雏精神不振，食欲不佳，羽毛蓬松，两腿无力，喙和爪软而易弯曲，走路不稳、费力，或发生跛行，常以跗关节蹲伏，跗关节肿大；生长发育缓慢，骨骼变软易弯曲，特别是肋骨与肋软骨的结合处显著肿大；有的病例常出现腹泻。

成年珠鸡病后易产薄壳蛋和软蛋，产蛋率下降或停止，种蛋化率显著降低，产蛋减少及蛋壳变薄变软现象常呈周期性，一小段时期严重，随后变轻。有的雌珍珠鸡产蛋后腿软不能站立，蹲伏数小时后才恢复正常。喙、爪、龙骨突变软，胸骨、椎骨结合处凹陷，骨骼变形，关节肿大，腿常呈现异常姿势。

（3）防治措施　定期让珍珠鸡晒太阳，以便由皮肤合成维生素 D。如果笼养珠鸡不易晒到太阳，可在饲料中补喂鱼肝油，或直接提供维生素 D，以促进钙的吸收。对于病珠鸡，要分析饲料及每日晒太阳的情况，判断是缺乏维生素 D，还是缺乏钙、磷，或磷过多影响钙的吸收利用。属于缺乏维生素 D 的，予以补充即可，属于钙磷方面问题的，除加以解决外，也要适当补充维生素 D。治疗雏珠鸡佝偻病，可喂服 2～3 滴鱼肝油，每日 3 次，连用 10～15 天；也可一次口服 1.5 万国际单位维生素 D。

3. 啄癖

啄癖有啄肛、啄羽、啄蛋、啄趾、啄头癖等。它是珍珠鸡一种十分讨厌的行为，一旦群中一个个体发生，则一个学一个而形成模仿，形成恶癖，并导致损伤。啄癖常引起死亡和产蛋量下降。

（1）病因　啄癖发生的原因非常复杂。

① 由于日粮配合不当，营养不全价，蛋白质含量偏少，氨基酸（赖氨酸、亮氨酸、蛋氨酸和胱氨酸等）不足，粗纤维含量过低，维生素（维生素 B_2、维生素 B_6）及矿物质缺乏（钙、磷、锰、硫、铜），食盐不足，玉米含量过高等。一般全价日粮颗粒料比粉料、笼养比平养更易引起啄癖。

② 饲养管理不当，如饲喂、饮水间隔不足，均会发生啄癖。

③ 禽舍潮湿，温度过高，通风不畅、有害气体浓度高，光线太强，密度过大，外寄生虫侵扰，饲料搭配不当，限制饲喂，垫料不足等。

④ 珍珠鸡即将开产时血液中所含的雌激素和黄体酮，雄珠鸡雄激素的增长，也是促使啄癖倾向增强的因素。

⑤ 体表寄生虫，如虱、螨，珍珠鸡为了止痒，常常会啄自己的皮肤及羽毛，最终会导致珍珠鸡自食或互相啄食羽毛。

⑥ 禽皮肤外伤出血，输卵管脱垂或脱肛，亦是啄癖发生的诱因。

（2）诊断要点

① 啄肛是最常见的啄癖之一。雏珠鸡不断啄食病雏肛门造成肛门损伤和出血，严重时可因肠管被啄食而死亡；其他雏珠鸡因此而形成恶习，经常啄肛。产蛋珠鸡多因珍珠鸡舍光线太强、珠鸡群密度过大，产蛋箱不足，产蛋过早，蛋个大，营养过剩，腹部脂肪蓄积，产蛋后泄殖腔回缩迟缓、泄殖腔外翻，被其他待产母珠鸡看到后就会纷纷去啄食，致使禽群在每日上午10点至下午4点之间常出现啄肛，并造成珍珠鸡死亡（多数发生在每日产蛋高峰期）。

② 啄羽常表现为精神不安，时而啄自身羽毛，时而啄其他珍珠鸡的羽毛，有的珍珠鸡被啄去尾羽、背羽，几乎成为"秃鸡"或被啄得鲜血淋淋。商品肉用珠鸡达到上市体重时，如果过分拥挤，也会暴发啄羽癖，引起胴体品质下降。

③ 啄蛋表现为母珠鸡产蛋后，自己立即啄食，或被其他禽强啄食，特别是剩下软壳蛋或薄壳蛋时抢食更为严重。如捡蛋不及时易发生啄蛋，时间长会形成恶癖。

④ 啄趾多见于雏珠鸡，病禽时而啄啄自己的趾，时而啄其他雏珠鸡的趾，致使趾破伤、出血，甚至发炎、溃烂，呈现跛行，或卧地不起，饮食欲均欠佳，神态烦躁不安。

⑤ 啄伤口常因伤口出血、脱肛等形成异常颜色或化脓形成的异臭；混群时啄斗建成新序群时更容易啄伤。

⑥ 异食癖多见于育成珠鸡或成年珠鸡，病珠鸡啄食正常情况下不食或少食的异物，如石子、沙子、石灰等。

（3）防治措施　珠鸡群发生啄癖后，应根据发生的原因，立即采取适当的措施，加以制止。最主要的措施是改进饲养管理条件，同时及时隔离和对症治疗。首先要及时改进饲养管理条件、隔离并治疗病禽，对已有啄癖的珍珠鸡及时挑出、隔离，对已被啄食的珍珠鸡也要及时挑出、隔离，以防恶习蔓延。啄羽禽应调整饲养密度，饲料中加入适量石膏粉，病禽每天喂服 $0.3 \sim 1$ 克的硫化钙或日粮中加入 0.2% 的蛋氨酸，或在羽毛上涂抹煤油，以防啄羽。啄肛禽应及时调整饲料，增加蛋白质含量；或按每 50 千克添加硫酸亚铁 10 克、硫酸铜 1 克、硫酸锰 2 克，连喂 $10 \sim 15$ 天；或饲料中添加 1% 硫酸钠和 0.01% 维生素 B_2，喂 3 天后在饲料中加入 1% 硫酸钠和 10^{-6} 的维生素 B_2，每月喂 1 次；肛已破者应涂抗生素药膏。啄趾禽应在饲料中添加必需氨基酸及维生素，对因啄趾癖而造成脚爪受伤的珍珠鸡，可在其脚爪上涂松馏油或木馏油。啄蛋禽饲料要重新调配，保证饲料营养全价，适当补充钙和蛋白质及骨粉，也可取软壳蛋用煤油浸泡后，放在笼内，促使啄蛋禽改变恶习。

预防本病须注意饲养管理条件，珠鸡群不能过于拥挤，经常清扫，大群最好分群饲养。育雏室温度要适当，幼珠鸡应有宽敞的活动场地，能够得到充分的运动。每日固定喂食时间，供给充足饮水，可防止啄癖发生。不饲喂单一饲料，特别是某些重要的氨基酸、矿物质和维生素不可缺乏。及时断喙是防止啄癖的一种较好的方法。产蛋珠鸡舍内设置产蛋箱，可以防止啄蛋癖和啄肛癖的发生。

4. 珍珠鸡惊恐症

其特征是极端神经质、惊恐和间歇惊群。

（1）病因　本病的发生可能与下列因素有关。

① 外界环境的异常刺激、惊吓所致。如饲养人员突然改变衣着或突然更换饲养人员或陌生人进入珍珠鸡舍；或由于珍珠鸡舍内突然进入其他动物，如蛇、老鼠、狗、猫、鸟等；或突然的声响，如爆竹、锣鼓、汽车鸣笛等。

② 饲料不全价，缺乏蛋白质及维生素，尤其是维生素 E、B 族维生素（维生素 B_1、烟酸）。

③ 珍珠鸡爪创伤所造成的伤痛可使高度敏感的珍珠鸡群发生本病。此外，本病发生与遗传因素有一定关系。

（2）诊断要点　病珠鸡群发作时，表现惊恐万分，跳跃冲笼，又跑又飞，并发出怪叫声。病珠鸡体重减轻，产蛋量下降，产软壳蛋或无壳蛋，有时还出现换羽或有一定数量的珍珠鸡死亡。产蛋期珠鸡有时会因为受到惊恐，使卵黄落入腹腔而出现卵黄性腹膜炎病变。

（3）防治措施　防治本病的关键是加强饲养管理，应制定并严格执行每日操作程序，供给营养全面、平衡的饲料并定时、定量饲喂，保证充足清洁的饮水，供给珍珠鸡足够的料槽位。在转群、免疫等工作中，抓珍珠鸡动作要轻巧，尽量避免人为制造的应激。减少外界环境的刺激、惊吓，防止珍珠鸡爪受伤。合理搭配饲料，确保饲料中含有丰富的蛋白质和维生素，尤其是维生素 E、B 族维生素。

5. 脱肛

脱肛是指珠鸡的泄殖腔脱垂，严重者输卵管也脱垂在肛门外。本病多发于高产母珠鸡，尤其是当年开产的母珠鸡多见。

（1）病因

① 营养失衡：育成珠鸡过于肥胖，多因饲料中热能和蛋白质含量过高，脂肪在体内蓄积，特别是肛门周围脂肪的蓄积引起难产而脱肛。

② 饲养管理不当：珠鸡群过早产蛋，母珠鸡还没有完全发育成熟，骨盆尚未发育完好，产道狭窄，无法承受产蛋的强大压力，造成难产脱肛。光照程序不当，给予的光线太强或光照时间太长，都会造成母珠鸡鸡早产而脱肛。珍珠鸡运动不足，特别是在冬春季节，舍温较低，珍珠鸡易患腿病，不能站立，腹部下垂，引起腹内压增高而导致脱肛。产蛋珠鸡的饲养密度过大、通风不良、应激等因素亦能作用于产蛋过程而脱肛。

③ 疾病诱发：大肠杆菌病、沙门菌病、慢性禽霍乱等腹泻性疾病可导致机体中气下陷，肛门失禁，可致脱肛。同时，病原微生物生长繁殖也会导致肠道、肛门、输卵管及泄殖腔并发炎症，诱发脱肛。长期饲喂霉变腐败饲料会导致消化道炎症，引起腹泻，导致脱肛。此外，腹腔肿瘤等也易引起母珠鸡脱肛。

（2）诊断要点　病珠鸡脱肛初期，肛门周围的羽毛呈湿润状，有时从泄殖腔内流出白色或黄色黏液粪便，以后即可见肉红色的泄殖腔脱出，时间稍长，脱出的部分变为暗红色，甚至发绀。如果不及时治疗，可引起炎症、水肿、溃烂。有时还可引起啄癖，被同群珠鸡啄食而死，甚至连同肠子被啄出。

（3）防治措施　珍珠鸡一旦发生脱肛，应立即隔离饲养，用生理盐水热敷肛门，以减轻充血和水肿，再用0.1％高锰酸钾水洗净，用消毒的手缓缓将其推回原位，若再次脱出，再次整复，反复进行，对患病早期的珍珠鸡可治愈。对较顽固的脱肛珍珠鸡，可将脱出部分送回原位，然后用线将肛门缝合，留一排粪口，过2～3天再将缝合线拆除，可取得较好的效果。对经常发生脱肛的珠鸡群，可用0.2％硫酸镁饮水，连用3～5天，效果较好。治疗期间，需实行限饲或停饲，使之停产并减少排粪，同时加强饲养管理，保持环境安静、干燥、温暖、供应充足、清洁饮水。

预防本病的关键是加强饲养管理，日粮中适当加入青绿饲料。在进入产蛋高峰期之前，适当减少日粮中的动物性蛋白质饲料，增加青绿饲料。让珍珠鸡增加运动，多晒太阳。

6. 嗉囊下垂症

嗉囊下垂症在珍珠鸡是一种常见病，于20世纪30年代就已发现，至今其确切的发病原因仍不十分清楚。

（1）病因　本病的发生主要有遗传因子所引起。天气炎热，饮水过多，发病率高，但康复率下降。酵母属的一些菌株在饲喂饲料中蜡糖的珍珠鸡嗉囊中生长、繁殖迅速，并产生大量气体，这些气体就是饲喂蜡唐的珍珠鸡嗉囊扩大的原因。

（2）诊断要点　病禽精神不振，食欲略减，嗉囊膨满、下垂，嗉囊内充满气体和积食，并伴有酸臭气味，其内容物有时可达体重的1/4。消化机能紊乱症状，嗉囊黏膜增厚，常发生坏死性溃疡（多半为孤立的角锥状）。少数病例可见到白色念珠菌病病变。病程缓慢，病死率可达50％以上。

（3）防治措施　至今仍无有效的药物用于本病治疗，病珠鸡实行定量饮水等措施均难取得较好的疗效，主要采用外科手术治疗，或用布背心支撑治疗。这可能与遗传缺陷有关，故对病珠鸡仍以做淘汰处理为宜。在病的预防上，主要采取淘汰病珠鸡，不作种用；加强饲养管理，实施定时、定量喂食、喂水；增加运动、通风和遮阳设施等措施。

7. 珍珠鸡足垫脓肿

（1）病因 主要由于饲养场地高低不平损伤、尖锐带刺杂物创伤，加上场地和环境污秽，导致珍珠鸡足垫损伤，化脓菌趁机侵入而引起。

（2）诊断要点 病珠鸡足部发炎，呈球状肿胀，触摸患部有热、痛感，行走跛行，或卧地不起。随着病程的发展局部化脓破溃，有脓汁流出。严重的出现精神不振，食欲下降，体况下降，产蛋量下降或停止产蛋。

（3）防治措施 治疗一是采取手术治疗，患部消毒后切开排脓后，用 0.1％高锰酸钾液或 3％双氧水冲洗，然后撒布消炎粉或青霉素、链霉素粉后包扎。将病珠鸡放置在清洁、干燥的舍内饲养。二是按常规剂量肌内注射青霉素、链霉素，坚持 3～4 天。

预防本病关键在于做好平时的卫生防疫工作，特别是要做好环境卫生，确保运动场的平整、无杂物，及垫沙垫料及栖木光滑等。在临近产蛋季节，坚持轮流放牧，或将珍珠鸡放在清洁而易排水的舍内饲养。

8. 眼睑结膜炎

珍珠鸡眼睑结膜炎是一种发生于秋、冬季的珍珠鸡眼睛发炎、流泪和眼球损伤的疾病，当天气转暖时，本病就不再发生，且轻度病珠鸡会自然恢复。死亡率可达 15％～40％，并可造成产蛋率下降、受精率降低和生长不良等。

（1）病因 目前，尚无法自患珠鸡分离到特殊可能致病的细菌或病毒。有人认为本病可能是缺乏维生素 A。

（2）诊断要点 病珠鸡的一只或两只眼睑的前角有白色污秽泡沫物。由于眼睑前角蓄积的液体会刺激病珠鸡的眼睛，故常见眼睛擦翅膀而造成的擦伤或抓伤。病珠鸡眼角的污秽物常继发眼睑的溃疡，而导致眼睑肿胀，并有干酪样物蓄积，眼睑粘连而紧闭。继而角膜继发感染溃疡，而出现眼球萎缩破坏，眼睑变厚和结痂等病状。

（3）防治措施 本病可用下列方法治疗：a. 每千克体重注射 250 毫克链霉素，连注 4 天，可迅速改变病情；b. 将病珠鸡移至温暖干净处，也可自行恢复。

9. 食盐中毒

（1）病因　本病是由珍珠鸡食入过量食盐引起的中毒性疾病。如果日粮中食盐配比过高；或者长期不喂给食盐而突然喂给大量食盐；或者食盐没有充分混匀，珍珠鸡因为食盐饥饿而食入过多食盐就会造成食盐中毒。

（2）诊断要点　中毒珠鸡表现极度兴奋不安，鸣叫，极度口渴，饮水量显著增加，嗉囊扩张，口腔黏液增多，下痢，双腿无力，或呈瘫痪状态。死前可出现阵发性痉挛，肌肉抽搐，最后虚脱死亡。剖检可见嗉囊内允满液体，皮下组织水肿，胃肠道黏膜充血、出血，肌胃弛缓，小肠黏膜肥厚，腹腔和心包积水，肺淤血水肿，肝淤血，肾肿大、色淡，有尿酸盐沉积。有时出现皮下水肿或肺水肿。

（3）防治措施　本病目前尚无特效药物可治疗，轻度或中度中毒的，供给充足的新鲜饮水，症状可逐渐好转。中毒早期的珍珠鸡，可灌服植物油缓泻剂，对有兴奋表现的珍珠鸡可投给镇静剂。严重中毒的要适当控制饮水，否则饮水太多会促使食盐吸收扩散，使症状加剧，死亡增多，或服 $3\%\sim5\%$ 的红糖水以缓慢食盐吸收扩散。预防食盐中毒在于严格控制饲料中食盐添加量，并充分混匀，经常供给充足的清洁饮水，不要出现喂盐中断和间歇饲喂。

10. 难产

（1）病因　难产又称蛋滞留、卵泌症或蛋阻流，是产蛋珠鸡产不下蛋的一种疾病，多见于初产珠鸡、过肥或体虚者。主要原因是母珠鸡体质过弱或疲劳过度，致使子宫收缩力减弱，或输卵管发炎、狭窄、扭曲、阻塞，使蛋下移受阻；或蛋过大、蛋位不正、畸形蛋以及产蛋时遇猛追乱捉等。

（2）诊断要点　病禽烦躁不安，羽毛逆立，呼吸急促，尾部急剧抽动，肛门不断努责如里急后重样，蹲坐在蛋巢内，迟迟产不下蛋，下腹部较大，可摸到未产出的蛋，重症者数天后死亡。剖检可见子宫内长留不下的珍珠鸡蛋，沾于子宫壁，严重者可使子宫管腔坏死。

（3）防治措施　出现难产的可给予助产，方法是将病禽的泄殖腔朝上，向内注入适量的植物油或液状石蜡，然后轻轻由前向泄殖腔方向按摩腹部，直到将蛋产下。如此法不成，在摸准蛋的位置后，用一尖锐物把蛋弄破，可见蛋白、蛋黄和蛋壳流出，然后用2%的硼酸溶液或1%的盐水冲洗消毒。为避免产道感染，可内服或肌内注射抗生素。预防本病在于加强饲养管理，减少油脂饲料，少喂花生、芝麻等，限制食量，保持珍珠鸡适当运动，适当控制产蛋珍珠鸡的体重，勿使过肥。另外捕捉临产珠鸡时动作一定要轻柔。

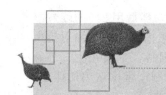

第九章

珍珠鸡场的经营管理

第一节　珍珠鸡场经营管理的主要内容

科学的经营管理是珍珠鸡场提高经济效益的关键环节。珍珠鸡场和专业户养珍珠鸡，都必须注重经营管理。经营管理的目的在于取得高产、优质、低成本和高收益的成果。如果没有很好的组织管理，较低的生产成本，较好的产品质量和较高的劳动生产率，其产品就没有竞争力，就会在竞争中被淘汰。因此，必须对珍珠鸡生产全过程的经济活动进行合理的经营，科学的管理，达到"人尽其力，物尽其用，鸡尽其能"的效果，才能实现预期的经济效益。

一、生产计划管理

生产计划是珍珠鸡场全年生产任务的具体安排。发展珍珠鸡养殖生产，应根据自己的珍珠鸡场生产的实际情况和珍珠鸡场在当地或者外地销售珍珠鸡生产产品的能力来制订切合实际的生产计划，做到有的放矢，避免生产的盲目性。

1. 制订生产计划的主要依据

（1）过去各项生产实际成绩，特别是前两年中正常情况下场内达到的水平，这是制订生产计划的基础。

（2）将当前生产条件和过去的进行对比，主要在房舍、设备、种珠鸡、饲料和人员等方面比较，看有否改进或倒退，根据过去的经验，确定新订计划增减的幅度。

（3）采用新技术、新工艺或开源节流、挖潜等可能增产的数量。

2. 生产计划的基本内容

(1) 产量计划　根据珍珠鸡场不同，产量计划可细化分为鲜蛋产量计划、种蛋及孵化计划、育雏计划等。

① 鲜蛋产量计划　比较简单。只要在销售计划的基础上加上适当的机动量，即为计划总产量，并将计划总产量分解到每月、每日、每只珍珠鸡的产量即可。

② 种蛋及孵化计划　种珠鸡场的主要生产指标是种蛋的产量。计算本场饲养的种珠鸡，从开产到淘汰，全程的产蛋数量。种蛋及孵化计划是根据本场自养和销售雏珠鸡的计划，结合当年饲养品种的生产水平和孵化设备及技术条件等情况，并参照历年孵化成绩来制定。其内容主要包括全年种蛋产量、种蛋合格率、受精率、孵化批次、品种、入孵日期、孵化量、孵化率、健雏率等。包括每周、每月产量和产蛋率。对入孵工作也要有计划安排，即入孵日期、入孵数量多少、什么日期照蛋、什么日期移蛋、出雏、预计出雏（母雏）数量和日期等。虽然珍珠鸡的孵化期是 27 天，但在入孵计划中，由于涉及预热及出雏后期的处理工作，一般每个孵化周期应再加上 1~2 天。

③ 育雏、育成计划　根据本场育雏、育成舍的面积，计算出每个批次的合理容鸡量，再乘以全年的周转次数计划出全年可育雏珠鸡和育成珠鸡的数量，如果本场自给有余，可以签订外销合同。假如不能满足对育雏、育成珠鸡的需要，应及早选择供应场家。

(2) 珍珠鸡群周转计划　珍珠鸡场的生产从进雏、育雏、育成到母珍珠鸡产蛋、淘汰、种鸡场，还要进行种蛋孵化、雏鸡角售，这样周而复始，不停地运转。其生产过程环环紧扣，不能脱节。只有从生产实际和市场行情的预测出发，保证生产中每个环节不出问题，才能获得较高的经济效益。珍珠鸡群周转计划是确定各类珍珠鸡群只数及增减变化情况，以保持常年合理的珍珠鸡群结构。这是制订产品计划的基础，是制定饲料供需计划、劳动用工计划、资金使用计划、生产资料机设备利用计划的依据。珍珠鸡群周转计划应根据生产工艺流程、珠鸡舍等设施设备条件、生产技术指标要求，并以最大限度地提高设施设备利用率和生产技术水平，获得最佳经济效益为目标编制。首先要确定珍珠鸡场年初、年终及各月各类珍珠鸡的饲养只数，并计算出"全年平均饲养只数"和"全年饲养只日数"。同时还要确定珍珠鸡群淘汰、补充的数量，并根据生产指标（如各月的产蛋率），确定各月淘汰率和数量。具体推算程序为：根据全年产品产量分月计划，倒退相应的产蛋（种）珠鸡饲养计划，有了产蛋珠鸡饲养计划，再依次推算青年珠鸡及雏珠鸡饲养计划和引种计划，从而完成周转计划的编制。

（3）饲料供应计划　珍珠鸡场经营者应及时了解市场行情、原料价格，通过合理的分析后进行采购。采购时一定要把好质量关，对于已收到或入仓的原料，如发现问题道及时地向卖主反映，适时退货。该计划应根据珍珠鸡群周转计划来拟定。饲料需供计划是以各类或鸡数量、饲料消耗定额和饲养日数为依据进行编制的，其编制该计划的方法如下：

① 根据珠鸡群周转表详细计算出各月及全年各珍珠鸡群的数量；

② 确定珠鸡群的饲料定额，应分别按种珠鸡、雏珠鸡、育成珠鸡和肥育珍珠鸡，计算出每只每日的饲料需要量；

③ 计算饲料总需要量，根据珠鸡群只数及饲料定额，计算出各月及全年各种饲料的需要量，要注意留有余地，一般在总需要量基础上，增加 10%～15% 的贮备量。为保保此计划的完成，各项工作和各个环节都应制度化。做到有章可循、按章办事。

> **提示**
>
> 　　饲料费用一般占生产成本的 65%～75%，所以制定饲料计划时要特别注意饲料价格，同时又要保证饲料质量。

（4）产品生产计划　不同珍珠鸡场其生产产品不同，如种珠鸡场的主产品是商品珠鸡苗，联产品为淘汰珠鸡，副产品为珠鸡粪等；商品肉珠鸡场的主产品是肉用珠鸡，联、副产品与种珠鸡场基本相同。在做产品计划时须分别编制主产品、联产品与副产品生产计划。种珠鸡可根据月平均饲养产蛋母珠鸡数和历年生产水平，按月制定产蛋率和产蛋数。肉用珍珠鸡则根据肉用珠鸡的只数和平均活重编制，应注意将副产品，如淘汰珠鸡也纳入计划范围。

（5）珍珠鸡场疫病防治计划　珍珠鸡场疫病防治计划是指一个日历年度内对珍珠鸡群疫病防治所作的预先安排。珍珠鸡的疫病防治是保证珍珠鸡生产效益的童要条件，也是实现生产计划的基本保证。此计划也可纳入到技术管理内容中。疫病防治工作的方法是"预防为主，防治结合"。为此要建立一套综合性的防疫措施和制度，其内容包括珍珠鸡群的定期检查、珠鸡舍消毒、各种疫苗的定期注射、病鸡的治疗与隔离等。卫生防疫计划需要在各饲养阶段的饲养员配合下，由防疫员组织实施。对各项疫病防治制度要严格执行，定期检查以求实效。

二、劳动管理

劳动管理的目的是提高旁动生产效率。珍珠鸡场劳动组织的原则应分工明确，相互协作，实行场长统一负责制。一般可分两大部分：一是行政管理部分，负责全场的管理，搞好后勤管理，如养殖场的各种计划、技术措施等的制定；二是生产、经营销售管理，负责珍珠鸡场的生产计划和饲养管理，负责种珠鸡或雏珠鸡、肉用仔珠鸡的销售工作。珍珠鸡场的劳动管理主要包括以下三方面的内容。

1. 劳动组织

劳动组织与生产规模有很大的关系，规模愈大，分组管理显得越重要，因而珍珠鸡场应成立各种专业化作业组，如育雏组、育成组、种珠鸡饲养组、肉用珠鸡组、孵化组等。各组都有固定的技术人员、管理人员和工人。每个组安排 1～2 名负责人，每个饲养员或放牧员都要分群固定，负责一定只数的饲养管理工作。其好处是：分工细，人畜固定，责任明确，便于熟悉珍珠鸡群情况，能有效地提高饲养管理水平。

2. 劳动力的合理使用

在生产中，养珍珠鸡对技术的要求比较高，必须充分调动饲养人员、技术人员和管理人员的积极性和创造性，根据珍珠鸡场的生产情况及有关人员的特点，合理安排和使用劳动力，做到人—珍珠鸡—环境科学组合，人尽其力，鸡尽其能，物尽其用。

3. 劳动定额

劳动定额通常是指一个青年劳动力（或一个作业组）在正常生产条件下，一个工作日所能完成的工作量。珍珠鸡场的劳动定额一般要根据本场机械化水平及环境条件，把繁殖、成活、增重、出栏和各种消耗指标落实到人或作业组，做到责、权、利关系明确，多劳多得、多产多的。

三、成本管理

生产成本是衡量生产活动最重要的经济尺度。它能反映生产设备的利用程度、劳动组织的合理性、饲养管理技术的好坏、种珠鸡生产性能潜力的发挥程度，说明珍珠鸡场的经营管理水平。商品生产就是要千方百计降低生产成本，以低廉的价格参与市场竞争。

1. 生产成本的分类

（1）固定成本　珍珠鸡养殖场（户）必须有固定资产，如圈舍、饲养设备、运输工具及生活设施等。固定资产的特点是：使用年限长，以完整的实物形态参加多次生产过程，并可以保持其固有的物质形态，只是随着它们本身的消耗，其价值逐渐转移到珍珠鸡产品中，以折旧费方式支付，这部分费用和土地租金、基金贷款和利息、管理费用等，组成固定成本。

（2）可变成本　也称流动资金，是指生产单位在生产和流通过程中使用的资金。其特性是参加一次生产过程就被消耗掉，例如：饲料、兽药、燃料、垫料、珍珠鸡雏等成本。之所以叫可变成本，就是因为它随生产规模、产品的产量而变。

2. 成本项目与费用

（1）饲料费　指饲养各类珍珠鸡直接消耗的配合饲料、青粗饲料、各类添加剂、维生素等的费用，运杂费也列入饲料费用中。

（2）工资　指直接从事珍珠鸡养殖生产人员的工资、奖金及福利等费用。

（3）固定资产折旧费　指珍珠鸡饲养应负担的并能直接记入的鸡舍、圈栏、设备设施等固定资产基本折旧费。建筑物使用年限较长，15～20年折清；专用机械设备使用年限较短，7～10年折清。其计算公式为：

$$固定资产折旧费 = \frac{固定资产原价 - 残值}{预计有效使用年限}$$

（4）固定资产维修费　指上述固定资产所发生的一切维护和保养和修理费用。

（5）燃料和动力费　指用于珍珠鸡养殖生产的燃料费、动力费、水电费等。

（6）珍珠鸡医药费　指各用于珍珠鸡疾病防治的疫苗、药品及化验等费用。

（7）雏珠鸡购买费或种珠鸡摊销费　雏珠鸡购买费很好理解，而种珠鸡摊销费是指生产每千克蛋或每千克活重需摊销的种珠鸡费用，其计算公式为：

$$种蛋摊销费（元/千克蛋）＝\frac{种鸡原值－残值}{每只鸡产蛋重量}$$

或

$$种鸡摊销费（元/千克体重）＝\frac{种鸡原值－残值}{每只种鸡后代总出售量}$$

（8）利息　指以贷款建场每年应交纳的利息。

（9）低值易耗物品费　指当年购买的低值工具、兽医器械、劳保用品、垫料等易耗品的费用。

（10）企业管理费　企业管理费指场一级所消耗的一切间接生产费。销售部属场部机构，所以也把销售费用列入企业管理费。

（11）其他费用　没有列入以上各项的费用如接待费、推销费等。

3. 珍珠鸡场成本核算的特点与方法

（1）特点　珍珠鸡场成本核算具有以下几点。

① 珠鸡群在饲养管理过程中，由于购入、繁殖、出售、屠宰、死亡等原因，其头数、重量在不断变化，为减少计算上的麻烦和提高精确度，通常应按批核算成本。又因为珠鸡群的饲养效果和饲养时间、产品数量有关，应计算单位产品成本和饲养日成本。

② 珍珠鸡养殖的主要产品是活珠鸡、珠鸡肉，为方便起见，可把活珠鸡、珠鸡肉作为主产品，其他为副产品。则产品收入抵消一部分成本后，列入主产品生产的总成本。

③ 单位珠鸡产品消耗饲料的多少和饲料加工运输费用等在总成本中所占比例，既反映珍珠鸡场技术水平，也反映其经营管理水平的高低。

（2）方法　活重实际生产成本，加销售费用，等于销售成本。销售收入减去销售成本、税金、其他应交费用，有余数为盈，不足为亏。从而得出当年珍珠鸡养殖的经济效益，为下年度珍珠鸡养殖生产、控制费用开支提供重要依据。计算增重单位成本，可知每增重1千克所需费用。通过成本核算可充分反映场内经营管理工作的水平和经济效益的高低。

① 每千克成鸡成本

每千克成鸡成本＝饲料转化率×料价＋每千克成鸡的苗鸡成本＋每千克成鸡其他费用

其中：每千克成鸡的苗鸡成本＝苗鸡价÷备耗亡数÷成活率÷出栏体重。

每千克成鸡的其他费用＝（疫苗药品费＋水电煤气费＋人员工资＋折旧费＋其他费用）÷出栏数÷出栏体重。

垫料与鸡粪收入相抵，不计入费用内。从成本组成来看，影响成鸡成本的主要因素是饲料报酬、料价、苗鸡价格，其次是疫苗药品费、人员工资等。

② 饲养日成本　计算饲养日成本，可知每只珍珠鸡平均每天的饲养成本。

饲养日成本＝饲养费用/（饲养只×天数）

4. 成本管理的步骤

（1）做好成本预测　通过对珍珠鸡、珠鸡产品市场的调查，对珍珠鸡肉、雏珠鸡品种、价格、产品流向，销售渠道等进行行情预测。再综合养殖场内在因素，预测一定时期内的成本目标。制定的目标要结合市场实际，具有一定的水平和适当的灵活性。它反映企业的投资力度。

（2）拟定成本计划　成本计划应以经济效益为中心，根据外部经营环境状况，全面平衡养殖场内部产、供、销的成本资金划分，实事求是地制定降低成本的具体措施。它反映企业内部条件及其与外部环境的协调关系。

（3）实施成本控制　成本控制是养殖场管理的一个重要环节，它促使实际成本符合成本目标和成本计划，始终以降低成本为目标，并及时发现和改进生产过程中低效率、高消耗的不合理现象。它反映养殖场工艺流程的合理性。

（4）加强成本监督　养殖场要准确及时地核算产品成本，加强成本分析和考核工作，确保成本计划和成本目标的实现。它反映出养殖场的管理水平。

四、利润核算

珍珠鸡养殖生产效益分析是根据成本核算所反映的生产情况，对珍珠鸡场的产品产量、劳动生产率、产品成本、盈利进行全面系统的统计分析，对珍珠鸡场的经济活动作出正确的评价，及时处理生产中存在的问题，保证下一阶段工作顺利完成。

珍珠鸡养殖场（户）生产不仅要获得量多质优的珍珠鸡肉、雏珠鸡和种珠鸡，更主要的为得到较高的利润。利润是用货币表现在一定时期内，全部收入扣除成本费用和税金后的余额，它是反映珍珠鸡场经营状况好坏的一个重要经济指标。利润核算包括利润额和利润率的核算。

1. 利润额

利润额是指珍珠鸡场利润的绝对数量，分为总利润和产品销售利润。总利润是指珍珠鸡场在生产经营中的全部利润，产品销售利润是指产品销售收入时产生的利润。

销售利润＝销售收入－生产成本－销售费用－税金

总利润＝销售利润±营业外收支净额

营业外收支净额是指与珍珠鸡场生产经营无关的收支差额。如房屋出租、技术传授、罚款等非生产性营业外收入；职工劳动保险、物资保险等为营业外支出。

2. 利润率

因珍珠鸡场规模不同，以利润额的绝对值难以反映不同养殖场的生产经营状况。而利润率为相对值，可以进行比较，可真实反映不同珍珠鸡场的经营状况。用利润率与资金、产值、成本进行比较，可从不同角度反映珍珠鸡场的经营状况。

（1）资金利润率　为总利润与占用资金的比率。它反映养殖场资金占用和资金消耗与利润的比率关系。在保证生产需的前提下，应尽量减少资金的占用，以获得较高的资金利润率。

$$资金利润率(\%) = \frac{年总利润}{占用资金总额} \times 100\%$$

其中占用资金总额包括固定资金和流动资金

（2）产值利润率　为年利润总额与年产值总额的比率。它反映了养殖场每百元产值实现的利润，但不能反映养殖场资金消耗和资金占用程度。

$$产值利润率(\%) = \frac{年总利润}{年总产值} \times 100\%$$

（3）成本利润率　指利润总额与总成本的比率关系。反映了每百元生产成本创造了多少利润，比率高表明经济效果好，但没有反映全部生产资金的利用效果，养殖场拥有的全部固定资产中未被使用和不需用的设备也未得到反映。

$$成本利润率(\%) = \frac{销售利润}{销售产品成本} \times 100\%$$

五、产品营销

流通是连接生产和消费不可缺少的重要一环，可促进生产，引导消费，吞吐商品，平衡供求，合理组织货源和营销，以缓解供需不平衡的矛盾。如产品销售不畅造成积压，必然影响资金周转和正常生产，使企业陷入困境。只有搞好产品营销，才能加快资金周转，提高资金利用率，增加经济效益。珍珠鸡场的生产经营活动是由生产分配、交换和消费等环节组成，其中一个环节受阻，必然影响全局；必须搞好营销，扩大销售范围，提高竞争能力，面向市场，主动适应买方市场的需要。

第二节　珍珠鸡场经营方向和管理模式的决策

珍珠鸡场（户）养珍珠鸡，都必须注重经营管理。经营管理的目的在于取得高产、优质、低成本和高收益的成果。

一、珍珠鸡场经营方向的决策

珍珠鸡场的经营方向，是指办什么类型的珍珠鸡场，即是办专业化珍珠鸡场，饲养种珠鸡或饲养商品珍珠鸡；还是办综合性珍珠鸡场。这要根据市场需求，兼顾市场价格、生产成本而定；同时还要考虑生产上的可行性。珍珠鸡场的经营方向，实质上就是珍珠鸡场的经营类型。

1. 专业化珍珠鸡场

（1）种珠鸡场 种珠鸡场生产的目的是培育、繁殖优良种珠鸡，向社会提供种珠鸡或种苗，其品种优劣、饲料好坏，直接关系到千家万户的珍珠鸡养殖效益。且投资多、技术要求高，故一般由集体单位经营。这类珍珠鸡场一般仅饲养一个品种珠鸡，否则会因为品种多，易造成品种混杂退化，具体操作上的困难也较多。

（2）商品珍珠鸡场 商品珍珠鸡场的目的是为社会提供质优、量大、安全的珍珠鸡产品。这类珍珠鸡场可大可小，集体、个体均可经营。

2. 综合性珍珠鸡场

综合性珍珠鸡场，一般经营范围广，规模大，形成制种、育成、商品生产、饲料加工、珍珠鸡产品加工、销售一条龙的生产体系，有的还兼营其他有关行业。随着市场经济的发展，这类珍珠鸡场的走向趋势，是规模化、集约化、产业化；强调高层次管理和质量高标准；重视信息作用，树立企业形象；跨地区和跨国经营；技术进步日益加快。这类珍珠鸡场目前多数采取"公司＋农户"的办法，形成产供销一体化经营。

二、珍珠鸡场管理模式的决策

珍珠鸡场应根据珍珠鸡场的规模、技术和管理力量，确定科学的管理模式。

1. "监工"式管理

监工式管理就是以"监工"为核心，通过"监工"现场指导，督促完成生产任务的一种管理模式，适用于小型珍珠鸡场和专业户养珍珠鸡。其优点是，这种管理办法，一竿子插到底，既减少了机构，节省了人员，能够达到调整、高效的目的，又弥补了小型珍珠鸡场人才缺乏、职工素质较低的缺陷。其缺点是，"监工"集生产技术于一身，负担太重，而工人处于被动服从地位，很难发挥主观能动性。

2. 专业化管理

这种管理模式，主要适用于中等规模的专业珍珠鸡场。这种珠鸡场虽工作性质不复杂，但因具有相当规模，产供销及后勤、思想工作都要有专人或部门去抓，不仅需要各部门建立稳定协调的关系，还要有一套严格的全面的规章制度和考核办法。这种管理模式，可克服"监工"式管理的弊端，但对管理人员的素质要求高，对工人需做过细的思想工作。

3. 系统化管理

系统化管理，适用于集良种繁育、饲料生产、商品珍珠鸡饲养、产品加工于一体的综合性珍珠鸡场或公司。总场或总公司对下属场或分公司，仅从经营方针、计划、效益等方面加强领导，不参与下属单位的具体事务管理。而下属单位，在总场或总公司的领导下，实行专业化管理。

第三节 珍珠鸡场生产经营的策略选择

一、避免盲从性

珍珠鸡的市场是动态的，有起就有落，有高峰就可能有低谷。珍珠鸡场经营管理者要正确地掌握市场的信息，尤其是未来的、长远的信息，而不是眼前的或过时的信息。低价时购入、高价时转出已是众多实践者亲身经历的总结。对农户自身而言，一方面要把握准确的信息；另一方面还要考虑自身的条件，并力争在市场方面做得稳妥一些，比如签订单合同。切忌一哄而上，而后一哄而下。

二、树立风险意识

市场经济总会有风险。不论是政府部门还是农户自身，都要树立风险意识，培育抗风险能力。对珍珠鸡市场一定要进行科学的侦测，并采取科学的饲养管理方法，将风险降到最低限度。在这方面，冒着风险硬上的做法是不可取的。但"一朝被蛇咬，十年怕井绳"的做法也是不可取的。看准了快上，跌倒了爬起来，发展才会有希望。珍珠鸡养殖生产作为市场经济条件下的一项产业，必然受到市场机制的制约，珍珠鸡市场的周期性波动也必将存在。珍珠鸡养殖生产的周期性波动是一种市场经济条件下带有的规律性的现象。因为造成周期性波动的因素不可能在短期内内消失或很难消失，所以珍珠鸡养殖生产周期性波动是正常现象，不是为奇，只要把握规律，学习经营，抓住机会，发展珍珠鸡养殖是大有可为的。

三、坚持平衡原则，以销定产

生产者准备的饲料应与珠鸡群饲养量相平衡，防止季节性饲料不足的现象发生，避免料多鸡少或者鸡多料少的现象发生。要求生产者每个月份饲料供应的种类和数量都要与各月份的珠鸡群结构及饲料需要量相平衡。生产中最大限度地利用现有的生产条件，充分发挥生产要素的作用，能够用最少的资源消耗获得最大经济效益。要充分考虑珠鸡肉产品深加工企业的生产状况和珠鸡肉的消费量确定适宜的生产量，生产计划要为销售计划服务，生产目标应与销售目标相一致，避免以产定销的现象，以获得最佳的经济效益。

四、切忌顾此失彼

由于珍珠鸡养殖场（户）的分散性，就某一养殖场（户）而言，产、供、销往往集于一身，如果只顾跑销路而忽略饲养管理或相反情况，或只顾放牧和饲养而不重视防疫等，一旦造成损失，可能后悔莫及。要尽最大努力，做到每个环节都到位，事前知道该怎么做，事后知道效果如何。各个环节是密切相关的，每个环育的失误或不到位，都会给总体效果和效益造成影响。所以，必须充分准备，周全考虑，细心操作。

五、选择投资重点

对珍珠鸡场经营管理者而言，一方面要把握准确的信息；另一方面还要考虑自身的条件。首先应重点了解市场的地域范围、市场的大小、性质、当地珍珠鸡、种珠鸡年存栏量、出栏量、上市量、消费量、成交价格、对肉食需求的旺淡变化规律，消费者对珍珠鸡肉选择情况，当地或邻近地区生产加工企业的加工能力和当地珍珠鸡外销数量等各方面信息。在此基础上，对市场走势等进行科学判断和预测，结合自身的生产条件，对珍珠鸡场的经营方向和发展进行可行性论证，最终选择投资重点确定适宜的生产规模。然后，采取科学的饲养管理方法，将风险降到最低限度。

六、树立企业形象，促进销售工作

销售是珍珠鸡场的主要工作。种珠鸡场的盈亏主要取决于种珠鸡（仔）销售率，商品珍珠鸡场则主要取决于销售价格。当前的市场是买方市场，良好的企业形象非常重要。而企业形象的基础是产品质量，其次是宣传广告，必须花大力气提高产品质量，培育市场，树立良好的企业形象和知名度。

第四节　提高珍珠鸡场经济效益的措施

一、改善经营管理

1. 进行正确的经营决策

在广泛的市场调查（包括珍珠鸡的市场需求量、收购价格、饲料价格等）并测算可获取的经济效益的基础上，结合分析内部条件如资金、场地、技术、劳力等，进行经营方向、生产规模、饲养方式、生产安排、管理模式等方面的经营决策。

> **提示**
>
> 　　正确的经营决策可收到较高的经济效益，错误的经营决策则易导致重大的经济损失甚至破产。

2. 制定正确的经营方针

按照市场需要和本场的可能，充分发挥内部的潜力，合理使用资金和劳力，实现合理经营，保证生产发展，提高劳动生产率，最终提高经济效益。确定经营方针的原则是：既考虑需要，又考虑单项效果；既考虑眼前效果，又考虑长远利益。总之，正确的经营方针要能够以最低的消耗取得最多的优质产品。

（1）正确处理珍珠鸡场与国家的关系，遵守国家的政策法令。

（2）正确处理与收购站、屠宰场、消费者的关系，在质量、价格、交货日期等方面，不损害用户的利益，诚实经营，以质量占领市场，以信誉求得发展。

（3）正确处理与竞争对手的关系，运用正当的手段，开展文明竞争。在竞争中合作，在合作中竞争。

（4）正确处理与养殖场职工的关系，关心职工的切身利益，根据可能提高职工的技术文化和物质生活水平，解决职工的实际问题，以人为本，调动职工的生产积极性和创造性。

3. 实行目标管理和岗位经济责任制实行目标管理和岗位

经济责任制，是提高效益的重要途径之一，也是珍珠鸡场经营管理的一个重要环节。进行双向考核，即主要经济技术指标的目标奖罚责任制和全面管理的百分制考核，对珍珠鸡场的目标管理具有较为满意的效果。在具体工作中，要注意四点：一是要推行全面成本核算承包工资制度，就是把每个劳动者的劳动成果和劳动报酬紧密挂钩，从根本上解决多劳多得的问题；二是要利用价值规律提高产品质量，促进营销，调动生产者钻研技术的积极性，激励营销人员的工作热情；三是要把后勤服务人员的奖金与生产销售承包人员的收入结合起来；为提高后勤服务人员的服务质量，可在产销成本中预算出后勤服务人员的奖金，产销承包人员在合同兑现后，按超过本人级别工资以上的承包工资，按比例提取服务人员的奖励基金，然后按服务人员岗位责任工作制考勤考核实绩予以评定；四是将执行规章制度与奖罚"分离制"改为"挂钩制"。

4. 开展适度规模生产与合作经营

随着珍珠鸡生产的发展，市场竞争日益加剧，必然导致生产每只珍珠鸡盈利水平的下降，这就需要通过规模饲养、薄利多销的办法来提高整体效益。实行"公司＋农户"式的合作经营符合我国珍珠鸡养殖生产的发展要求。珍珠鸡养殖公司具有经济上、技术上的实力，而农户具有饲养成本低、饲养管理猜心的优势，两者签订生产合同，进行合作经营，由公司提供幼珠鸡、饲料、药品、疫苗和技术服务，农户出房舍、设备和劳力，所生产的商品珠鸡按合同规定规格、价格与时间，由公司收购，统一上市。这种方式，可根据市场需要和屠宰加工能力等有计划地组织生产，节省开支，降低成本，公司和农户都能得到发展。农户不需要很多的资金，产品销售有保证，能专心从事商品珍珠鸡生产，并按合同获得一定利润。公司为农户提供各项服务，统一进行产品的收购、屠宰加工，并投放国内外市场，可取得竞争上的优势并不断壮大。

二、努力降低生产成本

珍珠鸡的生产成本，主要由饲料、工资、兽药、固定资产折旧、燃料动力、其他直接费、企业管理费 7 项费用组成。饲养每批珍珠鸡，均应核算成本，并通过成本分析，找出管理上的薄弱环节，采取有效措施，不断改善经营管理。也只有在准确核算生产成本的基础上，才能准确计算出生产利润。降低生产成本，不仅可直接提高经济效益，还能增强产品的市场竞争力。

1. 降低饲料成本

饲料费用占生产成本的 70%左右，降低饲料成本是降低生产成本的关键。降低饲料成本的具体措施有：

① 合理设计饲料配方，在保证珍珠鸡营养需要的前提下，尽力降低价格。

② 控制原料成本，最好采用当地盛产的廉价优质原料，少用高价原料。

③ 严防饲料霉变。

④ 合理加工，饲料过粗，珍珠鸡易挑食；过细，适口性差，加工费用高，增加加工成本。

⑤ 合理喂养，给料时间、给料量、给料方式要讲究科学，减少饲料浪费；周密制定饲料计划，减少积压浪费。

⑥ 增加沙粒：珍珠鸡没有牙齿，食物在肌胃里互相磨碎再消化吸收，沙砾可促进珍珠鸡的消化。

⑦ 加强综合管理，提高饲料转化率。

2. 高度重视防疫工作，节省兽药使用支出

一个珍珠鸡场要想不断提高产品的产量和质量，降低生产成本，增加经济效益，前提是必须保证珠鸡群健康，珠鸡群健康是生产的保证。因此，珍珠鸡场必须制定科学的免疫程序，严格防疫制度，不断降低珍珠鸡死亡率。提高珍珠鸡群健康水平。对珍珠鸡群投药，宜采用以下原则：可投可不投者，不投；剂量可大可小者，投小剂量；用国产或进口药均可的，用国产药；高价、低价药均可的，用低价药；

无饲养价值的珍珠鸡，及时淘汰，不再用药治疗。

3. 降低珍珠鸡场非生产性开支

充分合理地节约使用各种工具和其他各种生产设备，提高其利用率和完好率；严格控制间接费用，大力节约非生产性开支，如减少非生产人员和用具、降低行政办公费用、制定合理的物资储备、减少资金的长期占用等。

4. 充分利用珍珠鸡场的副产品

要注意通过增加主产品以外的营业收入来降低养珍珠鸡的生产成本。例如，出售鸡骨、鸡粪等。

三、采用现代科学饲养技术，实现优质高产

现代商品市场的竞争，说到底是技术的竞争。只有高质量、低成本的产品，才具有真正的竞争力，而这要靠现代科学饲养技术来实现。

1. 饲养优良品种，科学饲养管理

品种是影响生产的第一因素。因地制宜，选择适合自己饲养条件和饲料条件的品种，是养好珍珠鸡的首要任务。有了良种，还要有良法，这样才能充分发挥良种珍珠鸡的生产潜力。因此，实行科学饲养，推广应用新技术新成果，合理、节约使用各种投入物（药物、饲料、燃料等），降低消耗，抓好生产珍珠鸡的不同阶段的饲养管理，不可光凭经验，抱着传统的饲养技术不放，而是要对新技术高度敏感，跟上养珠鸡技术进步。

① 适时断喙：研究表明，断喙比不断喙节约饲料 6％，所以在 7～10 日龄时适当断喙，可节约饲料，并能有效降低啄癖的发生。

② 强化温控观念：珍珠鸡只生长最适宜的温度为 13～21 摄氏度。冬季温度低，不仅要多耗料用于机体维持需要，而且生长速度也明显缓慢；夏天温度过高，采食量减少，增重缓慢。尤其入夏和初秋要注意，昼夜温差大，要做好看珠鸡施温，要适时启用湿帘。

③ 合理饲喂次数：目前，平养珠鸡一般日饲喂三次为宜。

④ 节约用水：目前育雏和育成珠鸡都用普拉松饮水器或者乳头式水线，平时要经常检查乳头好坏，尤其是夏季，珍珠鸡饮水量增

加，乳头损坏的频率也增加，加强检修工作尤为重要。

⑤ 及时淘汰：对于病、残、弱珍珠鸡只及时淘汰，以免增加不必要的饲料投入。

⑥ 减少鼠害：一只老鼠一年可吃掉粮食 13 千克，不仅携带病原，而且繁殖特快，鸡场应该定期投喂老鼠诱饵，以绝后患。

⑦ 定期驱虫：珍珠鸡患寄生虫会降低饲养效果，最好 30 日龄左右所有珍珠鸡集中驱虫。

2. 选择先进科学的工艺流程

先进科学的工艺流程可以充分地利用珍珠鸡场饲养设施设备，改善劳动条件，提高劳动力利用率、工作效率和劳动生产率，节约劳动消耗，降低单位产品的生产成本，并可以保证珍珠鸡群健康和产品质量，最终可显著增加珍珠鸡场的经济效益。

四、加强记录记载

每一批珍珠鸡上市后都应根据记录记载计算投入产出比例，计算出每只珍珠鸡的成本，每只珍珠鸡的利润大小。在搞清成本结构的基础上分清主要成本、次要成本，并提出降低成本、提高效益的相应措施。

 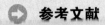

[1] 李顺才等编著. 珍珠鸡养殖新技术［M］. 武汉：湖北科学技术出版社，2012.

[2] 丁伯良主编. 特种禽类养殖技术手册［M］. 第 2 版. 北京：中国农业出版社，2012.

[3] 王春林. 中国实用养禽手册［M］. 上海：上海科学技术文献出版社，2000.

[4] 王宝维主编. 特禽生产学［M］. 北京：科学出版社，2013.

[5] 张宏福，张子仪. 动物营养参数与饲养标准［M］. 第 2 版. 北京：中国农业出版社，2010.

[6] 宋晓平，任战军主编. 特种禽类生态养殖技术［M］. 北京：中国农业出版社，2012.

[7] 王峰，程世鹏主编. 珍禽饲养技术［M］. 沈阳：辽宁科学技术出版社，1998.

[8] 郝正里主编. 畜禽营养与标准化饲养［M］. 北京：金盾出版社，2004.

[9] 杨宁主编. 家禽生产学［M］. 北京：中国农业出版社，2002.

[10] 李顺才主编. 肉鸽高效养殖技术［M］. 北京：化学工业出版社，2014.

[11] 宁中华主编. 现代实用养鸡技术［M］. 北京：中国农业出版社，2005.

[12] 宋宇轩主编. 特种鸡饲养新技术［M］. 杨凌：西北农林科技大学出版社，2005.

[13] 张秀美主编. 禽病诊治实用技术［M］. 济南：山东科学技术出版社，2002.

[14] 王峰，程世鹏，葛明玉，等. 珍禽养殖与疾病防治［M］. 北京：中国农业大学出版社，2000.

[15] 王庆民，李明淑，等. 科学养鸡指南［M］. 北京：金盾出版社，1998.

[16] 李长卿主编. 经济动物疾病诊疗大全［M］. 兰州：甘肃民族出版社，1993.

[17] 樊航奇，张敬主编. 蛋鸡饲养技术手册［M］. 第 2 版. 北京：中国农业出版社，2014.

[18] 席克奇，陈宝利等编著. 养鸡疑难 200 问［M］. 第 2 版. 北京：中国农业出版社，2012.

[19] 闫继业主编. 畜禽药物手册［M］. 第 2 版. 北京：金盾出版社，1990.

[20] 李顺才主编. 高效养鹅［M］. 北京：机械工业出版社，2014.

[21] 王志君，孙继国主编. 鸡场兽医［M］. 第 2 版. 北京：中国农业出版社，2014.

[22] 关品卿，何国新，王少锋主编. 特禽养殖实用技术问答［M］. 北京：中国农业大学出版社，2012.